中国被动式低能耗建筑年度发展研究报告

（2018）

住房和城乡建设部科技与产业化发展中心
（住房和城乡建设部住宅产业化促进中心）
北京康居认证中心
江苏南通三建集团股份有限公司
编

中国建筑工业出版社

图书在版编目（CIP）数据

中国被动式低能耗建筑年度发展研究报告（2018）/住房和城乡建设部科技与产业化发展中心（住房和城乡建设部住宅产业化促进中心），北京康居认证中心，江苏南通三建集团股份有限公司编．—北京：中国建筑工业出版社，2018.9

ISBN 978-7-112-22627-6

Ⅰ．①中… Ⅱ．①住… ②北… ③江… Ⅲ．①生态建筑-建筑工程-研究报告-中国-2018 Ⅳ．①TU-023

中国版本图书馆CIP数据核字（2018）第198413号

本书是继《中国被动式低能耗建筑年度发展研究报告（2017）》成功推出之后，按计划出版的2018年年度报告，主要介绍了我国被动房发展现状和制约因素、国内研发所取得的研究成果，阐述重要技术和产品如何应用，重点介绍了已获得中德共同认证的被动式低能耗建筑示范项目及有代表性示范项目的实践案例等内容。

本书适于欲从事被动式低能耗建筑的开发、设计、施工、监理的行业管理人员、科研人员以及实践者参考阅读。

责任编辑：杨　晓　李东禧
责任校对：王　瑞

中国被动式低能耗建筑年度发展研究报告（2018）
住房和城乡建设部科技与产业化发展中心
（住房和城乡建设部住宅产业化促进中心）
北京康居认证中心
江苏南通三建集团股份有限公司
编

*

中国建筑工业出版社出版、发行（北京海淀三里河路9号）
各地新华书店、建筑书店经销
北京锋尚制版有限公司制版
天津图文方嘉印刷有限公司印刷

*

开本：787×1092毫米　1/16　印张：25　字数：410千字
2018年9月第一版　2018年9月第一次印刷
定价：139.00元
ISBN 978-7-112-22627-6
（32748）

编 委 会 | EDITORIAL BOARD

前言 | FOREWORD

继《中国被动式低能耗建筑年度发展研究报告（2017）》推出之后，我国被动房式超低能耗建筑形势发生了很大变化。一是从小规模试点到大规模开发；二是高质量材料产品受到市场青睐；三是被动房的发展带动了防水卷材、门窗、保温材料等传统行业向高品质转型提升；四是被动房所提倡的屋面系统、门窗系统、保温系统的系统采购模式得到了愈来愈多的工程认可；五是各地出台的被动房鼓励政策促使房地产龙头企业进入被动房领域；六是“京津冀超低能耗建筑产业联盟”成立，表明这一地区被动房将有较大发展。

为了配合我国被动房的发展形势，本年度研究报告主要包括我国被动房的发展现状和制约因素、研究成果、工程案例、政策和被动式低能耗建筑产品选用目录等方面内容，力图对国内建造被动房所遇到基础理论、材料性能、设计构造、施工方法、工程案例分析等全方位提供解决方案和宝贵经验。

本书中的研究成果来自于科技院所、企业等针对我国被动房发展中所遇到关键或普遍性的问题答疑解惑。本书中涉及的防火玻璃、聚氨酯材料、岩棉保温系统、气凝胶真空绝热板、酚醛泡沫板、TICO玻纤增强聚氨酯、木包铝建筑幕墙、外遮阳产品等论文由常年在一线工作的科研院所和国内外生产企业的专业人士撰写。这些被动房领域的最新研究成果，期望可以给被动房的从业人员以帮助。

“被动式低能耗建筑产品选用目录”已经成为被动房工程选用产品重要的参考依据。住房和城乡建设部科技与产业发展中心和被动式低能耗建筑产业创新战略联盟不断地将符合被动房要求的各类产品推荐给行业。本书中公布了“被动式低能耗建筑产品选用目录”（第五批）。

本书中全面收录了各地关于被动房的发展政策，其中的石家庄和保定市的政策是至今为止支持力度最大的政策。

习总书记说：“人民对美好生活的向往，就是我们的奋斗目标”。推广建造被动式房屋将提高我国建筑的整体水平，极大地改善人们的室内环境和降低建筑能耗。在此，向行业奉献研究成果和生产经验的专家和企业家表示衷心的感谢！为把我们的家园建设得更加美好而共同努力。

目录 | CONTENTS

工程案例

各地政策

我国被动房发展现状和影响健康发展的制约因素

张小玲
北京康居认证中心主任

自2013年秦皇岛“在水一方”C15号楼建造成功之后，其舒适、节能的效果深受市场欢迎。截止到2018年6月底，建造被动房的省市有河北、山东、黑龙江、辽宁、江苏、青海、福建、北京、浙江、湖南、内蒙古、河南、天津等省市，涉及严寒、寒冷、夏热冬冷、夏热冬暖四个气候区。

1　被动房的发展形势

1.1　被动房已经从小规模试点发展到大规模开发

经过5年的发展，已经从小范围试点向规模化发展。河北、山东出现了10万m^2以上的社区。河北最大的社区超过100万m^2。石家庄2018年新开发的

图1　总面积超过120万m^2高碑店列车新城

项目已经超过60万m^2。2018年上半年全国新增被动房项目相当于以往被动房项目开发量的总和。龙湖地产开发的高碑店列车新城项目总建筑面积约120万m^2，地上建筑面积约82万m^2，其中一期总建筑面积44万m^2，计划首批动工20万m^2。

1.2 各地出台政策强力推动了被动房的发展

2018年2月14日出台被称之为史上最强的被动房补贴政策“石政规［2018］3号”《石家庄市人民政府关于加快推进被动式超低能耗建筑发展的实施意见》。其给予用地支持、在容积率上给予支持、优化办事流程、给予差别热费（居民）和热力贴费（非居民）减免、给予财政补贴五方面的政策极大地调动了房地产商开发被动房的积极性。该政策出台之后的房地产项目，开发商基本上选择了所有建筑按被动房标准建设。保定、张家口、衡水、郑州、开封等市也于2018年出台了政策。被动房在2018年呈爆发性增长态势。

1.3 农宅被动房深受农民欢迎

作为被动房倡导和推动者，由部科技与产业化发展中心提供全面技术支持的北京昌平沙岭村农宅被动房项目经历严寒和酷暑的考验表现良好，深受农民喜爱。延寿镇沙岭村36户村民因泥石流影响，整村（原农宅如图2）搬迁重新建设。该项目列入北京市首批超低能耗建筑示范项目，可按1000元/m^2获得资金奖励。建成后的房屋非常漂亮，蓝天映照下的村落就像一幅水墨画（图3）。每户农宅有200m^2的建筑面积，总建筑面积达7200m^2。气密性测试结果表明：在50帕压差下，其换气次数为0.49，符合被动房$N_{50}\leq 0.6$的换气次数要求。

村民们于2017年10月入住，他们的居住环境发生了天翻地覆的变化。他们说：现在不用烧煤，屋里的温度都在20度以上，不用打扫卫生，屋里没有灰尘，隔声好，在屋子里吸烟闻不到烟味（新风机把烟抽走了）。经初步监测结果表明的良好的室内环境条件下，每户的用能费用（包括采暖、新风、炊事、照明、电炕、冰箱、彩电和其他家用电器）冬季是15～18元/户。

图2　沙岭村原农户住宅

图3　昌平沙岭村农宅被动房

1.4　既有建筑被动房改造

既有建筑按被动房进行节能改造引起市场广泛兴趣。被动房既有建筑的改造包括三种类型：一是单栋建筑的整体改造，二是公共建筑的局部被动房改造，三是居住建筑中的单户改造。住房和城乡建设部科技与产业化发展中心实施的三类改造项目所取得的室内环境的提升和节能效果十分显著。

1. 单栋建筑的整体改造

国内已经进行了多个单栋建筑的整体被动房改造。由住房和城乡建设部科技与产业化发展中心提供技术支持的杭州玉皇山南基金小镇被动式低能耗酒店改造项目（图4）是历史文化保护木结构建筑。该项目位于杭州市上城区玉皇山基金小镇二期安家塘历史地段，北依西湖、南临钱江，背靠杭州的文脉“玉皇山”，紧邻南宋皇城遗址。2017年杭州玉皇山南基金小镇酒店（建筑面积3280m^2）被改造为被动式低能耗酒店（图5）。本项目改造过程保持了原有建筑的基本构架。屋顶、外墙、地面、外窗严格按被动房要求进行了构造处理。

图4　杭州玉皇山南基金小镇木结构建筑改造前

图5　杭州玉皇山南基金小镇木结构建筑改造后

2. 个人家居的改造

多高层居住建筑中的单元房家居改造市场初露端倪。在居民楼里对单独的居住单元进行被动房改造是可行的。这样的改造在北京、长沙、株洲实施得非常成功。它不仅可以极大降低能耗，还可以使室内环境得到极大的改善。改造后的房屋实现了室内温度、湿度、CO_2含量处在适宜范围内，还可以消除室内结露发霉的状况（图6、图7）。

图6　多高层居住建筑中的单元房家居改造前

图7　多高层居住建筑中的单元房家居改造后

3. 公共建筑局部改造

建筑的局部空间可以实现局部按被动房标准进行改造。这种改造可以极大地提升局部空间的室内环境，降低采暖和制冷能耗。由住房和城乡建设部科技与产业化发展中心做技术支持的“凝创空间”成功地按被动房标准进行了改造。这个改造工程较为复杂，工程技术人员在这样的环境下实现了被动房所要求的无热桥和高气密性。

图8　咖啡厅改造前

图9　咖啡厅改造后

2 被动房的发展对产业的影响

2.1 对房地产业的影响

被动房一直被看作小众产品。进入到这一领域的房地产商基本上都是对高品质住宅有执着追求的开发商。自2017年以后，这一情况发生了变化。一些房地产巨头也开始尝试建造被动房。龙湖、万科、融创、朗诗等房地产开发已经进入到这一领域。石家庄、保定等有强有力政策支持的城市的被动房将占有一定规模，甚至超过普通节能住宅的建造量。如果这些城市被动房建造能够严格地执行设计标准，从而实现被动房提高室内环境、极大降低能耗和减少排放的目标，那么被动房将会成为全社会的必然选择。

2.2 对建材行业的影响

住房和城乡建设部科技与产业化发展中心作为先行者，始终坚持被动房的品质不动摇，一切以能建造出合格的被动房为出发点。其做技术支持的被动房的材料和产品的选择标准必须满足技术性能的要求。某些材料国内产品生产不出来，就用国外的。在持续近十年的坚持下，相关行业的情况发生了变化。一是高品质高性能的产品终于有了出路。譬如真空玻璃产品、TPS等高品质三玻两腔中空玻璃产品，虽然价格高，由于长寿命、性能优，在被动房市场中受到了青睐。二是某些行业从生产适于低价竞争的产品转向生产高性能产品。譬如SBS改性沥青防水卷材料，以往由于国内产品性能与国外相差甚远，被动房工程会选择国外优质材料而不用国内材料。现在已经有国内企业开始生产高性能SBS改性沥青防水卷材。三是某些行业获得了转型升级。如门窗行业，已经从2009年国内没有一家国内企业可以生产出合格的被动门窗，发展到可生产铝包木窗、木包铝窗、塑料窗、玻璃钢窗、聚氨酯窗等多品种高性能的被动窗。

2.3 对建筑业的影响

被动房的发展使建筑品质获得了极大提升。其设计方法、材料选择和精细施工使建筑寿命获得了极大的延长。被动房的建造使过去的粗放式施工转为精细化施工，不但实现了在使用过程中节省90%的能耗，而且使建筑寿命获得了极大的延长，从而起到了保护能源和资源的作用。可以说，每一个被动房都是最“绿”的建筑。

3 影响中国被动房健康发展的制约因素

目前在被动房热的影响下，一些被动房的质量堪忧。在被动房还处在发展初期和大多数人们还不了解被动房的情况下，劣质的“被动房”会影响人们对被动房的信任和毁掉被动房的发展前程。影响中国被动房发展的制约因素如下：

3.1 设计人员没有做好精细化设计的准备

被动房第一道关卡是做好建筑设计。同瑞典、德国等被动房发展好的国家相比，我国的建筑设计较为粗放，表现为很多必要的节点构造没有表示出来。而这些的构造节点是确保建筑设计满足无热桥设计、气密性和耐久性的基础。而我国的建筑设计现状是有很多的国标图可参考，一般的建筑设计可以略去许多构造设计，而目前的国标图大多数不符合被动房构造的要求。这就意味着建筑师在设计被动房时要比同类建筑多出图纸，会付出更多的工作量。在一些被动房设计的实际案例中，大多数建筑师并没有做好精细化设计的准备。

3.2 低价仍是市场竞争的主要手段

国内工程招投标采购体系中，低价竞标是非常有效的竞争手段。通过降低质量降低成本的现象并不鲜见。被动房的招标采购很难避免面对降质降价产品的困扰。在这种情况下，生产厂商确保产品质量使市场建立信心尤其重要。在被动房呈大面积爆发的城市，监管部门面临管理好被动房质量的挑战。

3.3　产业工人的匮乏带来施工管理难度的增加

被动房的施工工法虽然不复杂，被动房对于工法严格要求才能保障建筑达到最终效果，但是按工法要求施工到位是基本要求。国内建筑市场上专业的产业工人匮乏，工地多以农民工为主，流动性大，造成保证被动房的施工质量难度增加。

3.4　一些工程人员喜欢采用过多的设备设施

现行的一些流行国内外的绿色建筑评价体系往往以多用设备为荣耀。我国的一些工程技术人员也喜欢多用设备设施造成大马拉小车的现象。被动房以提高建筑本体性能为根本出发点的理念还没有深入人心。秉承以最少的技术手段和投资实现被动房的优越性能的技术路线还有漫长的路要走。

3.5　产品材料不配套

同德国相比，国内的被动房产品材料不配套。譬如一些必要的配件在国内很难找到，包括门窗附框，外门下部防水材料，外墙外保温各种线角、线条，屋顶防水保温系统各部位落水管件等等。这些配件将极大地方便施工和提升系统的质量和耐久性，对施工进度有很大帮助。

3.6　一些关键材料产品严重依赖进口

国内近些年被动房相关产业有了长足的进步。但还有个别产品严重依赖进口。一是门窗和外墙用防水隔汽膜和透汽膜系统；二是预压膨胀密封带；三是防水保温系统配。

总之，我国被动房健康发展任重道远。习总书记说：“人民对美好生活的向往，就是我们的奋斗目标。”发展被动式房屋可以推动建筑、建材业整平水平的提高。

在此，向行业奉献研究成果和生产经验的专家和企业家表示衷心的感谢！为把我们的家园建设得更加美好而共同努力。

研究成果

真空玻璃安全性综述①

孙景春[1] 刘忠伟[2] 蒋毅[1] 闫培起[1]
1 北京新立基真空玻璃技术有限公司，北京市真空玻璃工程技术研究中心；
2 北京中新方建筑科技研究中心

摘　要： 本文从实际应用的角度出发，结合国内对建筑用安全玻璃的标准和规范的具体要求，论述了真空玻璃应用安全性方面的问题。在提高真空玻璃产品自身强度方面，使用低温封接技术提高真空玻璃表面应力，通过理论分析和计算来科学合理地设计支撑物外形和排列间距，并模拟实际使用工况分析计算真空玻璃封边强度，从上述三个方面论述了真空玻璃在实际应用中具有很高的安全性。最后，结合标准和规范中对真空玻璃应用中安全性的规定，分别给出了真空玻璃在玻璃幕墙、门窗以及采光顶等场所应用时推荐使用的安全配置。

1　前言

真空玻璃是新型玻璃深加工产品，是我国玻璃工业中为数不多的具有自主知识产权的节能玻璃品种，它相比较于传统的中空玻璃具有传热系数低、抗结露因子级别高、隔声性能高、寿命超长、结构轻薄等优势。

真空玻璃是由两层平板玻璃构成的玻璃制品，两层玻璃之间为气压低于0.01Pa的真空层，使得气体传热可忽略不计，这是真空玻璃热工性能优异的机理。为了平衡真空玻璃内外大气压差，必须在两层玻璃之间设置“支撑物”方阵，类似房屋中的承重柱，同时“支撑物”使玻璃之间保持间隔，形成真空层。“支撑物”方阵不仅要平衡大气压差，还要考虑到支撑物“热桥”形成的传热，以及避免影响玻璃通透性，通常都要经过复杂和严格计算并综合各种因素来进行设计。真空玻璃的结构如图1所示。

广大用户选用真空玻璃的原因主要是看中了其优异的保温隔热性能，可以大幅度的降低用于建筑物采暖和制冷的能耗。在实际工程应用中，不少用户关心真空玻璃的安全性问题。关于真空玻璃的“安全性”这一概念，可

① 十三五项目“高性能全钢化真空玻璃开发及连续线改造与生产示范”（2016YFC0700804-2）

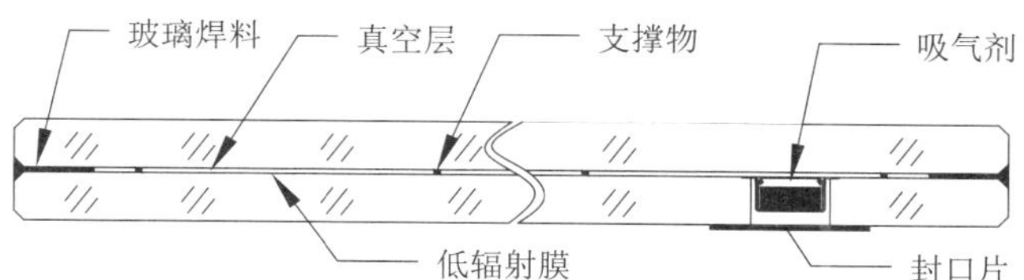

图1　真空玻璃结构示意图

以从两个方面来介绍：一是真空玻璃自身强度；二是各种标准和规范对真空玻璃的实际应用提出的具体的限定指标。真空玻璃产品经过多年的研究和改进，不仅不断地提升自身强度指标，同时也在适应各种标准和规范的要求，不断完善产品结构，进一步提升产品的安全性。

2　真空玻璃自身强度对产品安全性的影响

2.1　表面应力和碎片状态

影响真空玻璃自身强度最主要的因素是玻璃的表面压应力，产品的表面压应力越大，其强度越高，越不易破碎。一旦玻璃意外发生破碎，表面压应力越大的玻璃其碎片的尺寸越小，对人身安全来说，越小的玻璃碎片越安全。因此提高真空玻璃安全性最直接的办法就是想办法提高产品表面应力。

最初的真空玻璃产品是采用未钢化的平板玻璃加工，产品强度低，安全性差，现已基本淘汰。目前行业内众多真空玻璃生产厂商都在使用钢化玻璃来生产真空玻璃，并且结合各种低温封接技术，使最终真空玻璃成品的表面应力不断提高。现在已经可以规模化生产表面应力高于90MPa的真空玻璃产品，破碎后任意50mm×50mm区域内碎片数量均不小于40个，完全符合国标《建筑安全玻璃第二部分钢化玻璃》GB15763.2的要求，破碎后的状态与钢化玻璃相同。因此，这样的真空玻璃习惯上被称为“钢化真空玻璃”，是目前市场上强度和安全系数最高的真空玻璃产品，如图2所示。

钢化玻璃是通过使平板玻璃在应变点以上快速冷却的方法使表面形成压应力层，从而提高强度。但玻璃自身结构的缺陷，如硫化镍粒子、结石等会导致钢化玻璃自爆。目前行业内普遍认为钢化玻璃的自爆率不超过0.3%。如将钢化玻璃进行均质处理，其自爆率会进一步降低。

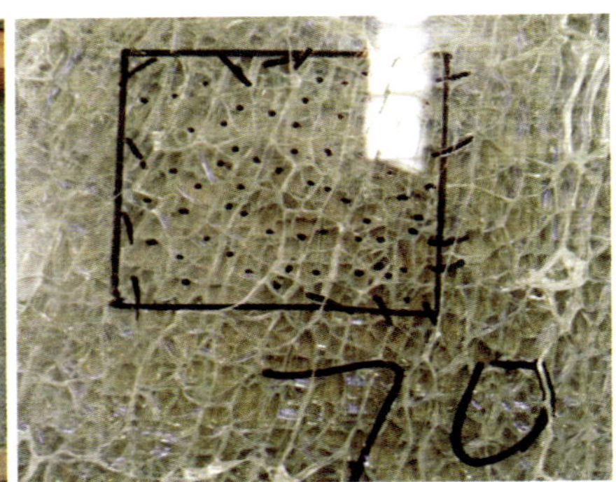

图2　钢化真空玻璃碎片状态

真空玻璃的加工工艺有一个特点，在其边部封接材料熔封过程中，通常要将玻璃加热到300℃以上，并保持较长的一段时间，这与钢化玻璃均质过程相似，因而钢化真空玻璃成品自爆率经过这一工艺过程得到了有效的控制，进一步提高了使用安全性。

2.2　支撑物矩阵设计

另一个影响真空玻璃强度的因素是支撑物矩阵的设计。真空玻璃中间层的支撑物起到平衡玻璃片内外大气压差的作用，如图3所示。大气压对真空玻璃外表面施加了一个均布载荷，在真空层内要由支撑物对玻璃内表面施加的支撑力来平衡。玻璃基片与支撑物的相互作用使真空玻璃产生以下3个主要的应力：（1）玻璃基片的弯曲应力，在支撑位置玻璃外表面和支撑物连线中点玻璃内表面产生极值；（2）支撑物压应力；（3）支撑物与玻璃的接触应

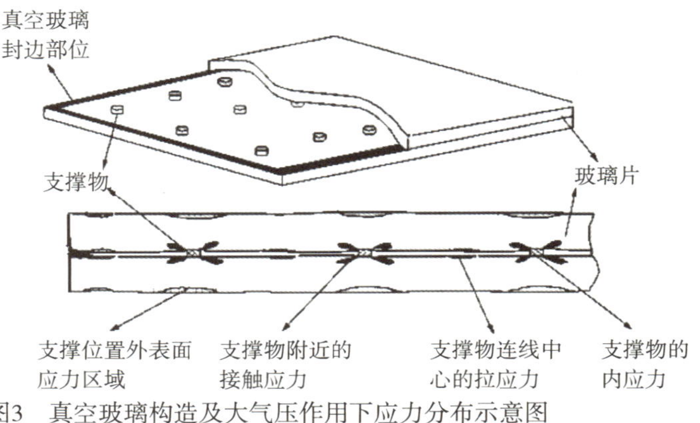

图3　真空玻璃构造及大气压作用下应力分布示意图

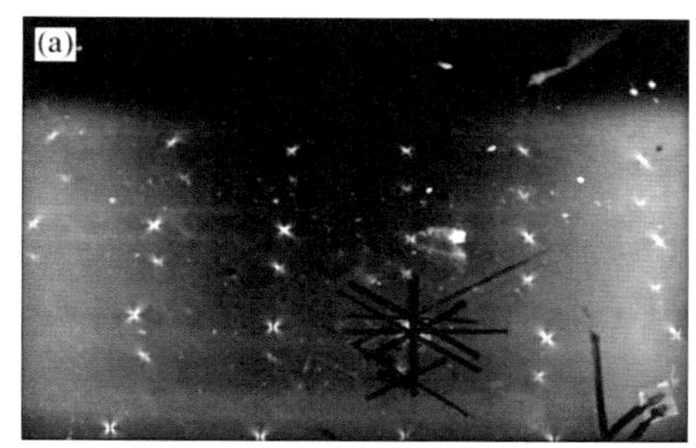

图4 真空玻璃支撑物矩阵应力斑

力。图4所示为偏光镜下真空玻璃支撑物矩阵的应力斑，也称为真空星。

为保证支撑物矩阵不会影响玻璃采光和视觉效果，通常都将支撑物设计得比较小，并且希望支撑间距尽量增大。通过合理布置支撑物间距和设计支撑物的外形尺寸，能保证上述3个应力在材料允许的范围内，同时得到真空玻璃最低的导热系数。因而，真空玻璃支撑物的形状、端面面积和矩阵排列的间距都需要经过严格的理论计算来进行设计，使真空玻璃在使用过程中的安全性得到有效的保障。

参考《建筑玻璃应用技术规程》JGJ113-2015对平板玻璃长期荷载作用下安全强度设计值的具体规定，以直径为0.6mm的环形金属支撑物为例，假设支撑物表面处理为理想状态，即光滑无毛刺棱角，经过模型分析和模拟计算，真空玻璃允许的最大支撑物间距可参考表1的数据。该结果经过试验验证，与实际使用情况符合度非常高。

表1 真空玻璃基片厚度允许的最大支撑距离

玻璃厚度（mm）	玻璃品种	最大允许支撑距离（mm）
3	普通浮法玻璃	25
	半钢化玻璃	30
	钢化玻璃	45
4	普通浮法玻璃	30
	半钢化玻璃	45
	钢化玻璃	45
5	普通浮法玻璃	30
	半钢化玻璃	45
	钢化玻璃	45
6	普通浮法玻璃	30
	半钢化玻璃	45
	钢化玻璃	45

由此可见，为了同时兼顾保温性能和使用安全性，真空玻璃的支撑物设计和间距的选择应该参考表1提供的参考数据，在合理的范围内选择，让广

大用户放心。

2.3 封边可靠性

真空玻璃是通过焊料（通常是低温玻璃焊料）沿着四周将两片平板玻璃密封在一起，封边宽度通常在10～16mm之间。真空玻璃在实际应用中，尤其是在隐框幕墙的应用中，由于受到外力、玻璃本身自重以及温差等多重作用，低熔点封边玻璃焊料在满足密封功能之外，还需要满足一定的力学性能要求。

目前，各真空玻璃生产厂家所使用的封边焊料都不尽相同，并且有各自独特的加工工艺，难以逐一列举计算。本节选用北京新立基真空玻璃技术有限公司所使用的低熔点玻璃焊料为例，通过实测数据和理论计算，分析真空玻璃在实际使用中受到自重、温差以及风载荷作用下的边部应力状态和大小，来说明真空玻璃封边的可靠性问题。

对玻璃焊料的基本性能进行三点弯曲强度试验、封接界面的拉伸和剪切强度测试。低熔点玻璃焊料的弯曲强度按《玻璃材料弯曲强度试验方法》JC/T676-1997标准执行，真空玻璃封接界面拉伸和剪切强度按《ISO13124 Fine ceramics（advanced ceramics，advanced technical ceramics）-test method for interfacial bond strength of ceramic materials》标准执行。测试结果如表2所示。

表2　低熔点玻璃焊料强度测试结果

测试项目	试样数量	测试结果（MPa）
三点弯曲强度	8	33.16
封接界面拉伸强度	6	0.604
封接界面剪切强度	5	3.45

首先，考虑玻璃自重对封边的影响。竖直放置的复合真空玻璃中的一片或几片玻璃自重全部由边缘封接部位承担，受到剪切应力作用。例如玻璃结构为T6+夹胶+T6+V+T6+9A+T6的复合真空结构，玻璃尺寸为2.8m×1.8m，封边宽度10mm，真空玻璃封接部位承受共12mm厚度的玻璃自重影响，经过计算其剪切强度为0.0161MPa。从表2中得到低熔点玻璃焊料封接界面的剪切强度为3.45MPa，按持久应力作用取安全系数为6，则设计强度为0.575MPa，远

高于上述举例中真空玻璃封接部位实际承受的剪切强度。因此，真空玻璃边缘封接强度能够承受玻璃自重的作用。

其次，考虑温差作用下真空玻璃边缘封接的可靠性。当真空玻璃内外片温度不同时，因真空玻璃内外片膨胀程度不同，可造成边缘封接部位产生剪切应力。通过模型计算结果显示，温差引起的对玻璃焊料的剪切应力只与温差和玻璃基片的厚度有关，与真空玻璃长宽尺寸无关。表3为通过计算得到的不同厚度真空玻璃基片和不同温差下封接部位剪切应力数值。

表3　不同厚度真空玻璃基片和不同温差下封接部位剪应力

玻璃厚度	温差（℃）	剪应力（MPa）
3mm	30	0.01035
	40	0.0138
	50	0.0173
	60	0.021
	70	0.024
	80	0.028
4mm	30	0.0139
	40	0.0184
	50	0.023
	60	0.028
	70	0.032
	80	0.037
5mm	30	0.017
	40	0.023
	50	0.029
	60	0.035
	70	0.04
	80	0.046
6mm	30	0.021
	40	0.028
	50	0.035
	60	0.041
	70	0.048
	80	0.055

由计算结果可以看出，由温差产生的封接部位剪切应力远小于封边玻璃实际测试的剪应强度（3.45MPa），因此，温差对封边玻璃的影响可以忽略不计。

最后，考虑风载荷作用下真空玻璃边缘封接的可靠性。假设真空玻璃边部处于自由状态，不受边框约束，这时风压下真空玻璃边部会发生弯曲，最大应力产生在最大弯矩处，即边部中心位置。按照前面复合结构真空玻璃的例子，长边2.8m为自由边，通过理论计算得到焊料承受的最大弯曲应力为2.99MPa。表2实际测量得到的低熔点玻璃焊料弯曲应力为33.16MPa，按短期载荷作用，取安全系数为3，则设计强度为11.05MPa。可见，实例中的真空玻璃在该设计风压作用下封边焊料是安全可靠的。而实际上真空玻璃装配在幕墙或门窗后，由于边部有框架或密封胶的支撑作用，在风压作用下实际弯矩远小于完全自由状态。根据权威部门实际风压测试结果显示，该真空玻璃结构边缘封接部位实际承受国家最高级别5000Pa风压测试，仍保持结构和功能完好。

3 标准和规范中对真空玻璃应用中安全性的规定

为保证真空玻璃在实际应用中的安全性和防护性，除了需要满足前面介绍的有关真空玻璃自身强度的各种设计指标以外，还应满足各种工程应用技术规范的要求，使真空玻璃产品结构设计乃至运输、安装和使用等各个方面都有理有据，使广大客户可以放心使用。

通过对中国地区幕墙用玻璃的各种规范和工程应用指南的调研和汇总，可以得到对幕墙用真空玻璃的总体性要求：幕墙（全玻幕墙除外）必须使用安全玻璃（钢化玻璃、夹层玻璃及由钢化玻璃或夹层玻璃组合加工而成的其他玻璃制品）；玻璃幕墙采用夹层玻璃时，宜采用干法加工合成；框支承玻璃幕墙，单片玻璃的厚度不应小于6mm，离子性中间层夹层玻璃的单片厚度不应小于4mm、PVB夹层玻璃的单片厚度不应小于5mm；夹层玻璃、中空玻璃的单片玻璃厚度相差不宜大于3mm。针对上述通用性要求，建议幕墙用真空玻璃采用以下三种结构：

- 中空+真空+夹胶；
- 中空+真空+中空；
- 夹胶+真空+夹胶。

除此之外，《建筑安全玻璃管理规定》要求，除幕墙（全玻幕墙除外）

必须使用安全玻璃外，以下位置也需要使用安全玻璃：7层及7层以上建筑物外开窗；面积大于1.5m^{2}的窗玻璃，或玻璃底边离最终装修面小于500mm的落地窗；公共建筑物的出入口、门厅等部位。因而真空玻璃在上述场所的使用也建议采用复合结构。

根据规定，除上述特殊位置之外的窗玻璃可以单独使用真空玻璃，尤其是强度高安全性好的钢化真空玻璃。考虑到为了满足型材设计需要，可以在单真空玻璃的基础上适当复合一层单真空或单夹胶的结构，都是值得推荐的配置。

真空玻璃由于腔体内的真空度可以达到1.0×10^{-2}Pa，因此在平放使用时，不会因为气体传导而造成传热增大，采光顶也是真空玻璃的重要应用方面。由于采光顶用玻璃需要承受水平自重、人员踩踏以及雨雪载荷等，因此国内对这个领域的建筑玻璃应用有具体而明确的规定，主要内容汇总如下：

1）采光顶玻璃应为安全玻璃。屋面距离地面高度大于3m时，必须采用夹胶玻璃；上人采光顶用玻璃必须采用夹层玻璃；

2）采光顶玻璃单片不宜小于6mm，夹胶玻璃单片不宜小于5mm，其中上人屋面单片玻璃厚度不宜小于8mm，且夹层胶片厚度不应小于0.76mm，夹层玻璃的两片玻璃厚度相差不宜大于2mm；

3）采光顶玻璃面板简支矩形最大相对挠度为短边长度的1/60；

4）玻璃面板面积不宜大于2.5m^2，长边边长不宜大于2m。

针对上述规定，建议没有节能要求的采光顶采用夹胶复合真空结构，如双面夹胶真空玻璃6mm+1.14夹胶+5mm+V+5mm+1.14夹胶+6mm（所有玻璃为钢化玻璃）；有节能要求的采用夹胶+中空复合真空的结构，如6mm+1.14夹胶+5mm+V+5mm+12A+6mm（所有玻璃为钢化玻璃）。

最后《建筑玻璃应用技术规程》JGJ113-2015对真空玻璃的最大许用面积进行了规定，具体细则如表4所示。

表4

公称厚度（mm）	最大许用面积（m^2）
6	0.9
8	1.8
10	2.7
12	4.5

如上表所示，该规程规定厚度为5mm+V+5mm的真空玻璃（公称厚度为10mm），在建筑上应用时最大面积不可以超过2.7m^2，这也是从安全性方面考虑对真空玻璃的实际使用提出了限定指标。值得注意的是，该标准制定是依据非钢化真空玻璃的强度制定的。如今随着低温封接技术的进步，真空玻璃的表面应力得到不断地提升，目前已经可以做到90MPa以上，强度得到极大的提升。因此理论上来说超过上述要求需用面积的真空玻璃产品，如果应用在建筑上的，其安全性也是有保障的。

4 结束语

综上所述，行业内经各研究单位和真空玻璃生产企业经过多年的技术积累和研究，在扎实充分的理论分析和计算的基础上，真空玻璃的自身强度不断得到提升，完全可以满足实际应用中最恶劣工况下的安全性需要。并且基于对各项标准和规范的总结和研究，真空玻璃的设计和工程应用也能得到理论支撑和技术指导，进一步地保障了真空玻璃产品实际应用的安全性，使广大客户用得放心。相信在行业内各级领导的关怀下，在各方同仁的共同努力下，只要我们在科研到生产再到工程应用的所有环节中尊重科学，遵守法规和规范，一定能走出一条真空玻璃健康发展的康庄大道。

参考文献

[1] 唐键正. 真空玻璃产业化及发展前景[J]. 玻璃，2008，203（8）：26–36.
[2] 刘小根，包亦望. 建筑真空玻璃承载性能及强度设计[J]. 中南大学学报（自然科学版），2011，42（2）.
[3] 刘小根，包亦望. 安全型真空玻璃构件功能一体化优化设计[J]. 硅酸盐学报，2010，38（7）.
[4] 刘小根，孙景春. 支撑物缺位对真空玻璃应力和变形影响分析[J]. 门窗，2016年4月.
[5] 许海凤，刘小根. 真空玻璃边缘封接强度即可靠性分析[J]. 材料科学与工程学报，2012年2月.

防火玻璃的研究进展及在建筑领域的应用

赵恩录 张文玲 黄俏
秦皇岛玻璃工业研究设计院有限公司

摘　要：本文介绍了防火玻璃的类型、生产方法和性能，分析了防火玻璃的国内外现状及国内技术发展水平、趋势，指出了防火玻璃在建筑领域应用的必要性。

关键词：防火玻璃；生产方法；硼硅防火玻璃；复合防火玻璃；性能

引言

随着国民经济的发展，国内各场所对装饰效果和装饰安全性的要求在不断提高，我国《高层民用建筑设计防火规范》与《玻璃幕墙工程技术规范》明确要求高层建筑部分外围护必须具备防火性能。防火玻璃是一种高端的建筑玻璃，除了具有普通玻璃的性能外，还具有控制火势蔓延、隔烟和隔热等性能，可防止火灾透过隔断和外幕墙波及建筑的其他区域，保证人们的生命安全和减少财产损失。

1　国内外现状及技术发展趋势

随着人类科技文明和物质文化生活水平的高速发展，世界各国对建筑住宅及公用建筑物的要求越来越高。欧洲英、法、德等国相继制定了《建筑设计防火规范》、《建筑物件防火性能测试方法和标准》及《高层民用建筑设计防火规范》等法规，这些法规的出台极大地提高了防火玻璃的安全性能，并促进了防火玻璃的研发步伐，目前建筑安全玻璃和防火隔热玻璃的市场需求在发达国家呈逐年上升趋势。

现代楼层建筑玻璃已从过去单纯作为采光和装饰用材料向着安全、调光、控温、降噪等多种功能方向发展，据业内权威人士预测：中国今后有关安全等防火、隔热玻璃产品的市场需求将会呈良好、健康发展的上升趋势，年增速在10%～20%以上。国际建筑界及玻璃界的专家指出，世界高层建筑及摩天大厦的兴建，将大大拉动国际防火玻璃市场的需求。市场预测人士认为在国际市场方面，欧、美两大地区，以及中东地区和亚洲的日本、韩国、东南亚及大洋洲的澳大利亚对防火、隔热玻璃的市场需求十分强劲。尤其是中东地区，由于该地域干旱、炎热、少水，易引起火灾，防火、隔热玻璃一直走俏于市场。据统计，近年国际市场防火、隔热玻璃需求已上升到500万m^2以上，可以预料未来多功能的防火玻璃市场前景将更好。

玻璃是外窗所占比重最多的材料，为热的不良导体，实现外窗的耐火完整性主要取决于玻璃热学性能。首先是耐热性，玻璃的膨胀系数因材质不同而不同，膨胀系数越小，其热稳定性越高，玻璃本身是不燃材料，但温度急剧变化会引起玻璃的破碎，玻璃承受这种温度剧变的能力称为耐热性，对玻璃热稳定性影响最大的是热膨胀系数，此外还与玻璃材质、厚度、形状和应力分布等密切相关。热应力也是玻璃主要的热学性能，受热不均或膨胀不同，就会在温度变化下因破碎而过早地失去玻璃的完整性。处理好玻璃的热学性能，防止玻璃受火时过早地炸裂，提高玻璃的软化温度，防火玻璃便应运而生。

市场上的防火玻璃有多种，但就性能和发展前景来说，硼硅单片防火玻璃和新型复合防火玻璃占有明显优势，是今后防火玻璃发展的两个主流产品。

1994年德国肖特（Schott）公司将先进的高硼硅玻璃全电熔熔化技术和先进的微型浮法工艺技术有机地结合起来，创造性地生产出世界上第一块浮法高硼硅玻璃，肖特公司生产的单片硼硅防火玻璃PYRAN，既具有优良的抗热冲击性能又具有浮法玻璃极好的光学性能和近乎完美的视觉效果，同时它又是钢化的安全玻璃，具有很高的机械强度和安全性，在遇火的情况下仍能保持惯有的透明清晰度。能够提供达到BS62O6A级安全等级，最高耐火极限可达2小时以上。

秦皇岛耀华玻璃集团公司经过多年的独立研发和艰苦攻关，在2007年初，建成具有完全自主知识产权的我国第一条硼硅浮法玻璃试验线。秦皇岛玻璃工业研究设计院等科研院所专家，长期从事浮法生产工艺技术、新产品及玻璃质量控制的研究开发，在浮法玻璃生产线的设计实践基础上，结合理论基础和研究优势，对采用浮法工艺技术生产高硼硅特种浮法玻璃进行了一系列的研究开发工作，目前耀华玻璃集团等企业，已能稳定生产出2 ~ 10mm的高硼硅浮法玻璃，打破了国外对硼硅玻璃浮法生产的技术封锁。

目前国外厂商如圣戈班和皮尔金顿垄断了复合防火玻璃的全球高端市场，但价格昂贵，其产品覆盖了大部分防火等级的复合防火玻璃，均采用类三明治式结构，即在两层或多层玻璃间加入透明防火胶，遇火后胶层发泡膨胀将火焰和热量阻隔，保护背火面的人身安全、减少财产损失。虽然少数国内企业可生产无机复合防火玻璃，都是采用常规模数（3.4 左右）的$K_2O \cdot nSiO_2$为防火层材料，性能与国外产品有一定差距。当无机防火层材料的模数增加到5以上时，防火玻璃耐候性更好，使用中不易产生微泡，是下一代防火玻璃的主要发展方向。

2 防火玻璃的分类

根据国标15763.1—2009《建筑用安全玻璃防火玻璃》的规定，按照耐火性能分类：

（1）A类防火玻璃：耐火性能同时满足完整性、耐火隔热性要求的防火玻璃，其耐火极限等级分为五级，分别对应的时间为3h、2h、1.5h、1h、0.5h。

（2）C类防火玻璃：耐火性能仅满足耐火完整性要求的防火玻璃，其耐火等级分为五级，分别对应的时间为3h、2h、1.5h、1h 、0.5h。

按照产品结构分为单片防火玻璃和复合防火玻璃。

2.1 单片防火玻璃

2.1.1 高强度单片铯钾防火玻璃

通过高温熔融盐对普通浮法玻璃进行离子交换后，玻璃表面产生较大的压应力，再经过物理钢化处理，表面形成高强压应力，大大提高了玻璃的抗冲击强度，单片铯钾防火玻璃的强度是普通玻璃的6 ~ 12倍，是钢化玻璃的1.5 ~ 3倍。

高强度单片防火玻璃的生产具有原料来源丰富、生产工艺简单、设备投资少等优点，目前占有一定的市场份额，但由于原片玻璃可能存在的缺陷

（结石、划伤等），以及强化过程中可能出现的应力不均或应力集中等工艺因素，产品质量的稳定性和一贯性难于保证，甚至于检测过程中也难保片片合格，这些致命短板致使一些科研机构放弃了对这一产品的研究和推广。

2.1.2　硼硅酸盐防火玻璃

硼硅防火玻璃是一种通过改变玻璃基本成分，降低玻璃自身的膨胀系数、提高玻璃自身的软化点温度和提高玻璃自身的导热能力，从而达到安全防火目的的新型防火玻璃。其优异的性能使该玻璃成为真正意义的防火玻璃。

硼硅酸盐玻璃具有良好的化学稳定性、较高的软化点（约850℃），较低的热膨胀系数（30～40）$\times 10^{-7}$ /℃，机械强度高，在国外一些发达国家中使用较为广泛，它集优良的抗热冲击性能及浮法玻璃极好的光学性能于一身，具有很高的机械强度和安全性。可广泛应用于民用及商业建筑物的立面、隔断墙、窗户、防火门及船舶防火。该玻璃的防火性能远优于目前市场上的单片防火玻璃和复合防火玻璃。

硼硅防火玻璃的主要技术指标：软化点845±10℃；膨胀系数(4.0±0.1)$\times 10^{-6}$/K；密度2.28±0.029/cm^3；导热系数1.2W/m·K。

2.1.3　铝硅酸盐防火玻璃

此类防火玻璃的主要特征是Al_2O_3高，碱含量低，软化点在900～920℃之间，热膨胀系数25～300℃时36$\times 10^{-7}$ /℃，在火焰上加热一般不会炸裂和变形，可直接用作防火玻璃。

2.1.4　锂铝硅透明微晶防火玻璃

该玻璃的膨胀系数很小，理论上视为零膨胀，软化点900℃，是目前防火性能最佳的产品，是一种极为理想的防火玻璃。由于成本较高，主要用于航天、国防、科研等特殊领域。

2.2　复合防火玻璃

复合防火玻璃是由两层或两层以上的平板玻璃中间夹以透明的防火胶粘剂组成。在遇火灾时，胶粘剂会迅速发泡膨胀形成绝热的耐火隔热的泡沫层，能吸收大量热量。其隔热和防热辐射功能可使火灾发生时玻璃背火面区域的人员免遭高温侵害，近年来复合防火玻璃日益受到人们的关注。

复合防火玻璃的生产方法分为夹层法和灌浆法。

2.2.1 干法/夹层法复合防火玻璃

干法/夹层法复合防火玻璃是在两层或多层玻璃上附一层或多层水溶性无机防火胶夹层，经固化干燥复合而成，无机防火夹层多选择硅酸钠水玻璃或锂、钾硅酸盐水玻璃的混合物，在火灾发生时会发泡膨胀，形成坚硬的防火胶板，从而有效阻断火焰，隔绝高温和有害气体。

复合防火玻璃以其优异的阻火隔热性能成为建筑防火等级最高的玻璃，并广泛应用于船舶防火系统。国际上圣戈班和皮尔金顿在防火玻璃国际市场上占主要份额。目前国内有少数国内企业可生产无机复合防火玻璃，都是采用常规模数（3.4 左右）的$K_2O \cdot nSiO_2$为防火层材料，性能上与国外产品有一定差距，但与灌浆法防火玻璃相比，性能已有很大改善。当无机防火层材料的模数增加到5以上时，防火玻璃耐候性更好，使用中不易产生微泡，是下一代防火玻璃的主要发展方向。

国内复合防火玻璃已经可以达到建筑防火的基本要求，但产品中的微气泡、耐紫外线辐照性能等尚需改善，因此研发出无微泡、耐紫外线辐照性能优异的高性能复合防火玻璃，实现产品性能质的飞跃，扩大产品的应用范围，既是我国防火玻璃技术发展的必然趋势，也是建筑节能、安全玻璃产业化发展的一个重要方向。

目前复合防火玻璃现有技术直接利用常规低模数的$K_2O \cdot nSiO_2$基原料（模数3.4～3.6）作为防火中间层物质，这种材料的硅氧键交联度小、亲水性强，导致其会从大气中吸收水分诱发材料降解，在使用过程中，特别在紫外线作用下，引起-Si-O-Si-桥氧键断裂并羟基化，造成材料的可见光透过率下降和产生气泡、流胶等缺陷。随着模数增加，防火中间层材料的硅氧键交联度高，化学稳定性明显提高，热稳定性和防火性能提升。国家建筑材料科学研究总院采用纳米SiO_2微粒分散液，制成高模数$K_2O \cdot nSiO_2$防火中间层材料，实现了高性能防火玻璃的快速生产和产品结构的异型化，为高性能复合防火玻璃的大规模生产奠定了基础。

2.2.2 灌注型防火玻璃

将2层或3层玻璃原片的四周以特质的阻燃胶条密封，中间灌注胶凝聚合物$MgCl_2$、$Al_2(SiO_4)_3$等水溶性无机盐作为阻燃剂和胶凝偶联剂，经固化后形成透明胶冻状，并与玻璃粘接，形成隔热透明的防火玻璃。可加工成弧形，隔声效果很好，适用于防火门窗、建筑天井及隔断墙等。防火胶液可分为聚丙烯酰胺有机胶液和水玻璃无机胶液。聚丙烯酰胺类防火玻璃由于存在收缩、出泡、老化等缺点，现逐渐被复合防火玻璃所取代。

3　单片防火玻璃与复合防火玻璃性能比较

单片防火玻璃在其具备耐火时限内能够保持完整性不破碎，可以有效地阻隔火焰、烟雾以及高温毒气的蔓延，具有良好的通透性及高强度，同时具备多种的深加工性，可以加工成中空防火、夹层防火、镀膜防火玻璃等，耐热、耐寒、耐潮湿、耐光照、永久不变色，质量轻，便于运输和安装。但是单片防火玻璃不宜进行二次切割、钻孔、喷砂等机械加工，单片防火玻璃属C类防火的玻璃，只能满足耐火完整性，不具有隔热性。由于已经形成了规模化生产能力，硼硅防火玻璃售价在逐步下降，且可以在200℃以上高温条件下多次使用。可广泛应用于宾馆、饭店、商业中心、图书馆、体育馆、展览馆、机场、广播电视中心和影剧院等公共建筑、高层建筑以及其他有消防要求的民用建筑及工业建筑的防火隔断和安全通道及玻璃幕墙，还可用于车辆、船舶的防火。

复合防火玻璃耐火性能稳定，既具有耐火完整性又具有隔热性，抗冲击强度较高，缺点是怕水、怕潮湿，怕紫外线光照（紫外线照射下易起气泡、发白和脱胶等），产品厚重，使用寿命低于单片防火玻璃，受火后不透明。适用于房间、走廊、通道的防火门窗、防火隔断和重要部位防火隔断墙。

单片防火玻璃和复合防火玻璃各有所长（表1），不能互相取代，在实际使用中，应根据对防火玻璃产品防火性能、应用场所等的不同要求进行合理的选用。

表1　单片防火玻璃与复合防火玻璃性能对比

玻璃类型 / 主要性能	单片防火玻璃	复合防火玻璃	
		干法（夹层）	湿法（灌注）
耐火完整性	好	好	好
耐火隔热性	差（非隔热型）	好	好（隔热型）
耐老化性	好	较好	差（紫外线照射下易起气泡，发白和脱胶等）

续表

主要性能 \ 玻璃类型	单片防火玻璃	复合防火玻璃	
		干法（夹层）	湿法（灌注）
可见光透过比	好（同于/好于浮法玻璃）	差于同等厚度的单片玻璃	
传热系数	差（同于/差于浮法玻璃）	好	
机械强度	好于钢化玻璃	差于PVB夹胶玻璃	优于普通浮法玻璃
受火稳定性	差于复合防火玻璃	好	好
隔声性能	差	好	好
其他	厚度小，重量轻，方便安装，受火下仍然透光，属于钢化玻璃	厚重，要求窗型材截面大，边部需要特殊处理，使用寿命低于单片防火玻璃，受火后不透光	

4 防火玻璃在高层建筑幕墙中的应用案例

在国外发达国家和地区，防火玻璃幕墙的应用已有较长的历史，在我国，由于受防火玻璃技术的限制，防火玻璃主要用在防火窗、防火门及一些内部防火分隔中，在玻璃幕墙构造中推广应用防火玻璃工程不多。但近年来，全国各地大中城市先后出现了争相建造超高建筑热。这一发展动态已引起建设主管部门对防火玻璃在高层建筑方面使用的高度重视。

普通幕墙玻璃均不耐火，普通浮法玻璃遇火破裂损坏时间仅为1分钟，钢化玻璃仅为5分钟，而在由框架、密封胶条、玻璃共同组成的幕墙构造体系中，玻璃在250℃左右即会炸裂，当幕墙玻璃炸裂掉落后，火焰可从幕墙外侧窜到上层墙面，烧裂上层玻璃幕墙后窜入上层室内。而且垂直幕墙与水平楼板之间往往存在缝隙，如果未经处理或处理不合理，火灾初起时，浓烟、高温和火焰会通过该缝隙向上层蔓延扩散。

2011年2月3日，沈阳市标志性建筑沈阳皇朝万鑫酒店由于燃放烟花爆竹引燃塑料草坪和可燃胶条引发了一起震惊全国的大火，B塔楼使用的是普通外窗玻璃，火灾蔓延B塔楼的保温材料完全燃烧殆尽，外窗玻璃几乎完全破裂掉落，B塔楼内部完全被烧毁。A塔楼选用了单片铯钾高强防火玻璃，火灾蔓延A塔楼的保温材料完全燃烧殆尽，但外窗玻璃完好无损，A塔楼内部没有受到火灾影响，依然富贵华丽，依然正常营业。可以认为，A塔楼使用的防火玻璃有效地阻止了外保温层的火灾烟雾向建筑内部的蔓延渗透，提高建筑外窗和外墙的防火性能，可有效阻止火势蔓延，是降低火灾损失和减少人员伤亡的重要措施。安装防火玻璃是高层建筑阻止火势蔓延的重要手段。

5 结语

1. 防火玻璃以其控制火势蔓延或隔烟的性能受到人们的关注，从根本上解决了玻璃幕墙及门窗的防火问题，作为一种完整的防火构件的组成材料正在被广泛使用在建筑工程中，随着建筑设计防火规范的实施和人们安全意识的提高，防火玻璃将有更大的发展和应用。

2. 硼硅单片防火玻璃和新型复合防火玻璃是今后防火玻璃发展的两个主流产品。其研发、创新、生产和产品质量应该受到科研院所、生产企业的高度重视。

3. 防火玻璃作为建筑安全和防护新材料，关系到人们的生命财产安全，随着防火玻璃的技术进步和生产成本的不断下降，选用防火玻璃应该成为建筑业界的设计规范和共识。

参考文献

[1] 建筑用安全玻璃，第1部分：防火玻璃（GB15763.1–2009）.
[2] 张文玲，苟金芳，赵恩录. 新型建筑安全防火玻璃［J］. 玻璃，2006（2）.
[3] 刘薇，葛欣国.防火玻璃生产工艺及现状［J］. 玻璃，2012（11）.
[4] 陈国栋，杨加喜，计国庆.建筑外窗耐火完整性应用若干问题的探讨［J］. 建筑玻璃与工业玻璃，2017（12）.
[5] 穆元春. “复合防火玻璃制造技术与产业化示范”课题研究进展［J］. 玻璃，2018（1）.
[6] 周白霞. 防火玻璃在高层建筑幕墙中应用的思考［J］. 建筑材料，2014（4）.
[7] 彭志钢，陆平.硼硅酸盐浮法防火玻璃研究与应用［J］. 2013全国玻璃科学技术年会论文集，2013（5）.

被动房用TICO玻纤增强聚氨酯节能门窗

孙生根 郭红 徐伟
上海克络蒂材料科技发展有限公司

摘　要：通过常用门窗型材的材料性能对比，分析了玻纤增强聚氨酯复合材料因其轻质、高强、低导热、低线膨胀系数以及防腐、耐火等特点作为门窗型材使用带来的优势。依据玻纤增强聚氨酯的材料性能设计了一窄边框门窗，并对门窗的隔热性能和框玻比进行模拟计算，结果表明其隔热性能满足被动房的使用要求，同时其框玻比显著低于传统设计，使门窗更加通透。

关键词：玻纤增强聚氨酯复合材料；隔热性能；被动房

1　引言

“被动房”又被称为被动式超低能耗绿色建筑，这一概念在20世纪80年代由德国建筑物理学家费斯特博士提出。[1]被动房是一个建筑的综合概念，对房屋的结构、功能，尤其是使用过程中的能耗等均提出了严格的要求。同时，也对门窗提出了十分苛刻的节能要求[2]。

传统门窗中，应用最多的是铝合金和塑料门窗（PVC）两大类。铝合金同时具有高强度、高模量和高导热的特性[3]，而PVC模量和强度均较低，阻热性能优良，两者的应用均受较大的限制。为了节能考虑，铝合金设计成为断热铝合金，这无疑牺牲了其强度优势，而塑料通过衬钢增强也提高了其热传导性。随着节能要求的提高，传统的木窗也回到了人们的视野，包括铝木复合等形式的窗。为了方便比较，表1中列出了作为门窗型材使用材料的部分力学性能（弯曲）和导热系数参数。

表1　常用型材的力学性能和导热系数

材质	弯曲强度/MPa	弯曲模量/GPa	导热系数/（$W \cdot m^{-1} \cdot K^{-1}$）
铝合金	265	72.0	160 ~ 240
PVC	—	3.14 ~ 3.92	0.17

续表

材质	弯曲强度/MPa	弯曲模量/GPa	导热系数/（W·m^{-1}·K^{-1}）
木材	60～140	8.0～14.0	0.1～0.2
钢材	375～500	170～206	44～48
玻纤增强聚氨酯复合材料	1.20×10^3	40.0	0.25

注：木材为顺纹理方向的强度和模量，玻纤增强复合材料为沿纤维的方向

对比表1中不同材质型材的数据可以看出，高强度、高模量且低导热的玻纤增强聚氨酯复合材料的出现为门窗的设计提供了新的可能，也受到了广泛的关注[4]。高性能的聚氨酯树脂使得生产的复合材料具有尺寸稳定高、成型尺寸精度高的特点，完全满足其作为门窗型材的使用要求。

同时，复合材料拉挤生产工艺，可以保证线性复合材料的高效、连续、稳定生产，为复合材料的大规模应用提供了前提条件。

2　玻纤增强聚氨酯复合材料

作为门窗型材使用时，材料的力学性能主要包括弯曲模量、弯曲强度等，是作为受力杆件应用的基础，传热系数低则说明了采用其制作的门窗型材理论上具有更加优异的节能性。玻纤增强聚氨酯复合材料主要性能的指标参数如表2所列。

表2　玻纤增强聚氨酯复合材料性能参数

项目	参数
纵向弯曲强度	1000MPa
纵向弯曲模量	40GPa
树脂不可溶分含量	≥85%
巴柯尔硬度	≥60
热变形温度	≥200℃
导热系数	0.25W·m^{-1}·K^{-1}

由表2可知，玻纤增强聚氨酯复合材料力学性能优异，具有极高的弯曲

强度、较高的弯曲模量。此外，玻纤增强聚氨酯复合材料具有优异的形变恢复能力，主要由于弯曲变形过程中，玻璃纤维均在弹性限度范围内，因此当外力移除时，材料可以回复原形状。这一特性在门窗使用过程中，即使经历极端天气发生大变形的情况下，如果门窗本身结构不发生破坏则仍可保持原有的气密、水密性能。

玻纤增强聚氨酯复合材料还具有耐火的特性，适宜作为耐火窗型材使用。在无任何处理的情况下，其垂直玻璃纤维方向的氧指数可达到45以上。复合材料受火时，聚氨酯树脂会分解并一定程度地结炭，残余的炭层和玻璃纤维层构成火焰的屏障，显著降低热量的传递，减缓材料的分解，从而表现出良好的耐火性能。

聚氨酯树脂还赋予玻纤增强聚氨酯复合材料优异的耐腐蚀性能，可以长时间耐受酸、碱和盐类的腐蚀，因此该类材料也非常适宜在沿海地区或者船只上应用。

玻纤增强聚氨酯型材的使用温度范围宽，可以容许在-60℃条件下长期使用，其线膨胀率约为$6.4\times10^{-6}K^{-1}$[5]，长周期使用时结构出现缝隙导致漏水的概率低。因此，玻纤增强聚氨酯复合材料型材在极端气候环境下具有突出的优势。

3 低传热系数门窗结构设计

基于玻纤增强聚氨酯复合材料的优异特性进行门窗型材的设计。其中窗和门的截面设计分别如图1和图2所示。

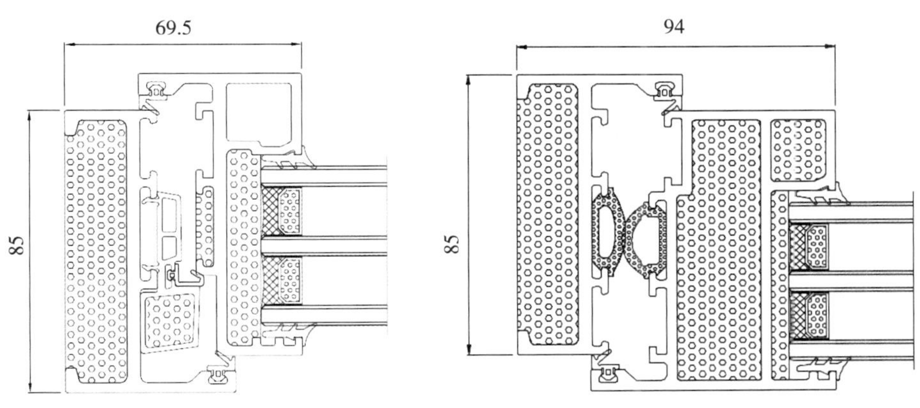

图1 被动房用窗的截面设计

图2 被动房用门的截面设计

如图1所示，窗框的空腔填入导热系数仅为0.024W·m^{-1}·K^{-1}的聚氨酯硬泡保温材料（后续计算中聚氨酯硬泡导热系数取值0.03W·m^{-1}·K^{-1}），窗扇的玻璃槽口内也填入聚氨酯硬泡材料。这种设计使门窗的框、扇部位的传热系数均较低，可以达到0.9W·m^{-2}·K^{-1}。本设计采用三道密封，以保证窗的气密性。

对框腔体填充泡沫后的传热系数进行计算：

$$R_1 = \frac{L_{型材}}{\lambda_{型材}} + \frac{L_{硬泡}}{\lambda_{硬泡}} + R_{空气} \qquad （式1）$$

其中$L_{型材}$指填泡沫部分的型材厚度，设计值为6mm，$\lambda_{型材}$为型材的导热系数，取值0.25W·m^{-1}·K^{-1}，$L_{硬泡}$为填充硬泡厚度，设计值为79mm，$\lambda_{硬泡}$为硬泡的导热系数，取值0.03W·m^{-1}·K^{-1}，开放空气热阻取值0.16m^2·K·W^{-1}，带入计算得R_1=2.81m^2·K·W^{-1}。

对框的竖筋部位进行计算：

$$R_2 = \frac{L_{型材}}{\lambda_{型材}} + R_{空气} \qquad （式2）$$

同理R_2为型材部分热阻，$L_{型材}$为型材厚度，设计值为85mm，$\lambda_{型材}$为型材的导热系数，取值0.25W·m^{-1}·K^{-1}，开放空气热阻取值0.16m^2·K·W^{-1}，带入计算得R_2=0.5m^2·K·W^{-1}。

对整框（不含通道）部分进行传热系数计算：

$$K_{框} = \left(\frac{D_1}{R_1} + \frac{D_2}{R_2}\right) \Big/ (D_1 + D_2) \qquad （式3）$$

D_1为填硬泡部分宽度，设计值为18mm，D_2为型材竖筋壁厚，设计值为4mm，R_1和R_2分别为式2和式3的计算值，计算得$K_{框}$=0.65W·m^{-2}·K^{-1}，相当于等厚度的匀质材料导热系数达到0.062W·m^{-1}·K^{-1}的隔热效果。85mm厚的玻纤增强聚氨酯型材隔热性能相当于160mm后的导热系数为0.12的匀质材料，也相当于9个空气腔的中空型材的隔热性能。

同时对阻热薄弱的框扇咬合部位进行加强隔热设计。增加塑料扣件和聚氨酯硬泡材料填充，使通道间隙达到6mm以下，这样设计通过模拟计算，通道的传热系数不大于1.25W·m^{-2}·K^{-1}。

根据公式模拟计算1450mm×1450mm标准窗整窗传热系数：

$$K_{窗} = \frac{K_{框}A_{框} + K_{玻}A_{玻} + L_{玻}\Psi}{A_{窗}} \qquad （式4）$$

其中$K_{框}$取值0.9W·m^{-2}·K^{-1}，$A_{框}$为窗框面积，计算值为0.48m^2，$K_{玻}$取值0.75 W·m^{-2}·K^{-1}，$A_{玻}$为玻璃面积，计算值为1.62m^2，$L_{玻}$为玻璃的周长取为7.72m，ψ取值0.03 W·m^{-1}·K^{-1}，$A_{窗}$为2.10m^2带入计算得$K_{窗}$＝0.89W·m^{-2}·K^{-1}。

通常情况，被动房要求的外墙传热系数K≤0.15W·m^{-2}·K^{-1}，门窗相对于墙体的传热系数仍然较高，因此被动房的窗墙比较低，即相对窗面积较小。在不牺牲整体维护结构的阻热性的基础上，降低窗的框玻比是提高窗的通透性的理想途径。

如图1的设计窗框与扇的截面宽度为70mm以下，相对于通常型材的值（120mm）截面宽度下降了40%，以1450mm×1450mm标准窗（一扇固定一扇开启，两扇面积相等）为依据计算，框玻比仅为23:77左右，显著低于传统被动房型材的35:65左右。框玻比会随着窗尺寸变小，意味着被动房通常框玻比更高。

如图2的结构，以2100mm×900mm标准门进行计算，该门的框玻比约为28:72。这样的门窗在被动房中应用，均具有通透性更好的特点。

对门的隔热最薄弱的通道位置的其中一条线进行模拟计算：

$$R_{通道}=\frac{L_{软泡}}{\lambda_{软泡}}+R_{空腔1}+R_{空腔2}+R_{空腔3}+R_{空气} \quad （式5）$$

其中$L_{软泡}$为软泡两层总厚度，设计值为8mm，$\lambda_{软泡}$为软泡导热系数，取值为0.04 W·m^{-1}·K^{-1}，$R_{空腔1}$对应靠近室内面第一个空腔热阻，取值0.18m^2·K·W^{-1}，$R_{空腔2}$为软泡内空腔热阻，取值为0.16m^2·K·W^{-1}，$R_{空腔3}$为靠近室外面空腔热阻，取值为0.18m^2·K·W^{-1}，$R_{空气}$为开放空气热阻取值为0.16m^2·K·W^{-1}，带入数据计算得$R_{通道}$=0.88m^2·K·W^{-1}，即$K_{通道}$≤1.15W·m^{-2}·K^{-1}。

以上设计中，当采用5LowE+16Ar+5+16Ar+5LowE的玻璃配置时，窗框部分的传热系数为0.9W·m^{-2}·K^{-1}，玻璃为0.75W·m^{-2}·K^{-1}，门窗的传热系数都可以达到0.9W·m^{-2}·K^{-1}的被动房设计值，如果采用传热系数为0.5W·m^{-2}·K^{-1}的真空中空复合玻璃，则门窗的传热系数仅0.7W·m^{-2}·K^{-1}。

除了隔热性能，由于门的尺寸通常较大，这就对角强度和五金连结强度提出了更高的要求。由于玻纤增强聚氨酯材料具有高强度、高模量的特点，通过角码、组角胶和端面胶等措施很容易满足大尺寸门所要求的角强度，通过五金连接部位局部增加钢背衬也能解决五金联接强度的问题。

总之，由于玻纤增强聚氨酯材料的轻质、高强、低导热的优异特性，通过反复的优化设计，被动房用TICO聚氨酯节能门窗除了具有节能通透的优异特性外，其抗风压性能、气密性能和水密性能也均达到门窗行业现行标准的最高等级。

4 结论

材料是工业的基础，新材料的特性可以给产品设计提供全新的理念和价值。由于玻纤增强聚氨酯复合材料同时具有强度、模量高和隔热性能优的特点，采用其作为门窗型材进行低传热系数的门窗设计，即可满足高节能门窗的需求。

当采用玻纤增强聚氨酯复合材料型材时，可以设计出框扇截面宽度小于70mm的窗和框扇截面宽度小于100mm的门，使窗和门的框玻比相对于传统结构均显著降低，达到门窗使用过程中更加通透的效果。

采用玻纤增强聚氨酯复合材料设计的上述门窗在配置合理的玻璃情况下可以达到$0.9W \cdot m^{-2} \cdot K^{-1}$甚至更低的传热系数，在被动房中具有很高的应用价值。

参考文献

［1］彭梦月. 中欧被动式低能耗建筑发展现状及比较［R］. 住房和城乡建设部科技与产业化发展中心.

［2］住房和城乡建设部. 被动式超低能耗绿色建筑技术导则［Z］. 2015-10.

［3］陈泱光. 温格润Wingreen：能满足被动房要求的铝合金门窗系统［J］. 绿色建筑，2014，（4）:11.

［4］卢军凯，王之冰. 连续玻璃纤维增强聚氨酯复合材料的力学性能［J］. 工程塑料应用，2017，（3）.

［5］聂雷，胡庆华. 聚氨酯复合材料型材及成型方法：中国，CN102174982A，［P］. 2011-09-07.

我国防水保温系统存在的问题

张小玲
北京康居认证中心

摘　要： 本文分析了我国防水保温系统材料、构造做法、配件等方面存在的问题和我国防水保温系统寿命短的原因，推荐了正确的做法，提出了解决问题的方案。

关键词： 材料性能差；构造错误；防水保温系统

1　前言

同德国相比，我国防水系统寿命短、质量差。我国防水材料虽然种类繁多，但却没有可以稳定保持使用寿命50年以上的防水系统。我国许多城市的住房动辄每平方米几万元的售价，但很少有建设单位乐意去做超过国家标准规定5年使用寿命的防水系统。2014年中国防水协会发布的全国建筑渗漏状况调查项目报告指出：屋面样本渗漏率达95.33%，地下样本渗漏率达57.51%。房屋渗漏给我国建筑工程造成巨大损失。房屋漏水不仅需要更换防水材料，还要更换整个屋面保温系统，有时漏水还会对房屋结构和室内财产造成破坏。它唯一的“好处”就是带来房屋初始投资的降低。我国屋面防水质保期是五年。现实情况是房屋竣工后五年就漏雨的现象很常见。从1995年我国颁布建筑节能“九五计划”起，我国并没有因为建筑节能的不断提高形成可靠的防水保温系统。

2　防水体系存在的问题

我国防水体系存在材料性能差、构造有误、用材不当、没有成系统的配件使用等诸多问题。

2.1　材料性能差

钢筋混凝土屋面非常适合选用SBS高聚物改性沥青卷材。这种材料是由

SBS弹性体与沥青共混而成，兼有橡胶优越的防水性能和沥青易施工性能的特点，而德国的SBS弹性体含量可达到12%。SBS改性沥青在显微镜下的状态如图1所示。但我国市场上大部分的SBS改性沥青卷材弹性体含量非常低，甚至用废旧轮胎打成的胶粉代替SBS弹性体，如图2所示。这种卷材的耐久性非常差。合格的SBS高聚物改性沥青防水卷材合理的价格目前是我国市场上普通防水卷材价格的3倍以上。

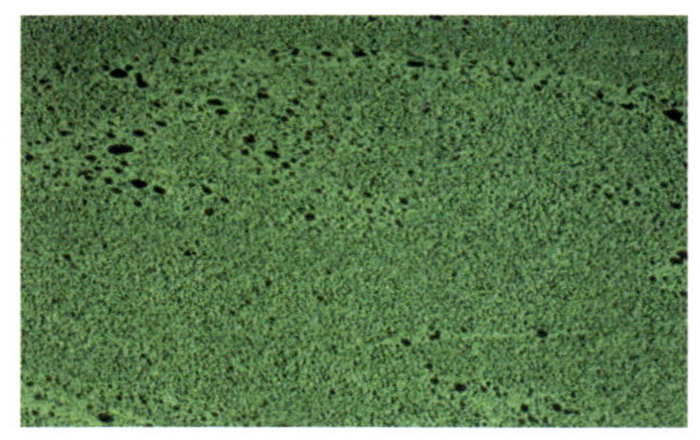

图1　SBS高聚物改性沥青卷材
（由德尉达（上海）贸易有限公司提供）

图2　劣质的胶粉改性沥青卷材
（由德尉达（上海）贸易有限公司提供）

随着我国被动房的发展，人们开始追求有20年以上使用寿命的防水材料。我国终于有企业制造SBS弹性体含量达到8%以上的改性沥青卷材。“被动式低能耗建筑产业技术创新战略联盟”即将推出的《被动式低能耗建筑用弹性体改性沥青防水卷材联盟标准》，率先提出对胶粉的限制性要求，该标准将不允许在改性沥青中使用胶粉。

2.2　构造错误

被动式低能耗建筑屋面防水保温系统追求的是在50年之内不需要维修。图3是正确的屋面防水保温构造系统，它的特点是构造简单，紧贴屋面板设置一道防水隔汽层，使用不含水的胶粘材料铺设保温层，保温层上部设置两道高性能防水卷材。女儿墙保温层与屋顶保温层用防水材料隔出不同的区域。这种防水构造耐久牢靠。图4分别是施工中的防水隔汽卷材、保温层和面层防水卷材。我国防水卷材的质量很难达到图3防水卷材的质量，带有铝箔的防水隔汽卷材更是很少被工程采用。

我国常用的防水保温构造如图5所示，屋面防水保温构造存在的问题包括：

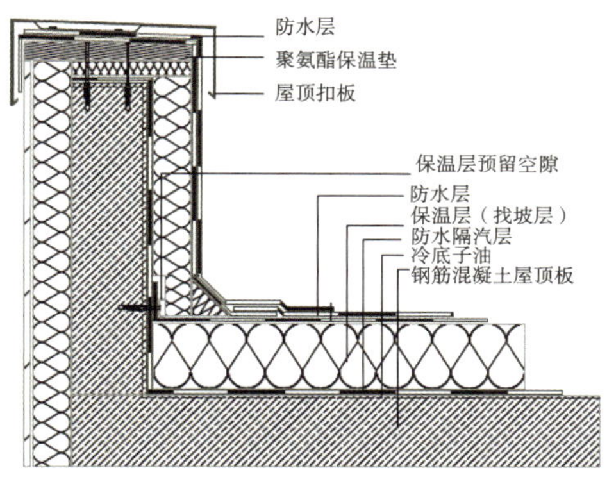

金属盖板
防水保温盖板
转角保温垫板
带板岩的面层SBS防水卷材
SBS防水卷材
保温板
防水隔汽卷材
冷底子油
屋面板

图3　正确的防水保温构造
（由德尉达（上海）贸易有限公司提供）

（a）防水隔汽卷材

（b）保温材料

（c）防水卷材

图4　施工中的防水

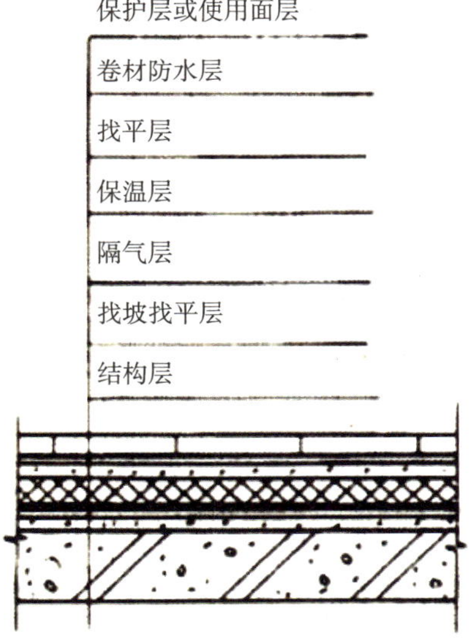

（a）正置式屋面防水保温构造

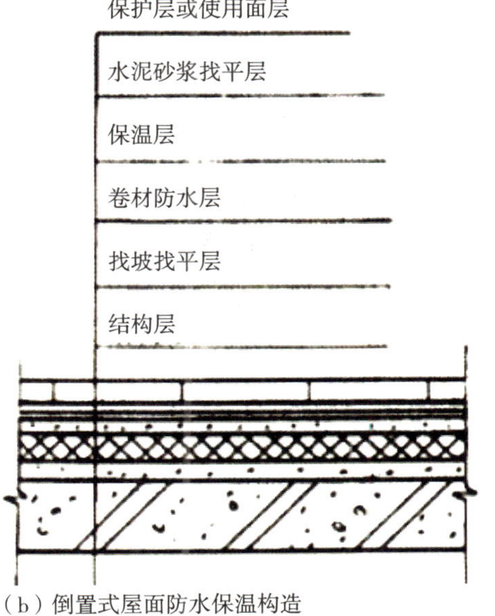

（b）倒置式屋面防水保温构造

图5　中国目前普遍采用的防水保温构造

（1）没有设置隔汽层，水蒸气会通过屋面板进入屋面系统；

（2）保温层与防水卷材之间找平层中的水蒸气不易排出，会引起屋面防水卷材起鼓开裂；

（3）倒置式屋面保温层会在雨水长期侵入后失效；

（4）这种构造做法会在局部出现漏水点的情况下，产生水四处流动的后果。

2.3 使用了不该使用的保温材料

屋顶的保温材料除了良好的保温性能外，还要有良好的尺寸稳定性、耐紫外线抗老化等性能要求。粘接保温层的材料不得产生水蒸气，以避免包覆保温材料的卷材被破坏。比较适合做屋顶的保温材料有岩棉、EPS板、聚氨酯板和泡沫玻璃。而我国一些工程常会用一些不该使用的保温材料。

保温浆料还出现在一些工程中，如图6所示。这种保温材料会产生很严重的后果。一是这种材料根本起不到有效的保温作用，还将导致冬季室内一侧结露发霉。二是夏季极易产生大量的水蒸气，破坏屋顶防水卷材。

由于挤塑聚苯板（以下简称XPS）有较低的导热系数和较高的抗压强度，很多工程使用XPS作为屋面保温材料。而一些XPS板的尺寸稳定性较差，极易变形，如图7所示，使防水卷材遭到破坏。

图6 保温浆料

图7 施工中变形的XPS板

2.4 没有建立防水保温系统的概念

保温与防水卷材协同工作才能形成可靠的防水保温系统。我国还没有形成防水保温系统的概念，工程预算上还是分别采购防水卷材和保温材料，而不是把防水保温系统当成一个整体对待。图8和图9是德国等级较高的保温防水做法，包括：

（1）用沥青粘贴聚氨酯保温板；

（2）保温板的板缝之间用沥青浇灌；

（3）防水卷材用沥青满贴；

（4）上层防水卷材与下层隔汽卷材之间没有水蒸气的生成条件。

这种防水做法形成了可靠的防窜水构造，一旦局部出现漏水点，雨水只能在一个保温板的范围内流动，水不可能流窜到其他地方去。

图8　用沥青贴保温板
（由上海华峰普恩聚氨酯有限公司提供）

图9　沥青满贴防水卷材
（由上海华峰普恩聚氨酯有限公司提供）

2.5　没有可靠的防止屋顶内部产生水蒸气的构造做法

我国屋顶至今还在沿用屋顶设置排汽管的方法排出屋顶内部产生的水蒸气。而长寿命的屋顶保温做法应该满足如下条件：

（1）通过在屋面板设置水蒸气阻隔层即防水隔汽层，以防止水蒸气通过屋顶板渗入保温层；

（2）在被防水隔汽层和防水卷材包覆的保温板之间没有产生水蒸气的材料；

（3）有防窜水的构造，将由于局部破坏而产生的漏水限制在最小范围内。

满足这些条件是不需要设置屋面排汽管的。

同国内用轻骨料混凝土找坡不同，德国用保温板找坡如图10所示。这种做法不但保障了工程的可靠性，并且避免使用易产生水蒸气的含水性材料。

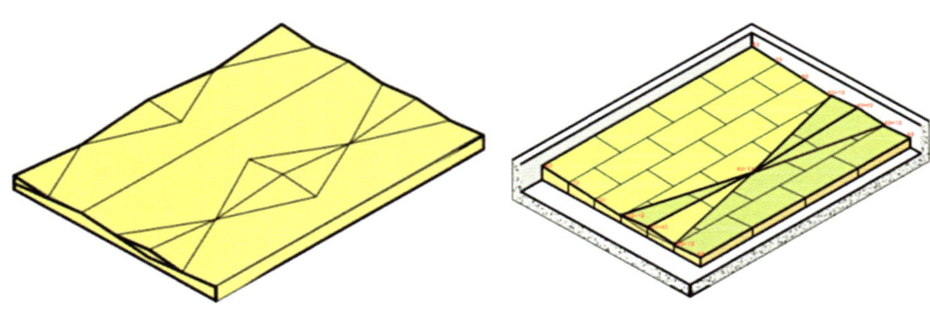

图10　保温板找坡
（由上海华峰普恩聚氨酯有限公司提供）

2.6　没有配套的不同排水部位的专用构件

我国屋面防水保温系统与德国的差距还体现在没有配套构件可用。如图11所示，用于不同部位的配件同防水卷材和保温系统结合，不但施工简便，而且构造可靠。

（a）垂直雨水斗　（b）水平方向雨水斗　（c）屋面电缆穿越管

图11　屋面防水保温系统专用配件

3　结论

总之，我国的屋面防水保温系统的使用寿命要从5年提高到50年，需要从材料、构造、施工等方面做出彻底改变。

被动式低能耗建筑岩棉保温系统受力分析与安全质量措施探讨

刘立朋[1] 王磊[2] 陈占虎[1] 郝建江[1]
1 河北三楷深发科技股份有限公司；2 石家庄市建筑节能与墙材革新管理中心

摘　要：本文介绍了被动式低能耗建筑岩棉保温系统在重力荷载和风荷载作用下的受力模型，通过计算该力学模型的应力，分析了保温系统的安全性；试验测定了不同施工做法下岩棉保温系统在竖向重力荷载作用下的变形及刚度；根据分析和试验结果提出了岩棉保温系统的安全和质量控制措施。

关键词：被动式低能耗建筑；岩棉保温系统；受力分析；安全质量措施

1　引言

近年来随着国家节能减排战略的实施及人民居住质量要求的提高，被动式低能耗建筑在我国得到了迅猛的发展。而岩棉以其良好的耐火性能也逐渐成为被动式低能耗建筑的主要保温材料。但目前岩棉保温系统在被动式低能耗建筑中的应用尚不成熟，相关研究也不完善，导致现阶段被动式低能耗建筑的岩棉保温系统施工做法众多，且部分施工做法存在安全隐患。本文就我国寒冷地区岩棉保温系统的常规做法进行了受力分析与试验研究。并对安全隐患部位提出了相应的安全和质量控制措施。

2　岩棉保温系统的构造

按照设计需求，寒冷地区被动式超低能耗建筑的岩棉层厚度约250～300mm。国内研究表明岩棉条或复合岩棉条应采用粘锚结合的方式进行固定[1]，该岩棉系统的构造如表1所示。

表1　外保温岩棉系统构造

基层墙体①	基本构造						构造示意图
	粘结层②	保温层③	抹面层④	辅助联结件⑤	增强材料⑥	饰面层⑦	
钢筋混凝土墙体、砌体墙体	胶粘剂	（复合）岩棉条	抹面胶浆	锚栓	玻纤网	涂装材料	①②③④⑤⑥⑦

3　受力模型的建立与受力分析

通常情况下岩棉保温系统所承受的主要荷载为岩棉系统的自重和水平风荷载。其受力简图如图1所示。

在上述两种荷载作用下，岩棉保温系统的安全隐患主要存在于以下三个部位：

1．岩棉保温层与粘结砂浆之间的粘结界面；2．岩棉保温层自身；3．岩棉保温层与外侧抗裂砂浆之间的粘结界面。

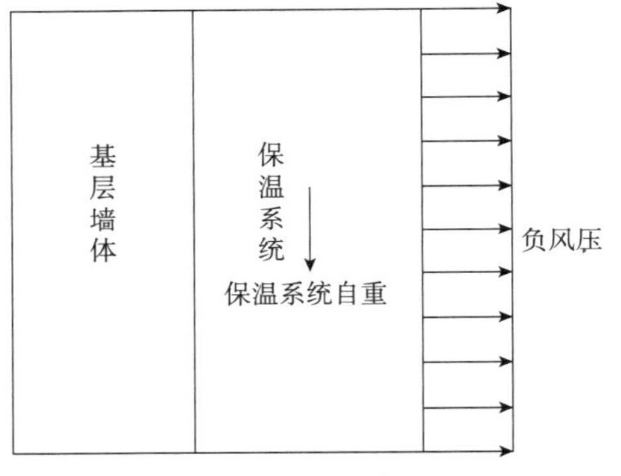

图1　岩棉保温系统的受力简图

3.1　岩棉保温层与粘结砂浆之间的粘结界面

该界面在重力荷载作用下的弯曲正应力分布为上部受拉下部受压的三角形分布，在施工过程中该界面的粘结率无法保证为100%，按粘结率为80%且粘结部位仅为中间区域的最不利情况考虑，则该界面的弯曲正应力和剪切应力分布分别如图2（a）、图2（b）所示。

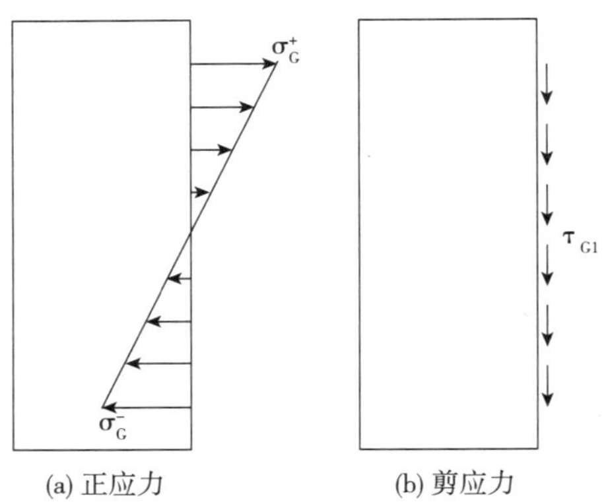

(a) 正应力　(b) 剪应力

图2　岩棉保温层与粘结砂浆粘结界面在重力荷载作用下的应力分布

该界面在风荷载作用下的正应力分布如图3所示。

岩棉的密度为125～130kg/m³，厚度为300mm，抗裂砂浆层密度为1800kg/m³，厚度为8mm，岩棉系统单元的尺寸为600mm×375mm×300mm（宽×高×厚），粘结率为80%。

抗裂砂浆的总重力为：

$G_1=1800\times0.008\times0.6\times0.375\times9.8=31.752\text{N}$

岩棉保温层的总重力为:

$G_2=125\times0.3\times0.6\times0.375\times9.8=82.69\text{N}$

图3　岩棉保温层与粘结砂浆粘结界面在风荷载作用下的应力分布

抗裂砂浆对该粘结界面的弯矩为：

$$M_1=31.752\times(300+8/2)=9652.6\text{N}\cdot\text{mm}$$

岩棉保温层对该粘结界面的弯矩为：

$$M_2=82.69\times(300/2)=12403.1\text{N}\cdot\text{mm}$$

粘结界面的总弯矩为:

$$M=M_1+M_2=22055.7\text{N}\cdot\text{mm}$$

考虑粘结率为80%的粘结界面的截面抗弯模量为：

$$W=\frac{600\times(0.8\times375)^2}{6}=9000000\text{mm}^3$$

在重力荷载所引起的弯矩作用下，粘结截面的最大拉伸应力为：

$$\sigma_G=\frac{M}{W}=2.451\text{kPa}$$

假定剪应力沿截面均匀分布，则在重力荷载作用下，粘结截面的剪应力为：

$$\tau_G=\frac{\sum_i^2 G_i}{600\times0.8\times375}=0.636\text{kPa}$$

假定施工地点的基本风压　W_0为1.0 kPa，风荷载的计算参数按规范[2]取值，如表2所示。

表2　风荷载计算参数取值

β_{gz}	μ_{s1}	μ_z	$\beta_{gz}\mu_{s1}\mu_z$
1.5	–1.4	2.0	–4.2

则保温系统承受的标准风荷载为：

$$w_k = \beta_{gz}\mu_{s1}\mu_z w_0 = 4.2 \times 1.0 = 4.2\text{kPa}$$

考虑粘结率为80%，风荷载作用下粘结界面的拉伸应力为：

$$\sigma_{w1} = 4.2/0.8 = 5.25\text{kPa}$$

保温系统粘结界面在重力荷载和风荷载共同作用下的最大复合应力为：

$$\sigma_1 = \sqrt{(2.451 + 5.25)^2 + 0.636^2} = 7.727\text{kPa}$$

按照安全系数为10考虑，则该界面的粘结强度不应低于：

$$R = 10 \times \sigma_1 = 77.27\text{kPa}$$

3.2　岩棉保温层自身

岩棉保温层的薄弱部位存在于与粘结层的粘结部位，由上述分析可知，该部位的岩棉保温层自身抗拉强度不应低于粘结层与岩棉保温层粘结界面的粘结强度需求77.27kPa。

3.3　岩棉保温层与外侧抗裂砂浆层的粘结界面

该粘结界面主要承受由抗裂砂浆自重产生的剪切应力及风荷载所引起的拉伸应力。该部位的粘结率近似为100%，则其应力分布图如图4所示。

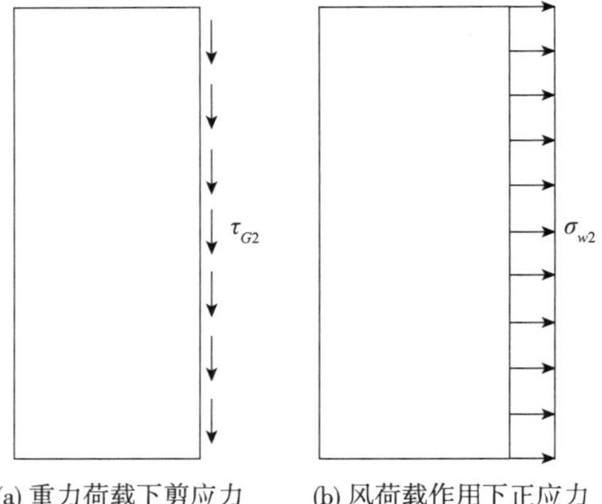

(a) 重力荷载下剪应力　(b) 风荷载作用下正应力

图4　岩棉保温层与抗裂砂浆粘结界面应力分布

根据上述参数可计算该界面在抗裂砂浆层自重荷载作用下的剪切应力为：

$$\tau_{G2} = 1800 \times 8 \times 10^{-3} \times 9.8/1000 = 0.142\text{kPa}$$

该界面在风荷载作用下的正应力为：

$$\sigma_{w2} = 4.2\text{kPa}$$

抗裂砂浆自重荷载与风荷载共同作用下，该界面的复合应力为：

$$\sigma_2 = \sqrt{4.2^2 + 0.142^2} = 4.21\text{kPa}$$

按照安全系数为10考虑，则该界面的粘结强度不应低于：

$$R = 10 \times \sigma_2 = 42.1\text{kPa}$$

4 安全隐患部位的安全性分析

国内现行标准中对于各界面粘结强度及材料的自身抗拉强度的要求如表3所示。

表3 国内现行标准对各界面和材料自身强度性能指标的规定

项目	性能指标 kPa	依据	备注
岩棉条（带）与粘结砂浆	≥80	《岩棉薄抹灰外墙外保温系统材料》（JG/T 483-2015）[3]	
岩棉条（带）	≥80	《建筑外墙外保温用岩棉制品》（GB/T 25975-2010）[4]	
岩棉板	≥15		
岩棉条（带）与抗裂砂浆	≥80	《岩棉薄抹灰外墙外保温系统材料》（JG/T 483-2015）[3]	

表3表明岩棉保温层与粘结砂浆的粘结强度、岩棉条（带）自身的抗拉强度在标准允许范围内的最小值均为80 kPa＞77.27 kPa；岩棉条（带）与抗裂砂浆的粘结强度在标准允许范围内的最小值为80 kPa＞42.1 kPa，说明上述三个安全隐患部位的安全性满足要求。而岩棉板自身抗拉强度较低，不宜用于该保温系统。

岩棉保温系统重力荷载作用下的变形及刚度

考虑岩棉变形可能性，甚至自上而下呈现叠加效应，或当某块岩棉上部一块、两块甚至多块由于某些原因将重力荷载全部施加于该块岩棉时，岩棉保温层可能产生较大的变形，本文选择该系统三种做法进行了竖向加载试验。试样情况如表4所示：

表4　试样情况

编号	施工做法	试样数量	示意图
1	裸条无锚固钉	5	
2	裸条加网加锚固钉	5	
3	复合条加网加锚固钉	5	

试样尺寸为600mm×375mm×300mm（宽×高×厚），试验所考虑的极限荷载为该尺寸样块所承受的一个层高（3m）范围内的岩棉系统自重，大约70kg，试验采用每级增加10kg的逐级加载方式进行加载，该试验加载情况如图5所示。

三种施工做法对应的试验数据结果分别如表5~表7所示。其力—位移数据拟合曲线分别如图6~图8所示。

图5　岩棉抗自重荷载压力变形试验

表5　裸条无锚固钉变形试验数据（mm）

F（N）	143.5	241.5	339.5	437.5	535.5	633.5	731.5
No.1	0.24	0.55	0.84	1.14	1.45	1.79	2.12
No.2	0.39	0.68	0.98	1.36	1.65	1.95	2.22
No.3	0.39	0.61	0.86	1.15	1.43	1.69	1.96
No.4	0.39	0.59	0.87	1.15	1.45	1.71	2.00
平均值	0.35	0.61	0.89	1.20	1.50	1.79	2.08

注：由于五组数据中有一组数据偏差较大，故取其中四组进行分析。

表6　裸条双网加锚固钉变形试验数据（mm）

F（N）	143.5	241.5	339.5	437.5	535.5	633.5	731.5
No.1	0.24	0.55	0.84	1.14	1.45	1.79	2.12
No.2	0.39	0.68	0.98	1.36	1.65	1.95	2.22
No.3	0.39	0.61	0.86	1.15	1.43	1.69	1.96
No.4	0.39	0.59	0.87	1.15	1.45	1.71	2.00
平均值	0.34	0.57	0.81	1.09	1.37	1.64	1.95

注：由于五组数据中有一组数据偏差较大，故取其中四组进行分析。

表7　复合条加网加锚固钉变形试验数据（mm）

F（N）	143.5	241.5	339.5	437.5	535.5	633.5	731.5
No.1	0.28	0.46	0.67	0.99	1.31	1.54	1.79
No.2	0.29	0.47	0.71	0.96	1.23	1.45	1.72
No.3	0.28	0.47	0.70	0.88	1.22	1.46	1.73
No.4	0.32	0.52	0.75	1.01	1.27	1.48	1.74
No.5	0.31	0.52	0.74	1.00	1.26	1.49	1.79
平均值	0.30	0.49	0.71	0.97	1.26	1.48	1.75

将三组试验数据的力—位移拟合曲线绘制于同一张图中，如图9所示。

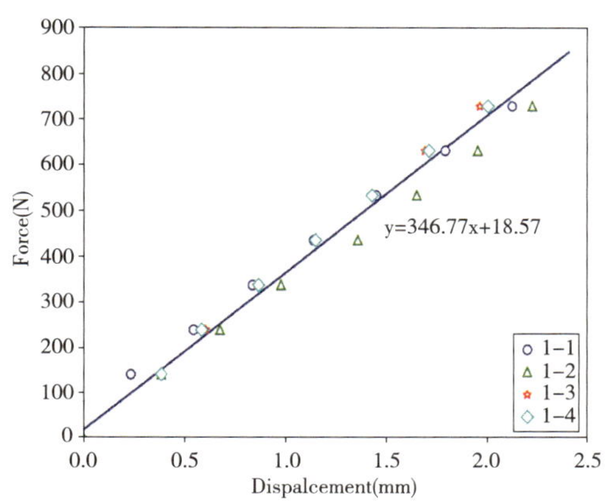

图6　裸条无锚固钉力位移拟合曲线

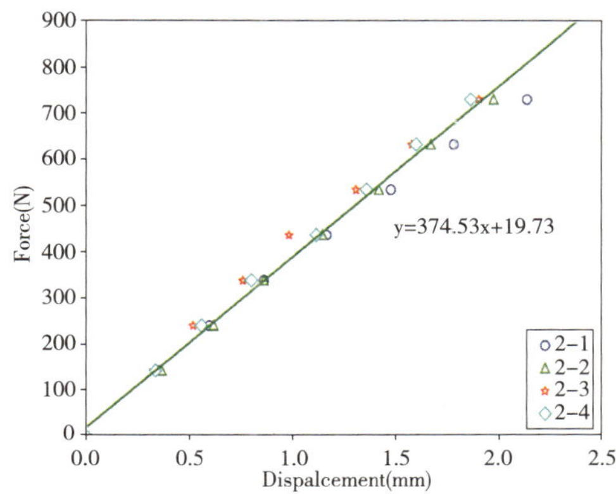

图7　裸条双网加锚固钉力位移拟合曲线

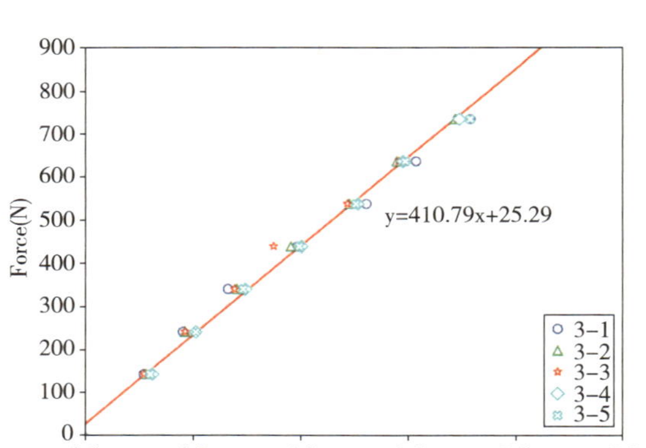

图8　复合条加网加锚固钉力位移拟合曲线

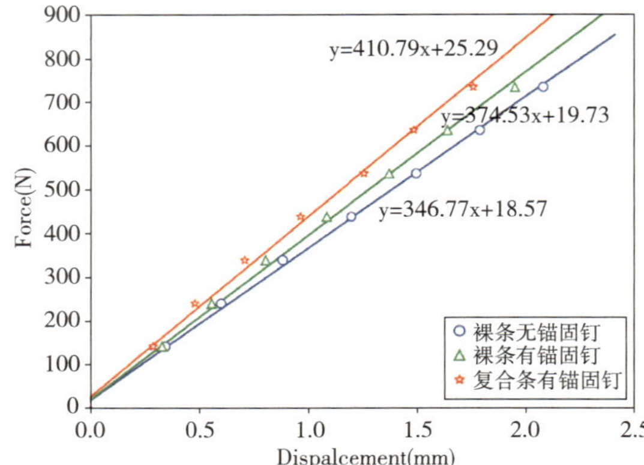

图9　试验数据拟合曲线图

图9中各数据拟合曲线的斜率即为岩棉保温系统在该尺寸（600mm×375mm）下抵抗竖向荷载作用变形的刚度*K*，将刚度转换至单位面积上的等效刚度*K*，如表8所示。

表8　岩棉保温系统抵抗竖向变形的等效刚度

施工做法	裸条无锚固钉	裸条加网加锚固钉	复合条加网加锚固钉
K N/mm	346.77	374.53	410.79
K_e N/（mm·m^2）	1542	1665	1826

注：K_e=K/粘结面积。

图9和表8表明在极限荷载70kg作用下（一个层高范围的上部岩棉块全部粘结失效，其全部重量作用于下部岩棉块），三种施工做法对应的下部岩棉块均不会发生破坏，且其变形量均较小。此外在相同的情况下，三种施工做法对应抵抗竖向变形的能力由大到小依次为复合条加网加锚固钉、裸条加网加锚固钉、裸条无锚固钉。

5　安全控制措施

（1）粘贴岩棉条（带）应采取满粘的施工措施。

（2）岩棉保温层与粘结砂浆的粘结强度、岩棉保温层自身抗拉强度、岩棉保温层与抗裂砂浆的抗拉强度均应满足现行国家标准的要求，即不低于80kPa。

（3）横丝岩棉板自身抗拉强度低，不适宜作为保温层的主要材料，所以岩棉保温层的主要材料应为岩棉条（带）。

（4）对于抵抗竖向重力荷载的变形及刚度方面，建议选择复合板加网加锚固钉的做法。

6 结论

（1）本文通过力学理论分析了被动式低能耗建筑岩棉保温系统样块在自重荷载和风荷载作用下的内部应力分布。对安全隐患部位的应力分析结果按照现行国家标准进行了安全性分析，分析结果表明按照现行国家标准进行设计和施工的以岩棉条为保温材料的保温系统的安全性能满足要求。

（2）横丝岩棉板自身抗拉强度较低，不宜作为被动式低能耗建筑岩棉保温系统的保温材料。

（3）试验结果表明岩棉保温系统在竖向极限荷载作用下，三种施工做法对应的岩棉块均不会发生破坏，且其变形量均较小。抵抗竖向变形的刚度大小顺序为：复合条加网加锚固钉＞裸条加网加锚固钉＞裸条无锚固钉。因此建议采用复合条加网加锚固钉的施工做法。

参考文献

[1] 孙立新，周辉，冯金秋，等. 粘结与锚固对岩棉板薄抹灰外墙外保温系统抗风荷载性能影响的试验研究与分析[J]. 建设科技，2016（11）：18-20.

[2] GB 50009-2012 建筑结构荷载规范[S].

[3] JG/T 483-2015 岩棉薄抹灰外墙外保温系统材料[S].

[4] GB/T 25975-2010 建筑外墙外保温用岩棉制品[S].

被动式超低能耗建筑外墙外保温系统的阶段性应用及技术尝试

熊少波 高娴
江苏卧牛山保温防水技术有限公司

摘　要：由于具有低能耗、高效能、高热舒适度等特点，被动式超低能耗建筑越来越受到我国建筑行业的广泛关注。外墙外保温系统作为其最重要的一项“被动式”技术，对实现连续的无热桥设计起着决定性的作用。本文主要针对我国被动式超低能耗建筑外墙外保温系统在实际应用中面临的阶段性问题及技术瓶颈，尝试提出适宜的技术路线、设计方法和构造体系，并总结介绍近几年实际工程案例中的成功经验和方法。

关键词：被动式；被动房；低能耗；绿色建筑；外墙外保温系统；透汽性

被动式超低能耗建筑是通过提高建筑整体保温隔热性能来降低供暖和制冷能耗需求的新技术体系，以提高外围护结构保温性能、采用高效新风热回收技术等为主要支撑。其中，安装于建筑外墙外侧的外墙外保温系统（一般由粘结层、保温层、机械保温锚固件、抹面层、饰面层组成），是避免热传导热损失的最关键环节，可通过与保温门窗相结合，有效阻断室内外热量传递，是达到超低能耗的最关键技术核心。

自2008年在住房和城乡建设部与德国交通、建设和城市发展部（Bundes-ministerium für Verkehr，Bau und Stadtentwicklung，BMVBS）、德国驻华大使馆支持下，住房和城乡建设部科技与产业化发展中心与德国能源署成立战略性工作小组开展“中国被动式低能耗建筑示范项目”合作以来，已有部分符合我国国情的被动房和低能耗建筑示范项目建设并投入使用，但由于产品质量良莠不齐、设计忽略建筑物理因素及施工工艺和工人专业度不够等原因，仍存在外墙外保温湿热负荷设计不当引起服役期质量频发、耐久性低、以保温板代表外墙外保温系统而忽略系统整体性、外保温系统与现行设计规范及建造方式的拟合度低等阶段性应用问题及瓶颈。本文重点分析这些典型性问题的关键原因和技术难点，并以实际项目为例，针对性地提出适宜的技术路线、设计方法和构造体系。

1 阶段性应用问题

目前我国被动式超低能耗建筑的外墙外保温系统技术，受制于外保温集成技术水平及防火政策的限制和影响，常遇到以下几种应用问题：

1.1 外保温系统的湿热负荷和耐久性能有待提高

由于被动式超低能耗建筑的实际使用寿命和耐久性要求很高，其外墙外保温系统应在周期性热湿和热冷环境条件下正常工作。目前我国很多种类的外保温系统并不适合在被动式超低能耗建筑上使用。发泡水泥板和发泡陶瓷板外保温系统因导热系数高使得厚度增加、自重大存在安全隐患、材料脆性大且无法锚固等因素不适合；挤塑板（XPS）外保温系统因弹性模量大容易变形、吸水率低引起与粘结剂及抹面胶浆的粘结力低、尺寸稳定性差导致厚度受到限制等因素不适合；现浇混凝土复合聚苯板钢丝网架板外保温系统因无法彻底消除热桥等因素不适合；胶粉聚苯颗粒保温浆料或无机保温砂浆外保温系统因导热系数高且最大厚度不得超过40mm等因素不适合；真空绝热板外保温系统因真空度的长期稳定性低且随真空度下降导致外墙膨胀、无法彻底消除板缝热桥、无法机械锚固及无法现场切割等因素不适合。这也再次验证了经过50多年外墙外保温技术发展和创新后，膨胀聚苯板薄抹灰外墙外保温系统和岩棉薄抹灰外墙外保温系统几乎占据着欧洲所有的被动式低能耗建筑外保温应用市场。尽管我国的五大热工设计气候与欧洲有所差别，但温度变化引起热胀冷缩，湿度变化引起湿胀干缩，基于建筑物理而引发的建筑温度和湿气变化同样会影响并贯穿整个外保温系统服役寿命周期（图1）。其中，水蒸气渗透值与吸水系数之间的平衡关系，是影响外保温系统湿热负荷的关键因素之一（图2）。水蒸气渗透的动力来源于维护结构内部和外界的湿度差。由于建筑物内、外部的温、湿度不同，使得建筑维护结构两侧的水蒸气压力不同，最终会达到平衡。水蒸气总是从水蒸气压力较高的一侧向水蒸气压力较小的一侧迁移，通常来说，也就是从热的一侧向冷的一侧迁移，这个过程称为水蒸气的渗透，也称之为透气性，其实是水蒸气的扩散能力。为更准确描述外墙外保温系统内部不同厚度组成层的水蒸气透气性，将材料的水蒸气渗透阻力μ与该材料层的厚度d的乘积称为该材料水蒸气渗透值（S_D单位：m）。饰面层与加固层共同组成外墙外保温系统的防水层，且同时满足透气性与防水性的要求，要求等效水蒸气渗透阻力不超过2m，且在500Pa的水压下保持2h后保温系统背面无透水现象。饰面材料的水密性过高或者透汽性过高均不适合外墙外保温系统的饰面层，而高质量、匹配性好的外墙外保温系统必须同时考虑到“水密性—吸水性—透汽性”三者的平衡点，相互平衡、相互匹配。也就是说水密性和透汽性这一对矛盾是通过吸水率来平衡的。在外墙外保温系统标准中对饰面层和加固层共同组成的防水层的性能指标进行了限制，要求其吸水率不超过0.50 kg/m^2・24h。

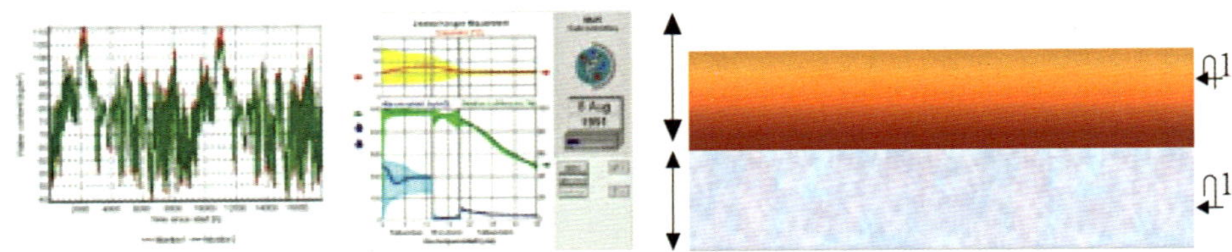

图1　温湿度变化与热胀冷缩

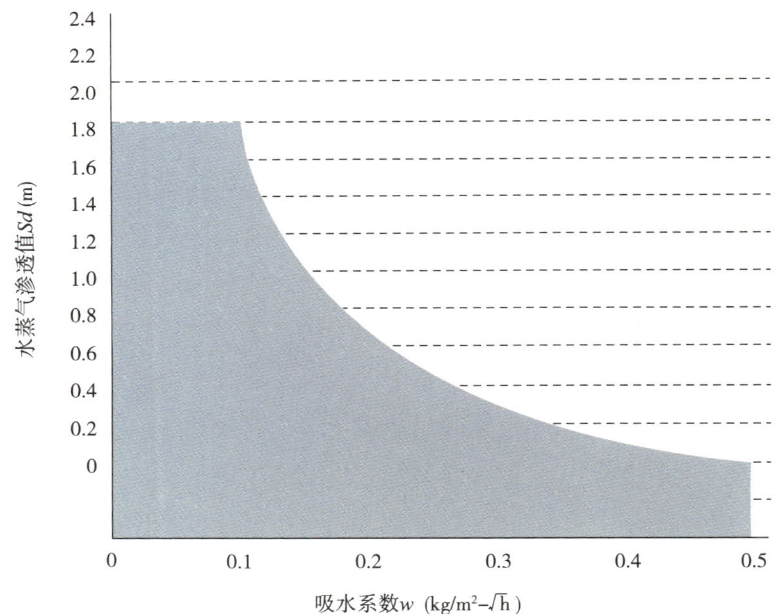

图2　水蒸气渗透值与吸水系数的关系

1.2 外保温系统的整体作用性有待提高

外墙外保温系统是统一的有机整体技术解决方案，而不是一种可以通过购买外保温系统中各部件自行安装的工业产品。现有被动式超低能耗建筑的外保温结构，基本上没有选择具有长期外墙外保温系统研发和工程经验的系统供应商，部分项目仅选择某一个部品件供应商或施工队伍自行组装。外墙外保温系统各关键组分的缺失或不匹配，将导致被动式超低能耗建筑面临长期的维修和运行成本的增加。例如，外墙外保温系统缺少系统配件（如预压密封带、门窗连接线条和滴水线条等成品配件），将导致外保温系统与门窗、穿墙管道及构件部位长期存在渗漏隐患，导致外保温系统与墙体之间长期处于水的侵蚀下，保温材料几乎失效，从而使得被动式超低能耗建筑内制冷或制热能耗长期偏高且超温频率远大于被动房的设计阈值，进而导致被动式超低能耗建筑面临长期的运行成本增加。若外保温系统不匹配而导致系统封闭，面层涂层无透汽性，冷凝效应在系统中会产生凝结水，造成内部水汽无法扩散出去，从而积聚在系统内部，冷凝水破坏系统，并降低了系统的保温效果，进而导致饰面层产生气泡或鼓包或水汽渗漏至建筑内部，使得被动式超低能耗建筑面临长期维修，无耐久性可言。

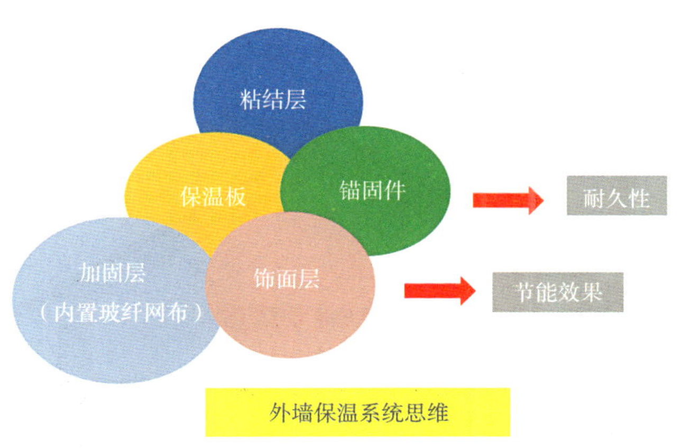

图3 外墙外保温系统匹配性

1.3 外保温系统与现行设计规范及建造方式的拟合度有待提高

如何在满足国内严苛的建筑防火规范的同时选用可满足被动式超低能耗

建筑保温效果的外墙外保温隔热系统？一个完整的外墙外保温系统具有6大基本功能，即节能和保温、使用安全性、耐久性、火灾情况下的安全性、卫生健康和环境性能，其中防火和保温是一对需要调和的矛盾体。岩棉外墙外保温系统虽然燃烧等级为A级，但缺乏在被动式超低能耗建筑中超厚、超高系统大量应用的案例和科学数据，缺少在湿热耦合环境下节能效果的长期性数据；石墨聚苯板外墙外保温系统中石墨板虽然为B1级，但等效保温效果比岩棉板高20%以上且无火灾案例。

采用最小化的热桥构造如何与高层建筑的安全性结合？为满足最小化热桥构造，通过外立面粘贴单层或双层构造，确保最小保温厚度必须满足外墙整体传热系数不超过0.15 $W/m^2 \cdot K$，同时辅助断热桥锚固件确保偶然负风压荷载下的安全性，其单个锚固件热桥不超过0.001 $W/m^2 \cdot K$。因此，经过阶段性应用发现外立面粘贴双层保温板并辅以沉入式锚固件进行机械固定的方式，是避免热桥和满足高层建筑安全性的有效途径之一。

装配式建筑结构体系中的保温和超低能耗建筑构造如何克服施工难点？装配式建筑构造体系多采用“三明治”式夹心保温形式，无法彻底避免在梁、柱等部位的热桥，随着低能耗向超低能耗、近零能耗和产能建筑迈进，其夹心保温层将逐渐增厚，这给装配式建筑结构体系带来热桥问题的同时，将导致安全性和气密性问题更加突出。因此，急需寻找适合被动式低能耗装配式建筑的保温体系。

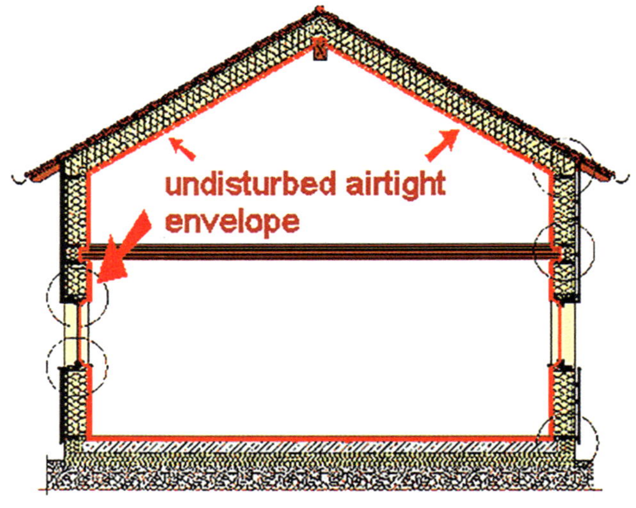

图4　被动式超低能耗建筑外保温系统（黄色阴影部分）

2 适宜技术路线

被动式超低能耗建筑外墙外保温系统在我国发展最大的难点是如何选择适宜国情的技术路线。目前仅有部分试点项目，缺乏在中国五大气候区域大体量应用技术和施工技术的经验积累，工程实践中面临的许多技术问题是难以借鉴和照搬欧洲现有的经验和方法，需要中外专家的联合探索，找出经济适宜的解决方案。

2.1 建立整体性设计方法

被动式超低能耗建筑热工计算和能耗计算非常重要，是设计一个完美被动房的基础，被动式超低能耗建筑的无热桥和良好气密性的特性使建筑的失热得热可以被准确地计算出来。近阶段的被动式超低能耗建筑案例证明其计算结果与实际能耗计算非常吻合。

被动式超低能耗建筑热工计算应按现行国家标准《民用建筑热工规范》GB 50176进行内表面温度、结露和隔热等热工性能计算是否满足要求；以及按《民用建筑供暖通风与空气调节设计规范》GB 59736规定的方法进行采暖负荷、采暖需求、制冷负荷、制冷需求、采暖一次能源需求、制冷一次能源需求以及总一次能源需求计算。计算可以帮助设计师正确选择建筑构造，决定窗的性能与保温材料的厚度，进行设备选型等。计算结果是否准确取决于以下三个因素：一是计算方法正确；二是使用的数据正确，这里的数据库包括温度、太阳、湿度和材料性能等近40多个数据库；三是使用工况参数设置正确。

因此，建立一套类似德国被动房研究所（PHI）提出的整体设计方法，对推动被动式超低能耗建筑在各气候区的应用具有十分重要的意义。

2.2 提高关键产品的综合性能

石墨聚苯板的原材料即石墨改性可发性聚苯乙烯，由德国化工企业BASF最早发明，包括悬浮聚合法生产和挤出聚合法生产。石墨改性可发性聚苯乙烯由于添加了红外吸收剂就能更好地吸收、反射热辐射，从而极大地提高材料的保温隔热性能，板的导热系数在0.032～0.034W/m·K之间。在同样的密度和厚度下，石墨聚苯板比常规的EPS拥有更低的λ值；同样的密度下，达到与常规EPS同样的λ值，厚度可以降低20%左右。

门窗连接线条：塑料制品，防水防雨，附带自粘性白色塑料粘结线条，自带密封条以及网格布。密封条：15mm×4mm；网布宽度：25cm；防水强度：600Pa，用于被动式超低能耗建筑外墙外保温系统中门、窗的连接部位，构造无裂纹柔性防水连接。

预压密封带：一种预压类自膨胀密封带，由耐候PU软泡沫类防水材料制成，适用于2mm以上的不同缝隙，按所适合缝隙宽度进行分类，防水强度：300～600Pa。用于被动式超低能耗建筑中各类缝隙的构造防水。

滴水线条：高耐久性塑料线条，两面带有加强网布。用于被动式超低能耗建筑门窗洞口上边沿、阳台部位以及建筑物檐口，减少立面污水流入屋檐部位，将表面污水泛出立面，可有效减少墙面受水流污染。

透汽膜/隔汽膜：用于被动式超低能耗建筑门窗和墙体之间的接缝，具有延展性，防水及透汽性能，通过自粘胶带和专用粘结剂实现了有效粘结：一边有效地粘结在窗框（或副框上），另一边通过兼容性极强的专用粘结剂粘结在墙体上，实现真正的防水密封。

2.3 提高施工及后期维护水平

通过近10年的被动房项目实践，目前主流的外墙外保温成熟技术路线为石墨板薄抹灰外墙外保温系统和岩棉薄抹灰外墙外保温系统。但最终的质量仍取决于3个因素：计划与设计、产品、施工。其中，计划与设计包含保温热工计算、无热桥设计、细部节点设计、防火构造设计、气密性设计等。产品包含各组成材料、经第三方认证的系统材料、高效的系统配件等。施工包含成熟的施工技术方案、经专业培训的施工队伍、有经验的施工组织与管理等。

粗放施工是建造被动式房屋的大忌。建造被动房有一个重要的不利因素需要考虑，就是以农民工为主的施工工人承担着对被动房性能影响较大的安装工程，而这些工人又处于高流动状态。如果施工管理不到位，某些工程质量就难以保证。在工地检查过程中我们发现一些常见的施工质量问

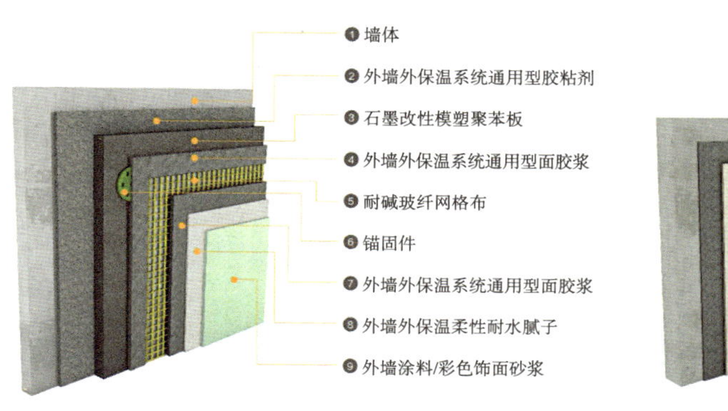

图5　石墨板薄抹灰外墙外保温系统

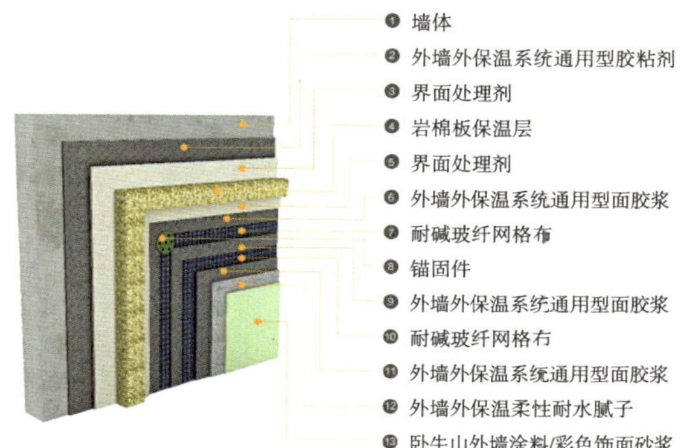

图6　岩棉薄抹灰外墙外保温系统

题，譬如：墙面水泥砂浆没有抹到地面、保温板铺装形成的缝隙较大、女儿墙与盖板没有钉牢固、外窗没有做好施工保护、外墙外保温系统中网格布外露等。

3　关键性技术研发及案例分析

江苏卧牛山保温防水技术有限公司作为最早从事国内被动式超低能耗建筑外墙外保温系统的系统集成商之一，主要提供被动式房屋用外墙外保温系统、屋面保温防水系统、透汽膜/隔汽膜、楼地面隔声系统等，作为我国三大被动房联盟理事单位，参编了《被动式低能耗建筑——严寒和寒冷区居住建筑》(16J908-8)等一系列被动式房屋保温系统相关的标准与图集。石墨板薄抹灰外墙外保温系统作为被动式超低能耗建筑外墙保温关键技术，通过案例应用和推广已经被列为最成熟的保温系统之一。根据已完成的被动式超低能耗建筑试点项目中（涉及北京、雄安、河北省、河南省、山东省、江苏省、浙江省、湖南省等省市，并涵盖了住宅、商业、学校等不同形式和用途的建筑）外墙保温系统的应用案例，被动式超低能耗建筑经典工程案例均采用石墨板薄抹灰外墙外保温系统，同时设置同厚度的岩棉防火隔离带以满足《建筑设计防火规范》GB50016中的要求，外保温系统通过合理的构造形式对整个建筑实行连续的包裹。超厚的双层石墨板不仅增加了外墙的保温隔热性能，内外错缝铺贴避免了传统单层板施工形成的通缝导致能力散失的问题。门窗连接线条、预压密封带、滴水线条等配品配件的使用让保温材料与门窗框、成品窗台板、穿墙管道及其他预埋件形成紧密的连接，降低了洞口开裂、墙体结露及渗漏的风险。隔汽膜和透汽膜的使用让建筑围护结构成为一个密闭的空间，进一步提高了建筑整体气密性。

严格遵循“无热桥的设计与施工”原则，尽可能地不破坏或穿透外围护结构。旋入式安装断热桥锚固件，在提高外墙外保温系统安全性与可靠性的基础上，避免出现传统保温系统中使用膨胀型锚固件在锚固位置形成重要的“热桥”和渗水风险点，除此之外也保证了外保温系统的表面完整性和平整度。当管线等必须穿透外围护结构时，在穿透处增加孔洞直径，保证留有足够的间隙填充密实的保温材料。采用隔热垫块将埋入保温层中的金属构件与基层墙体隔离，将面热桥降低为点热桥。

采用与保温系统具有良好的相容性、防水透汽性优异的外饰面材料（如装饰砂浆、真石漆等），不仅保证了建筑外立面的美观，还避免了采用致密度较高的外饰面材料导致水汽无法排出聚集在保温系统内部引起面层起鼓、开裂甚至是脱落和降低保温性能的问题，提高建筑物的使用寿命。

4 结语

综上所述，石墨板薄抹灰外墙外保温系统和岩棉薄抹灰外墙外保温系统目前最适合被动式超低能耗技术，兼具透汽与防水性能的外饰面材料能够满足系统水蒸汽传输要求。选择一个可以提供高性能产品和系统以及拥有丰富施工经验的集成服务商对被动式超低能耗建筑整体质量也是有力的保障。

尽管我国发展被动式超低能耗建筑与欧美国家相比较晚，现阶段依旧在实践中探索最优化的被动式技术，但发展被动式超低能耗建筑符合中国国情和各方利益，应该以正确的态度和方式稳步推进。

参考文献

[1] Xavier Dequaire. Passivhaus as a low-energy building standard: contribution to a typology. Energy Efficiency, 2012, 5: 377-391.

[2] J. Schnieders, W. Feist, L. Rongen. Passive Houses for different climate zones. Energy and Buildings，2015.

[3] A. Boqvist，C. Claeson-Jonsson，S. Thelandersson. Passive House

Construction–What is the Difference Compared to Traditional Construction?. The Open Construction and Building Technology Journal, 2010, 4: 9–16.

[4] W. Feist. First Steps: What Can be a Passive House in Your Region with Your Climate?. Psssive House Institue.

[5] Patrik Rohdin, Andreas Molin, Bahram Moshfegh. Experiences from nine passive houses in Sweden–Indoor thermal environment and energy use. Building and Environment, 2014, 71:176–185.

[6] W. Feist. Certified Passive House. Psssive House Institue.

[7] 李琳，刘伟. 被动式超低能耗建筑发展中的问题及对策研究. 产业与科技论坛，2017，16（5）.

[8] 吴景山，黄振利，任琳. 推进超低能耗建筑行动探讨. 建设科技，2017，9.

[9] 叶晓. 建造适合国情的被动式超低能耗建筑. 中国建设报，2017，7.

技术产品应用

木包铝建筑幕墙结构分析及应用

左群　王首杰
北京市腾美骐科技发展有限公司

摘　要：木包铝玻璃幕墙综合了铝合金幕墙和木材的各方面优点。形成自有的特点，如通透性强、保温美观、耐候性好、舒适性佳、隔热隔声、安装方便、维护简便等，对建筑幕墙的发展起重大推动作用。

关键词：玻璃幕墙；木包铝建筑幕墙；天然植物纤维压缩木；被动式幕墙；保温节能；改善居住环境

1　前言

建筑既是功能性的实体也是一种艺术表现形式，它既体现了时代的艺术气息，又是功能与形式、艺术与技术的统一，人们对视觉美感和舒适度的追求，使得建筑在具备功能性的基础上，艺术设计和技术实现手段成为不可分割的整体。由于建筑物本身具有持久性，迫使建筑师最大限度地去寻找安全、耐久性、简洁的艺术表现形式，以适应各个方面的需求。玻璃幕墙是现代主义建筑的主要特征，是现代化都市的标志，也是经济、技术发展水平的代表。若将其作为建筑物的外围护结构，设计师在设计时就应在安全性、实用性、功能性的基础上，最大限度地表现出玻璃幕墙内外饰面的简洁而和谐的艺术美，从而提高建筑物的使用与观赏价值，这在实际工程中具有非常重要的现实意义。

2　木包铝幕墙的概念

幕墙结构属于围护结构。玻璃幕墙是由玻璃面板与支承结构体系组成的，相对主体结构有一定位移能力，是不分担主体结构荷载和作用的建筑外围护结构或装饰性结构。

木包铝幕墙是由玻璃面板与铝合金结构体系组成，室内铝合金结构外装饰天然植物纤维压缩木材，形成独有的结构形式，使建筑物显得别具一格，从室内侧望去是一种纯木的装饰饰面，华贵典雅。

天然植物纤维压缩木是整根实木经过旋切、梳理、压合成型的木材（图1、图2），经过处理的木材去除了原木中的油脂，保留了原有的植物纤维纹理，密度大于1，具有不变形、防白蚁、阻燃烧、耐腐蚀、取材方便、环保节能等不可比拟的优势，可以根据客户需要进行各种颜色和纹理的搭配，也可以进行圆弧处理。经国家相关部门检测，不含甲醛和重金属，属于环保类再生资源。

图1　天然植物纤维压缩木1

图2　天然植物纤维压缩木2

2.1　木包铝幕墙的形式

木包铝幕墙的形式分为明框幕墙、隐框幕墙、半隐框幕墙，本文主要阐述明框幕墙的结构分析及应用。

“明框”指将玻璃板镶嵌在明框内，四边都露出铝框幕墙构件，再将其镶在横梁立柱上，横梁立柱可见，形成了水平和垂直的格线，见图3、图4。

图3　木包铝幕墙外视图

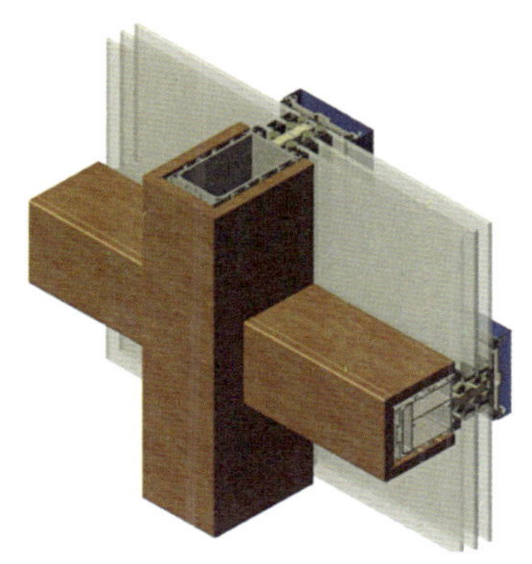

图4　木包铝幕墙内视图

2.2 木包铝玻璃幕墙的特点

木包铝玻璃幕墙的优点：

（1）以隔热铝结构为主体，保证了幕墙的整体强度和安全性，外侧铝不仅可以实现多种颜色的变化，而且具有超强的耐腐蚀性能，内侧木结构使幕墙室内更具装饰效果，提高了隔声和保温性能。

（2）木材选用天然植物纤维压缩木，具有不变形、不开裂、防虫蛀、耐腐蚀、阻燃、环保节能等优点；木铝之间采用尼龙卡扣连接设计，使木铝的连接强度和稳定性牢固可靠，而且可以实现内侧木材饰面的更换。

（3）立柱和横梁采用自主研发的铝合金断热保温材料，防止玻璃压板与主柱连接处冷桥的出现，进一步提升了隔热性能。

（4）两层充惰性气体的玻璃配置节能暖边间隔条，厚度可达到46mm及以上，在保证幕墙结构强度的前提下，使幕墙整体K值满足被动式幕墙的要求。

（5）多层Low-E涂层保证良好的防辐射性能。

（6）真空层保证了幕墙的保温节能及降噪、防结露性能。

（7）幕墙作为建筑立面外围护结构，在受雷击时会有雷电通过，因为天然植物纤维压缩木的优异绝缘性能，使室内人员在幕墙连电时增加了安全感。

（8）施工便捷，减少损伤，维护方便。可以先安装铝合金结构柱，最后安装木材。

3 木包铝幕墙的结构分析

3.1 木包铝幕墙设计原则

幕墙应按围护结构进行设计。幕墙的主要构件应悬挂在主体结构上，幕墙在进行结构设计计算时，不应考虑分担主体结构所承受的荷载和作用，只应考虑承受施加于其上的荷载与作用。幕墙及其连接件应具有足够的承载力、刚度和相对于主体结构的位移能力。非震区幕墙，在风力的作用下，应保证正常的幕墙使用功能。有抗震设计要求的幕墙，应做到小震不坏、中震可修、大震不倒。幕墙构件的设计，在重力荷载、设计风荷载、设防烈度地震作用、温度作用和主体结构变形的影响下，应具有安全性。

好的幕墙结构设计应满足下列要求：（1）理解业主的要求、尊重建筑师的思路和意见、满足外装饰的艺术性和协调性；（2）考虑结构的可行性及合理性；（3）满足幕墙安全性和功能性要求；（4）保证较好的内视效果；（5）保证开启的功能性和装饰性；（6）满足材料的强度、刚度要求；（7）满足幕墙各种使用功能的要求；（8）考虑各种不同材料交界的处理方式；（9）考虑材料开模和加工的可能性和工艺性；（10）在尊重设计师的思路和满足装饰效果的前提下，充分融合自己的特点，使内外装饰设计更加完善。

作为幕墙工程投标的关键环节，设计准则应遵循：根据业主的要求和所能提供的资金状况，在建筑幕墙的艺术性、功能性、安全性及经济性之间寻求一种平衡，即以最优的分格形式和结构，保证建筑的装饰完美、功能完善和最大限度的成本降低。

3.2 木包铝幕墙的结构选型（明框幕墙系统）

构成原理：明框幕墙是把铝合金立柱龙骨安装在结构梁上，再相互连接横框，形成框格体系，再将面材（玻璃、铝板等）镶嵌在框格上，形成幕墙（图5）。

受力模型：根据建筑土建的结构性质，对幕墙受力模型可以采用简支梁，双跨连续梁，多跨交接连续梁等力学模型。

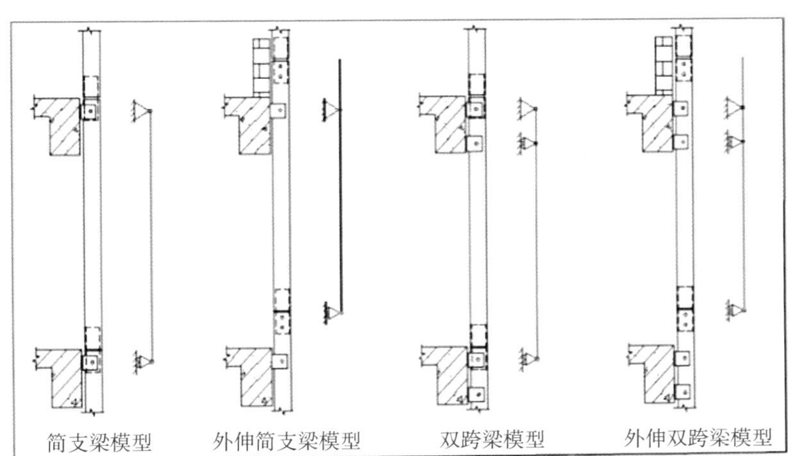

图5　木包铝幕墙结构

4 木包铝幕墙的应用

根据现行规范和规程要求，进行结构计算，得出连接件的厚度、螺栓直径、铝合金型材的截面和厚度、玻璃厚度等。根据节能计算，得出各处连接隔热垫的厚度。然后把各项指标进行应用。

4.1 标准做法节点

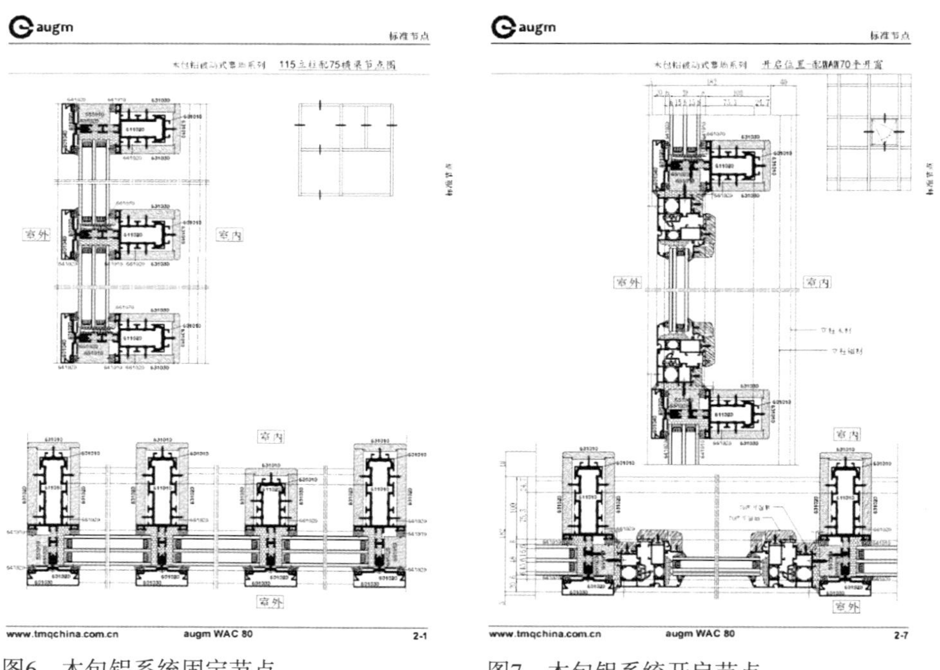

图6 木包铝系统固定节点

图7 木包铝系统开启节点

4.2 幕墙的保温性设计及应用

热量传递是一种复杂的现象，常把它分成三种基本方式，即导热、热对流及热辐射。幕墙上所遇到的热量传递现象往往是这三种基本方式的不同主次的组合。我们针对这三种方式逐步削弱传热。

4.2.1 热传导的传热控制

（1）铝合金型材采用双断桥亚松注胶工艺；

（2）采用真空、中空玻璃（中空层可以充惰性气体）；

（3）增加导热系数低的材料作为隔热垫。

4.2.2 热对流的传热控制

（1）型材及型材之间的腔体采用三元乙丙胶条和中性硅酮耐候密封胶进行密封；

（2）采用真空、中空玻璃（中空层可以充惰性气体）。

4.2.3 热辐射的传热控制

采用Low-E玻璃。

4.3 幕墙的密封性能设计及应用

建筑幕墙水密性设计分为以下三个阶段：

（1）完全密封，此阶段直接利用密封材料将裂缝进行封堵；

（2）收集储存，此阶段将堵和排有机结合；

（3）结构化防水，利用雨幕的防水原理，在设计时允许少部分的水存在于幕墙的外表面，但通过排除手段防止向内表面流入。

根据需要在幕墙的固定部分主要采取完全密封设计，在幕墙的开启部分主要采用结构化防水设计，在幕墙与墙体周边采用收集储存和完全密封结合设计。

4.4 幕墙的防火设计及应用

幕墙防火原理：当构件受到火的攻击时，应在规定的时间内保持其原有的力学强度指标和不产生失稳现象，且在规定的时间内不使着火那一空间内的火焰和热瓦斯蔓延到另一个未着火的空间去，即具有较好的密封性但不具备较好的热绝缘性。严格按照《建筑设计防火规范》和《高层民用建筑防火规范》中的要求对幕墙建筑的层数、面积、长度以及防火区间、防火节点、耐火极限和防火距离进行严格地把控。

4.5 幕墙的连接设计及应用

幕墙杆件之间及与建筑主体的连接结构一般为隐蔽工程，有时不是很引人注意，但实际上它对整个幕墙的安全性、可靠性以及幕墙的整体优化设计起着举足轻重的作用。通过连接件把幕墙主受力杆件之间及在主体结构上布置合理的埋件，用适合的方法进行连接，从而达到安全及降低热传递的目标。

4.6 幕墙的杆件截面设计及应用

幕墙杆件根据结构计算得到截面及壁厚，由于本系统主受力杆件为铝合金，因此在同样的跨度和分格下，得到的截面及外漏可视面较小，外漏可视面越小，导热量越低，同时显得玻璃更加宽敞明亮。

4.7 幕墙的施工设计及应用

好的幕墙系统，不仅能满足各项性能指标，而且能方便指导现场施工，本系统能分项分部施工，冬雨季在合理的措施下仍能施工。施工工序见图8。

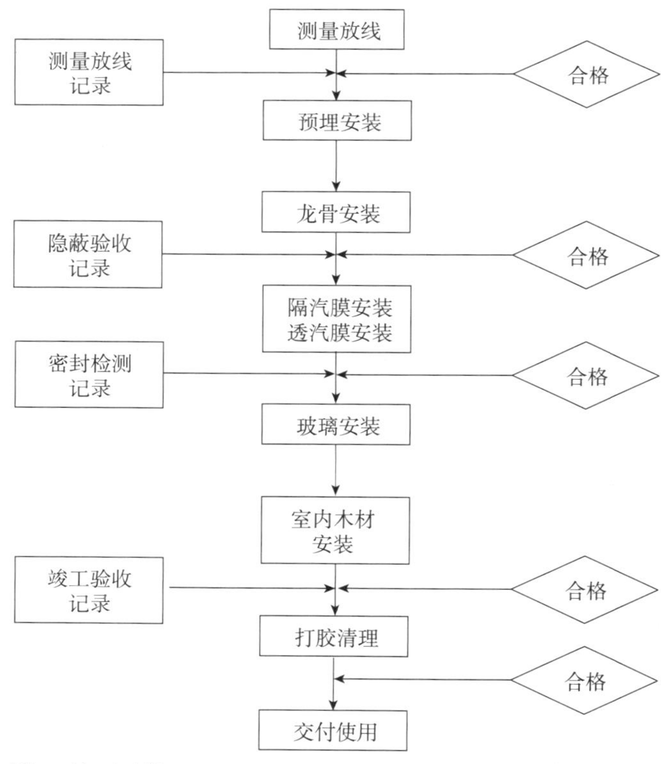

图8 施工工序

4.8 木包铝幕墙项目应用实例

图9 应用实例

5 结束语

随着知识水平的提高和新技术新产品的应用，节能型建筑幕墙为现代建筑注入了新的活力。木包铝建筑幕墙由此应运而生，在公共建筑、大型高层建筑中得到了广泛应用。

参考文献

[1] 中华人民共和国建设部. 建筑幕墙GB/T 21086-2007.
[2] 中华人民共和国建设部. 玻璃幕墙工程技术规范JGJ102-2003.
[3] 中华人民共和国建设部. 建筑设计防火规范GB50016-2014.
[4] 中华人民共和国建设部. 高层民用建筑设计防火规范GB50045-95.
[5] 中华人民共和国建设部. 建筑物防雷设计规范GB50057-94.
[6] 赵西安. 建筑幕墙工程手册. 中国建设工业出版社，2002.
[7] 张其林. 玻璃幕墙结构设计. 同济大学出版社，2007.

TPS/4SG长寿命暖边密封系统介绍

李国杰
大连华鹰玻璃股份有限公司

摘　要：本文介绍了一种新型中空玻璃暖边系统——热塑性隔条的发展、原理、技术特点和实际应用。

关键词：热塑性隔条；技术特点

1　TPS简介

TPS 是英文THERMO PLASTIC SPACER 的缩写，可以译成热塑性隔条。TPS 是一种新型的中空玻璃暖边系统，是以特殊丁基胶为辅料，填入分子筛的热塑性隔条。可以完美取代传统中空铝条，如图1所示。

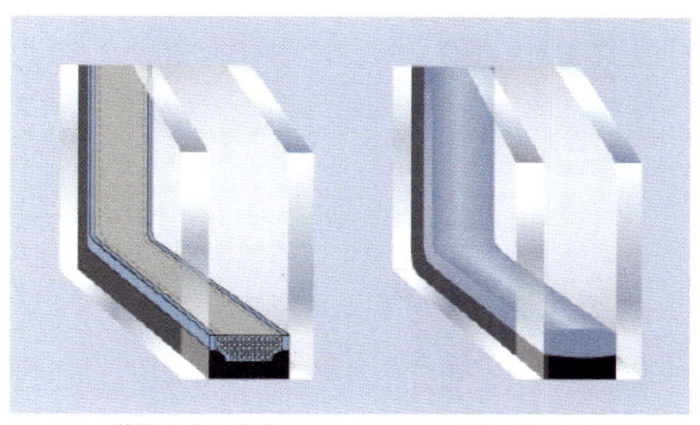

传统的中空玻璃　　　　TPS新一代中空玻璃

图1　传统中空玻璃和TPS中空玻璃比较

2　4SG介绍

如果TPS是第一代产品的话，那么4SG 就是第二代升级产品。区别在于，TPS只能配合聚硫胶使用，适合于明框门窗类玻璃结构或幕墙。而4SG聚硫胶、结构胶可以通用；在玻璃和4SG之间、外围硅酮结构胶和4SG之间，都形成了化学键的粘接。因此，结构及粘接性能更强，避免幕墙玻璃长期在大气作用下老化及玻璃泵吸作用下对密封系统长期撕扯或挤压而造成间隔条蠕变问题。通过外密封胶固有的邵氏硬度支撑特性来确保幕墙玻璃寿命更长久，性能更稳定。4SG配合结构胶使用，应用于幕墙中空玻璃。

3　TPS技术及应用发展史

TPS不是新技术，最早由德国科梅林集团发明并投入商用，第一块采用TPS技术的中空玻璃诞生于1974年，已有38年历史，1998年引入美国，1999年引入日本，2005年引入澳大利亚，大连华鹰在2010年引进了中国第一条TPS 中空玻璃生产线，实现了中国中空玻璃暖边技术与世界接轨。截止到2011年，全世界有71条TPS中空玻璃线在运行。

4　TPS产品的优点

（1）TPS热塑性隔条不含金属嵌入物，提高了玻璃边缘热的阻隔性；

（2）在玻璃内外表面拥有更为平均的表面温度分布，有效降低凝露的产生；

（3）弹性边缘密封，使玻璃设计变得更为灵活和方便，完美地匹配玻璃装配行业；

（4）高的质量控制，更长的有效寿命；

（5）二道密封胶可以采用硅酮或聚硫。

5　TPS热塑性隔条的支撑受力

从中空玻璃的历史发展形态看，依次经历了吹制中空玻璃、焊接中空玻璃、粘接中空玻璃。

目前主流的铝条中空玻璃（属于粘接中空玻璃），铝隔条的主要作用是将两片玻璃均匀隔开，并不承力。中空玻璃是垂直安装的，铝隔条并不会承受玻璃的重力，而且涂覆在中空铝条和玻璃中间的一道密封丁基胶属于热熔

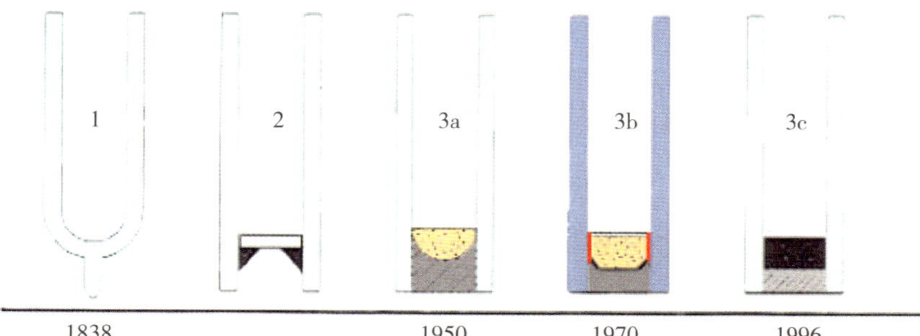

1. 吹制中空玻璃系统
2. 焊接中空玻璃系统
3. 粘接中空系统
   a）单道密封系统
   b）双道密封系统
   c）双道密封TPS系统

图2　中空玻璃的进化

型胶，在整个玻璃使用周期中都是保持柔软的可塑状态，并维持良好的密封性能。如果受到长期强力挤压，一道密封丁基胶挤出后将丧失密封性。而TPS 的特殊塑性丁基胶条，在将两片玻璃均匀隔开，保持中空密封性能的同时，还可以承受长期强力挤压，不会丧失密封性能。

6　TPS提高玻璃边缘热阻隔性的机理

TPS热塑性隔条采用特殊丁基胶条取代了铝条，获得了远低于铝条的热传导系数Ψ，从而降低了窗户的热传导效率，提高了玻璃边缘的热阻隔性。TPS 窗和铝条窗热传导效率的对比计算如表1。

表1　窗户的热传导效率

窗框	$U_f=1.54\mathrm{W/m^2 \cdot K}$	
隔条	TPS	Alum.
Ψ	0.038W/m · K	0.108W/m · K
玻璃	$U_g=1.15\mathrm{W/m^2 \cdot K}$	
玻璃宽度	1.23m(4.03ft)	
玻璃高度	1.48m(4.9ft)	
Frame width	0.12m(0.4ft)	

计算后的窗户热传导效率U_W：

$$U_W=1.51\mathrm{W/m^2\cdot K(TPS)}$$

$$U_W=1.69\mathrm{W/m^2\cdot K}(\text{铝})$$

7 TPS提高了玻璃边缘热阻隔性的实际意义

众所周知铝条窗在冬天室内面附近的空气温度远低于室温，TPS较铝条窗热的阻隔性更好，可以显著提高室内靠窗处的空气温度，降低室内温差，能够稳定室内气候，降低空气的对流，营造更加舒适的室内环境，降低玻璃边缘结露的产生，抑制霉菌的产生，降低对窗框的维护费用，产生较低的模具应力，减少房屋热散失，降低能源消耗（图3～图5）。

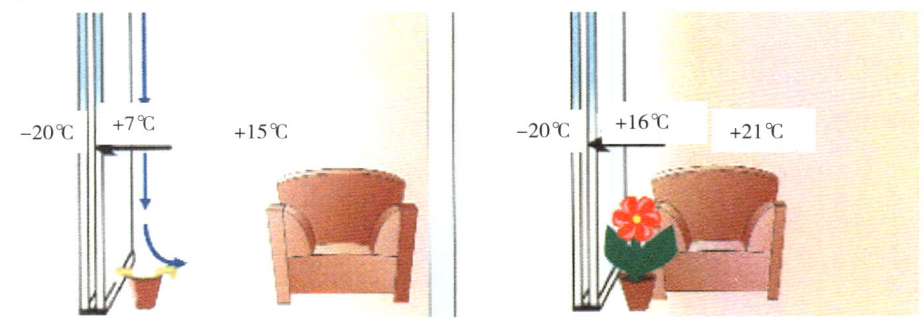

图3　应用TPS的优点

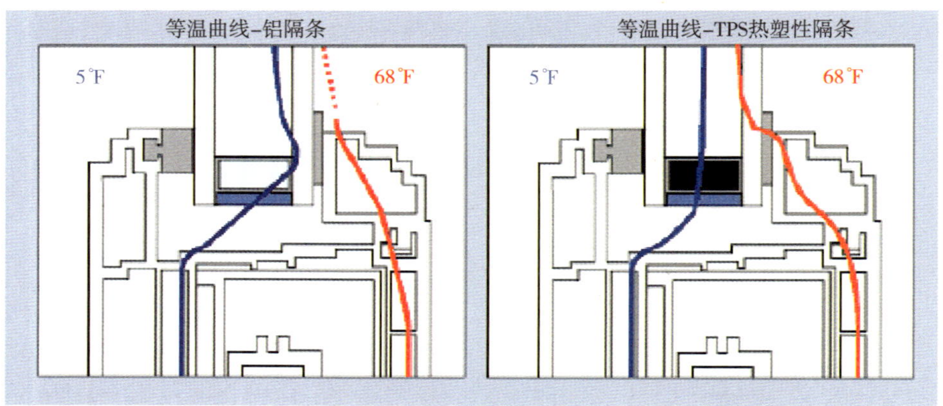

图4　等温曲线

图5 红外线热成像下的房屋热散失

例如：普通非充气中空玻璃U值为3.0W/m^2·K，TPS充气型中空玻璃U值为1.2W/m^2·K。20000m^{2}玻璃1年可节省420000L煤油燃料的消耗，降低1095000kg二氧化碳的排放。

8 TPS性能优良的原因

8.1 TPS中空玻璃的生产

从边部除膜、上片、纯水清洗、烘干、中空合片和密封胶涂覆，采用全自动生产线一次完成，完全排除人工生产带来的失误。

8.2 持续不变的高质量

TPS中空玻璃系统，已经通过了包括中国GB/T-11944-2002在内的全球认证：JIS R320、NF P78-451、NFP78-452、UNI 10593、EN 3567、EN 1279-2、EN 1279-3、STM E773、STM E744、SFS4704、DIN 1286/1、DIN1286/2、AN 2-12.8M等。

通过大多数世界范围内的相关认证

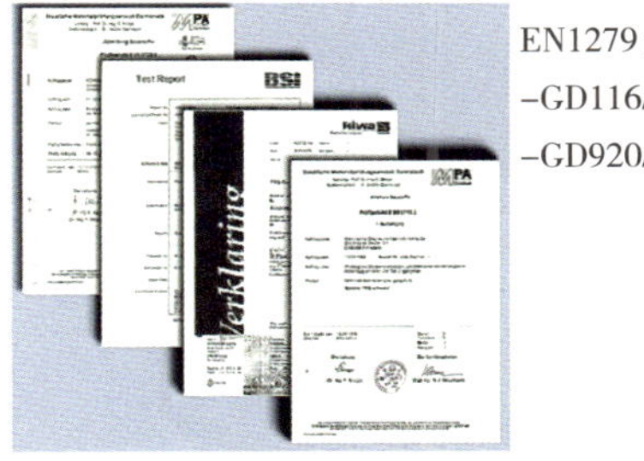

图6 测试报告

8.3 超长的使用寿命

中空玻璃空气层侵入水汽后，即告失效。TPS对水汽的优良屏蔽，使其拥有超越铝条系统的超长使用寿命。

长久的使用寿命源自最终的水汽屏障

水汽屏障的原理

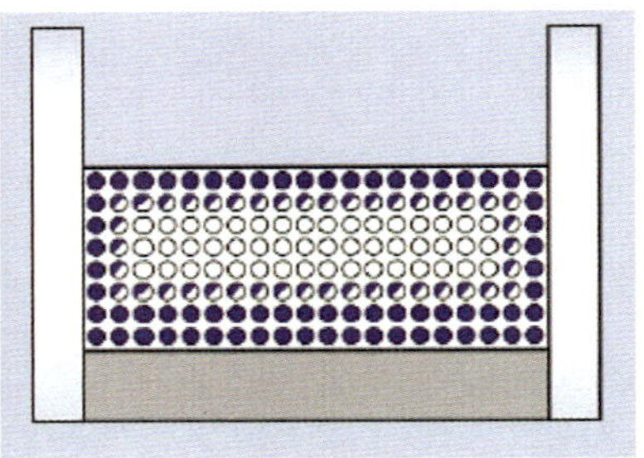

• 初期水分含量示意图 • 后期水分含量示意图 ○干燥的分子筛 ◐半饱和分子筛 ● 饱和分子筛

图7 水汽屏障

8.4 涂布衔接设计

TPS专利的斜坡封边技术，见图8。

与铝条的平直接口相比，接口处连接更加紧固，密封性能更好，使用寿命更长。

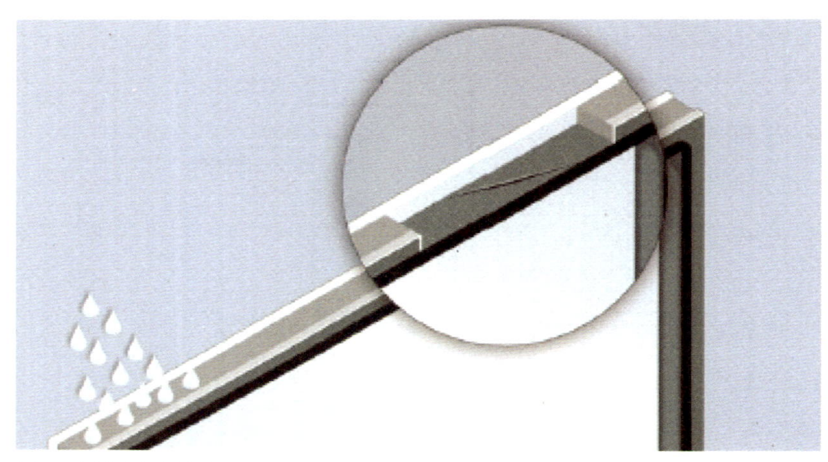

图8 斜坡封边技术

8.5 良好的缘密封性能、抗共振和隔声性

TPS 良好的力学性能和剥离强度保证了正负压下的边缘密封性能。TPS热塑性隔条的弹性保证了可以适用于频繁的外界温度和风压的变化，具有良好的抗共振和隔声性，见图9、图10。

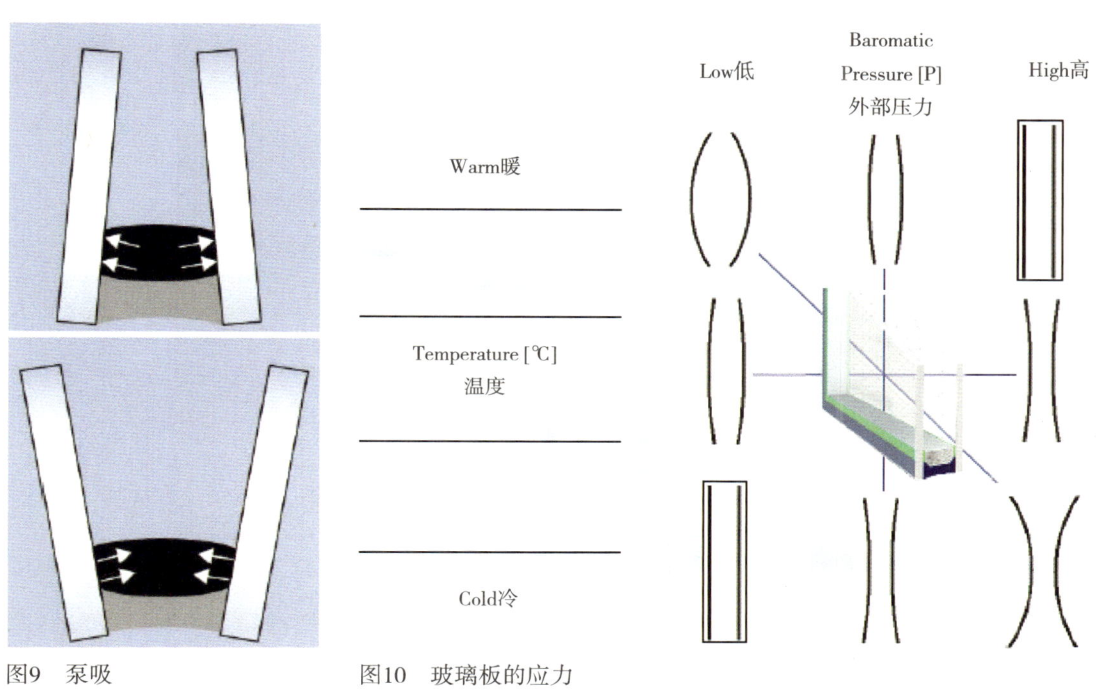

图9 泵吸

图10 玻璃板的应力

9 TPS在湿气透过率和气体泄漏率方面远远优于铝条系统

引起中空玻璃湿气透过和气体泄漏的因素包括：

（1）在中空玻璃系统中，起密封作用的是一道密封胶（丁基胶），以三玻两腔中空玻璃系统为例，传统铝条窗的一道密封胶有8 个界面，TPS 系统只有4 个界面，界面数量减少了一半；并且TPS 由全自动的机器生产，规避了工人操作的误差，并带来较低的应力松弛，见图11所示。

（2）角部过度压合引起高湿气透过率和气体泄露，见图12。

（3）错位引起边缘密封局部过度紧张，见图13。

界面的数量（一道密封胶）

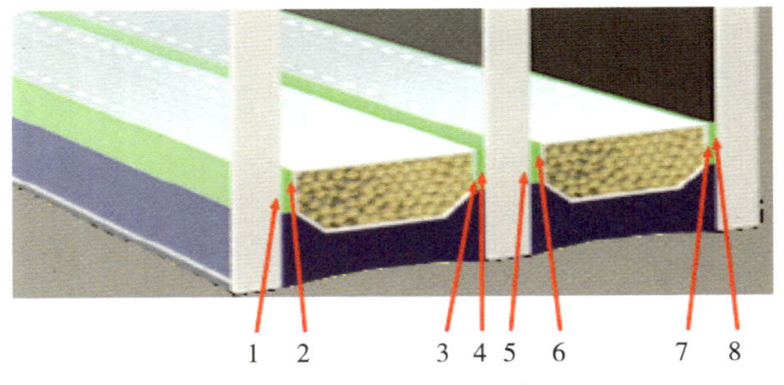

界面的数量（TPS）

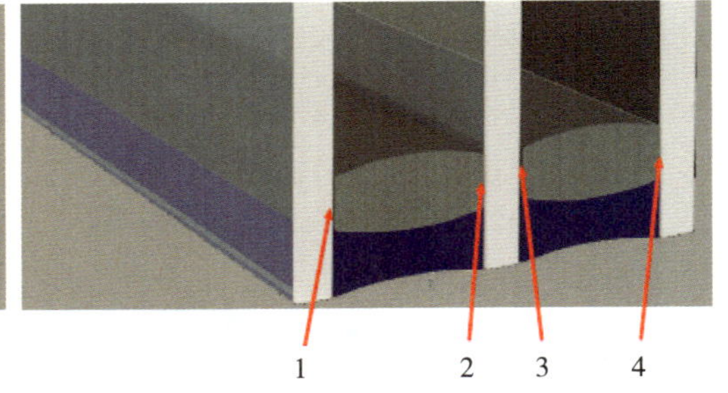

图11　影响中空玻璃透汽和漏汽的因素

图12　角部过度压合引起的泄漏

图13　错位引起边缘密封的局部过度张紧

（4）起密封作用的一道密封胶过度紧张，也会引起胶的收缩，接触面积缩小，密封性能下降，如图14所示。

解决方案：增加一道密封胶的厚度；用足够的"弹性"抵御负载和保护一道密封胶；具备更好的应力释放性能的密封系统，例如TPS 系统，如图15所示。

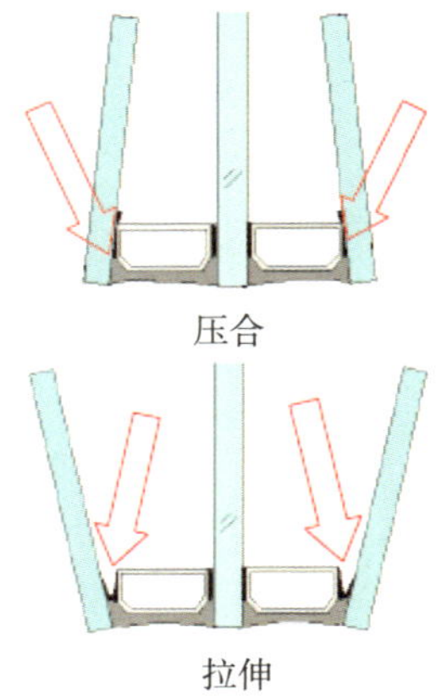

图14　较低的密封深度

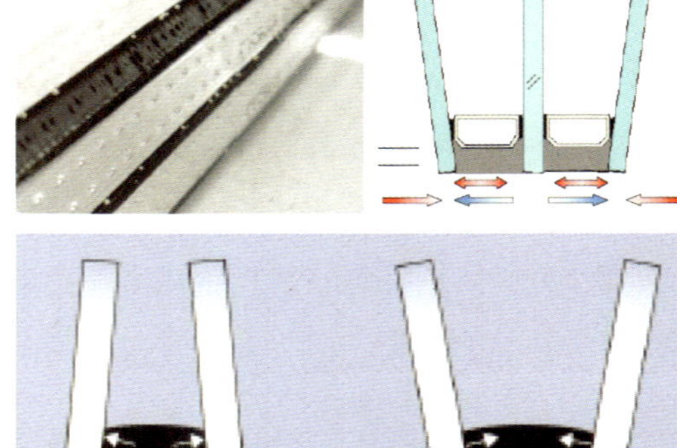

Increase Sealing Depth 增加密封厚度 = Sufficient "Spring" to Bear the Load and Protection of the Primary Sealant足够的"弹性"抵御负载和保护一道密封 or System with Better Stress Relaxation, like 或者具备更好的应力释放性能的系统，例如TPS

图15　解决方案

10 TPS的测试

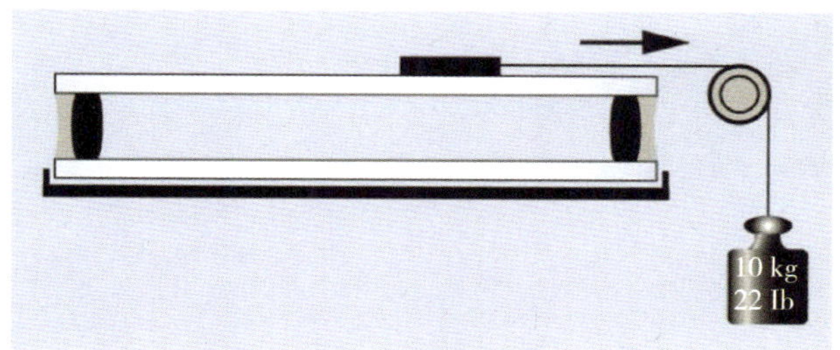

- 测试温度：80℃ (176℉)
- 测试周期：14天
- 结果：没有位移

二道密封 聚硫(GD116)

图16 静载试验下TPS的表现

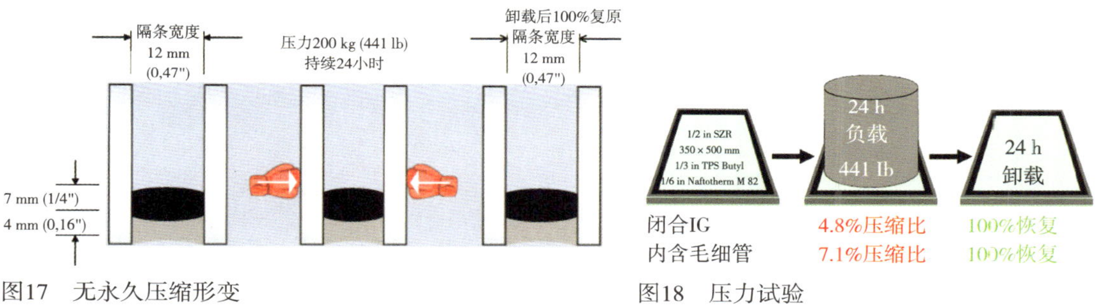

图17 无永久压缩形变

图18 压力试验

图19 边缘压力稳定性

负载约为：2000 kg (4409 Ib)
密封条厚度从空载16mm变为15.5mm
20小时后卸载–100%复原

图20　试验结果

11　TPS/4SG系统在低温环境应用的稳定性

测试条件：–30℃(–22℉)测试期：198天

温度循环实验

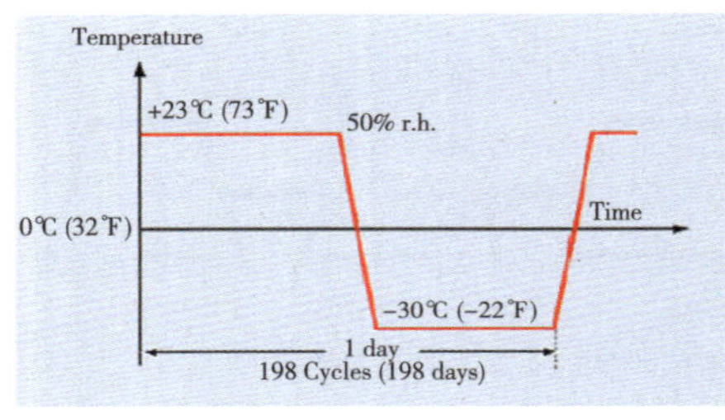

结果比较	试前指标	试后指标
	露点–70℃ (–94℉)	露点–70℃ (–94℉) 无粘接失败 无视觉变化

温度循环实验

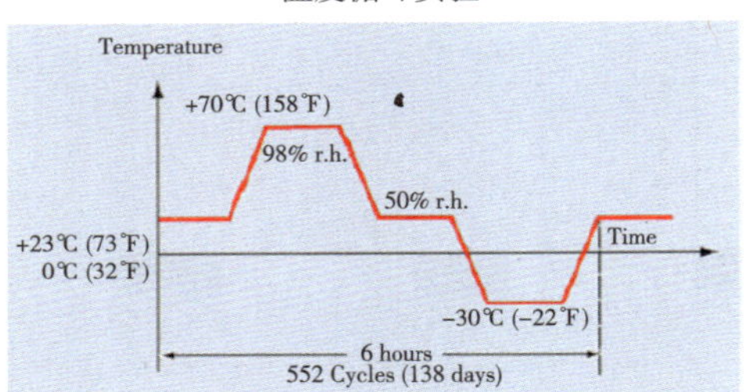

结果比较	试前指标	试后指标
	露点–70℃ (–94℉)	露点–70℃ (–94℉) 无粘接失败 无视觉变化

图21　超低温稳定性试验

Ködispace 4SG密封胶1 × 8mm；Size 350 × 500mm

图22　双85测试

玻璃幕墙密封系统解决方案：4SG密封系统如图23、图24所示。

Ködispace 4SG

高温高湿85C&85rh	=> 3000 h passed
温度循环测试	=> 1000 cycles passed

根据太阳能行业的规定，1000h小时的高温高湿和200小时的高低温循环即可大致等同为正常情况下25年。

图23　4SG密封系统

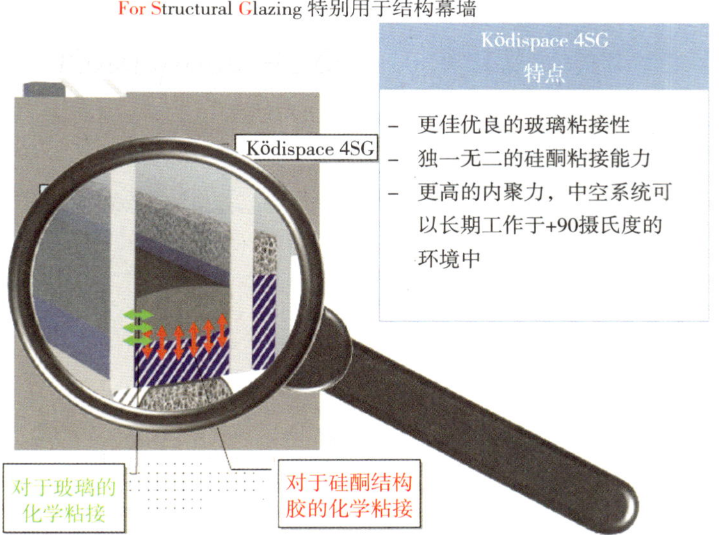

图24　4SG特点

12　4SG+硅酮结构胶

4SG+硅酮结构胶是通过五个循环测试后仍能保持中空玻璃优异性能的密封胶系统（见秦皇岛检验中心的检验报告），迄今为止，在已有的关于中空玻璃五个气候循环之后，是氩气泄漏率最低的结构密封系统（氩气泄漏率0.09%/每个循环，五个周期3.8%）；化学性粘接系统能够保障密封系统的完整一致性。4SG+硅酮结构胶必将引领幕墙玻璃结构的新时代。

在全世界范围内幕墙领域的应用成功案例展示如下图。

图25　德国法兰克福德累斯顿银行大楼

图26　德国汉诺威北德州银行

图27是建筑师佩卡·海林（PekkaHelin）设计的玻璃钢架结构，应用于严寒地区。

图28桑内拉电信是北欧最大的通讯公司，位于严寒地区。

图29的 ABB蜂巢高效节能，节能40%。

图27　芬兰赫尔辛基诺基亚总部

2012年完成的大连上方港景项目（图32），目前玻璃结构6PLANISOL+12（4SG.Ar）+6t，玻璃总面积38000m^2，生产单位：大连华鹰玻璃制品有限公司。

图28　桑内拉电信芬兰赫尔辛基

图29　德国曼海姆ABB蜂巢

图30　德国慕尼黑欧洲能源康采恩

图31　美国马萨诸塞州北汉普顿史密斯学院

图32　大连上方港景项目

图33　韩国首尔

13　TPS/4SG发展趋势

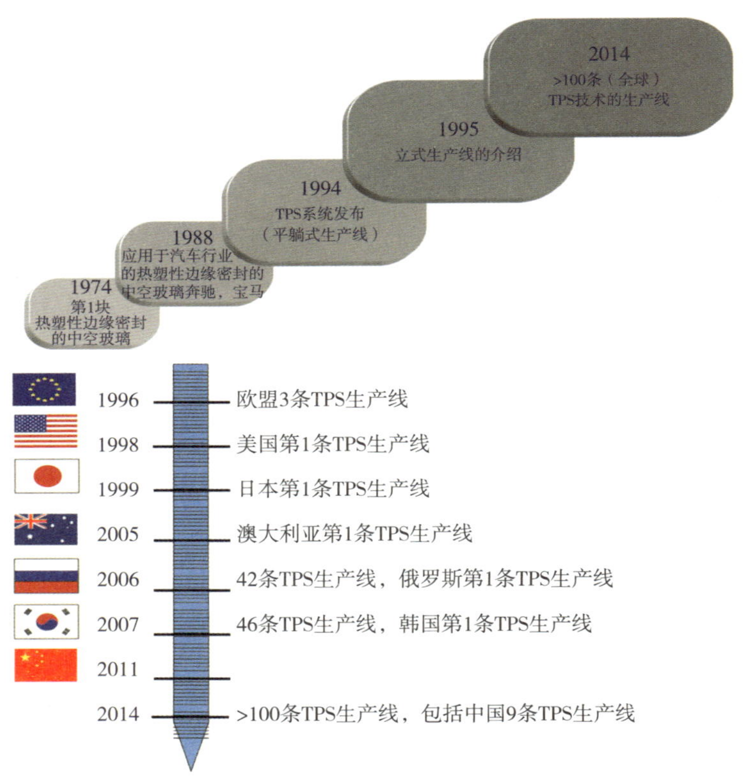

图34　TPS/4SG系统中空玻璃生产线

CERTIFICATE

We hereby certify that

KÖMMERLING

KÖMMERLING CHEMISCHE FABRIK GMBH

Zweibrücker Straße 200
D-66954 Pirmasens
Germany

has demonstrated that the following product is able to meet the requirements in the European Standards EN 1279-2 and EN 1279-3:

Triple glazed insulating glass (4-12-4-12-4) with KÖMMERLING KÖDIMELT TPS warm-edge spacer

by TÜV Rheinland Quality reports
9905R-10.28201 EN 1279-2
9906R-10.28201 EN 1279-3

Eindhoven, 9 September 2010
TÜV Rheinland Quality, De Rondom 1, 5612 AP Eindhoven, The Netherlands

A.J. Piers, B.Sc.
Notified Body 1750

www.tuv.com/nl

TÜVRheinland®
Precisely Right.

图35　欧洲关于TPS/4SG密封系统的验证

TPS/4SG密封系统是全世界市场上唯一获得欧洲惰性气体泄漏率EN1279-3认证的三玻两腔中空系统。

表2　按照GB11944-2012标准五个循环测试的结果

	Ködispace 4SG	Ködimelt TPS
氩气含量［%］初始值	90%	93.9%
氩气含量［%］第1次循环后	89%	93.6%
氩气含量［%］第2次循环后	88%	93.0%
氩气含量［%］第3次循环后	87%	92.6%
氩气含量［%］第4次循环后	87%	91.3%
氩气含量［%］第5次循环后	86%	91.0%

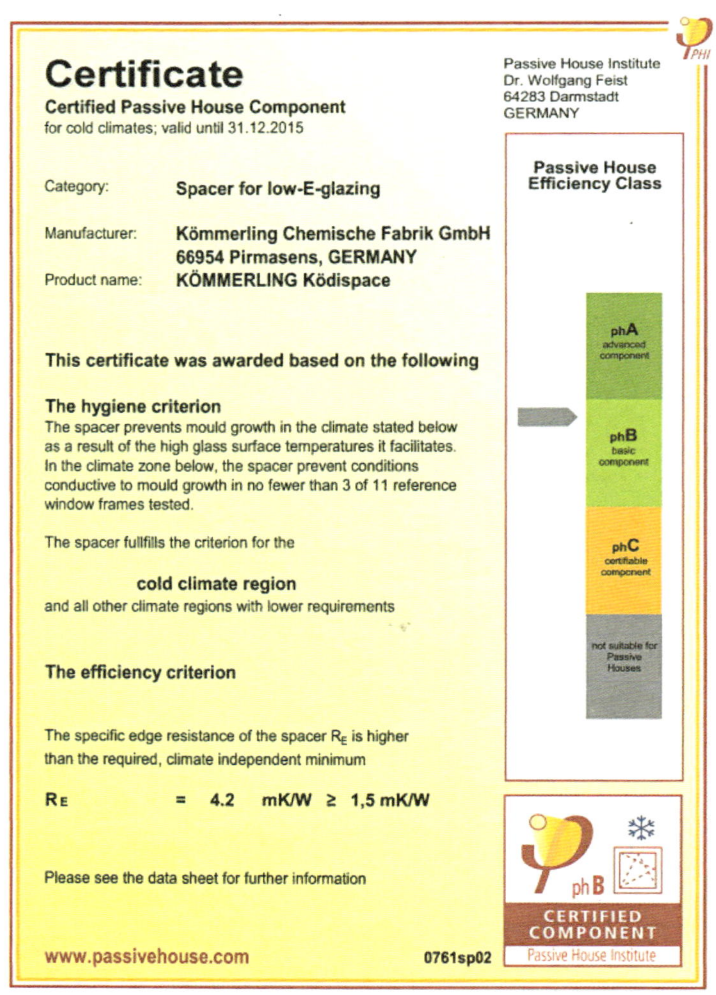

Certificate
Certified Passive House Component
for cold climates; valid until 31.12.2015

Passive House Institute
Dr. Wolfgang Feist
64283 Darmstadt
GERMANY

Category: Spacer for low-E-glazing
Manufacturer: Kömmerling Chemische Fabrik GmbH
66954 Pirmasens, GERMANY
Product name: KÖMMERLING Ködispace

This certificate was awarded based on the following

The hygiene criterion
The spacer prevents mould growth in the climate stated below as a result of the high glass surface temperatures it facilitates. In the climate zone below, the spacer prevent conditions conductive to mould growth in no fewer than 3 of 11 reference window frames tested.

The spacer fullfills the criterion for the

cold climate region
and all other climate regions with lower requirements

The efficiency criterion

The specific edge resistance of the spacer R_E is higher than the required, climate independent minimum

R_E = 4.2 mK/W ≥ 1,5 mK/W

Please see the data sheet for further information

www.passivehouse.com 0761sp02

图36 PHI认证

参考文献

[1] 秦皇岛玻璃工业研究设计院. GB/T11944-2012中空玻璃. 中国标准出版社.

[2] Koedispace GD116 EN1279 3 triple TUV RL 09 10 GB（三玻两腔氩气泄漏率）.

[3] 检验报告（4SG）GBT11944-2012气体密封耐久性能.

[4] 李国杰.完善的柔性暖边密封系统对于中空玻璃寿命的贡献. 2017年杭州玻璃年会上的专题报告.

低能耗建筑用塑料推拉窗的研究

王永信 梁芬
北京安居建研科技有限公司

摘 要： 推拉窗有着外形简洁美观、使用中不占室内外空间、不影响室内窗帘、使用方便等优点，深受广大用户喜爱。尤其在居住面积不大的房间，以及医院、学校、幼儿园和其他公共部位，推拉窗更受推崇。但由于传统推拉窗的结构和密封方式缺陷所致（简单的毛条密封），普通推拉窗存在气密性差、不节能等问题，从而使得越来越多的人对推拉窗存有误解，认为推拉窗是低端产品，不适合作为节能窗使用。本文介绍了北京安居建研科技有限公司的推拉窗，简述了其研发历程、设计原则和技术指标，指出其在低能耗建筑中的使用前景。

关键词： 低能耗建筑；推拉窗

1 引言

由于普通推拉窗存在气密性差、不节能等问题，北京市政府曾提出限制推拉窗使用的计划。经过论证，多位专家认为：是否限制、淘汰某种产品，不能单看它的开启形式，更重要的是看其能否满足所需要的性能。简单的限制和淘汰是不科学的，也是不可取的。

为了使推拉窗能够更好地发展，北京安居建研科技有限公司（以下简称安居公司）经过多年的不断研发与创新，研发定型了不同系列的具有密封节能、防护防盗门窗的胶条增强型密闭与限位开启推拉窗系列产品，完美解决了推拉窗存在的上述问题。

2 低能耗推拉窗的研发历程

安居公司的胶条增强型密闭推拉窗产品中75%系列的推拉窗产品已在北京市老旧小区改造及全国各省市地区成功应用了1000多万建筑平方米。有了大量应用案例和推拉窗方面研究的成功经验。安居公司从2013年开始进行更高性能标准的推拉窗新产品开发与研究，先后定型了K值1.3～1.5，以及

图1　推拉窗

1.0W/（m^2·K）以下的低能耗推拉窗产品。在研发试验期间也得到了海螺、金鹏、皇家、坚朗、国强等多家专业型材和五金配件公司的鼎力帮助。

新型低能耗推拉窗技术产品得到了相关科研部门的充分肯定，有专家评价说："新型单轨安全节能推拉窗构思巧妙、结构简单、功能齐全、节能效果显著，是对传统外推拉窗的一种'颠覆性设计'。"

2017年该100系列低能耗胶条密封推拉窗通过康居认证，并进入被动房材料选用目录。

要实现推拉窗整体性能提升并非易事。因为推拉窗是靠轨道左右滑行开启的，其中最关键的技术就是，既要实现多道胶条的接触式密封又要合理地控制其摩擦阻力的大小，这一点和平开窗的内外启闭、直接挤式密封是完全不同的。另推拉窗还有更多的特殊气密薄弱环节需要处理（如推拉扇搭接部位、上下封堵部位等），只有把推拉窗的问题一一排查再逐个克服才能得以全面改善。

3　关键技术特点及保证措施

3.1　提升推拉窗基本性能的方法

3.1.1　整窗的U值保证

衡量建筑门窗是否节能主要考虑三个要素，即室内外热量交换中的对流、传导和辐射。有效地解决这三方面的热损是提高门窗保温性能的重要手段。传导可以通过选择导热系数较小的材料作为框材（PVC、多种保温材料等），结合多腔体结构（5～8腔）、断桥等结构形式设计来解决；通过安装多层中空玻璃结构的低辐射玻璃、真空中空玻璃来解决玻璃的传导和热辐射问题；通过多道密封条结构提高气密性来解决空气对流产生的热损；玻璃与框间的线传热通过加长密封胶条增加空气腔，并填充导热系数较小的材料来降低线性传热。

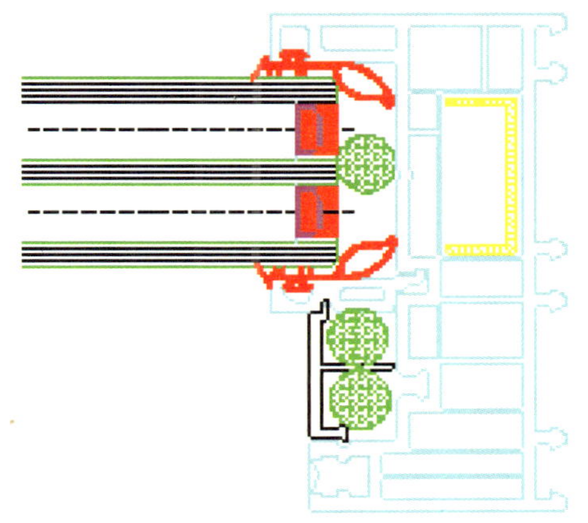

图2 提高门窗保温性能

3.1.2 气密性的提升

根据对门窗各部件的传热系数及耗热量比例测试分析，其中通过空气渗透一项造成的能耗占整体能耗的23.2%，而空气渗透的能耗主要是通过门窗缝隙流失，可见气密性对门窗节能的重要性。同理，这也是为何在被动房设计中把房间的气密性指标（换气次数n_{50}<0.6h^{-1}）作为最基本要素的原因。

AJ系列III型低能耗窗综合了推拉窗及平开窗的结构优点，通过单轨单扇推拉自锁限位一体化设计，增加了加强中梃，将传统推拉窗双轨双扇（虽为双扇推拉，但最多只有1/2的开启面积）的结构改为单扇推拉。这样既保证原有结构的通风量，又使整窗的单位开启缝长减少，大大减少了空气渗透路径；框扇接触的部分全部采用三道以上三元乙丙胶条接触式密封；勾企上下易透汽渗水部分，采用特制的多囊橡胶封堵取代传统毛条加塑料封堵，既提高气密性又很好地保证了水密性能。

3.1.3 水密性设计

滑道采用内高外低结构，框室内一侧高于室外一侧，排水速度快，不易积压存水，配合排水通道和良好的气密性，有效地保证了整窗的水密性能。

3.1.4 抗风压设计

框增加了固定加强中梃，全面解决推拉窗强度不足、易坠扇等问题。

3.1.5 安全性能设计

（1）推拉扇防拆卸工艺、中梃连接工艺有效解决了推拉窗易坠扇的问题；

（2）欧标槽结构、多点传动器窗锁取代传统月牙锁，锁闭更可靠；

（3）选装限位器装置后整窗安全性更强，选装专用的限位开启五金件（发明专利产品），实现限位开启的功能，既满足室内通风又有防止儿童坠落、外人入侵的作用。

产品可适用于各类旧改及新建工程建筑外窗。

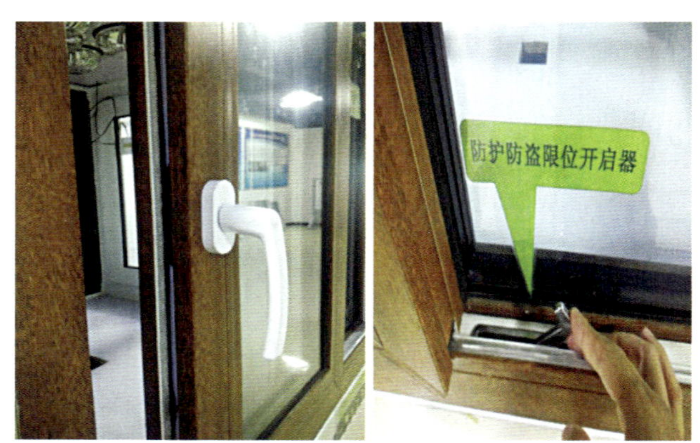

图3　提高水密性设计

3.2　主要技术指标

3.2.1　技术指标

表1　技术指标

<table>
<tr><td colspan="2">产品名称：AJ–III型　塑钢胶条密闭推拉窗</td></tr>
<tr><td colspan="2">系　列：100系列　材　质：塑料型材，壁厚2.5</td></tr>
<tr><td colspan="2">结构形式：单轨单扇推拉，框8腔，扇5腔结构</td></tr>
<tr><td colspan="2">密封方式：多道胶条密封（中挺、扇部位4道胶条密封，框扇部位3道胶条+2道毛条导向及辅助密封）</td></tr>
<tr><td colspan="2">玻璃结构：(5Low–E+V+5) +22Ar+5暖边</td></tr>
<tr><td>检测项目</td><td>检测情况</td></tr>
<tr><td>气密性</td><td>8级</td></tr>
<tr><td>水密性</td><td>4级</td></tr>
<tr><td>抗风压</td><td>9级</td></tr>
<tr><td>传热系数</td><td>10级 K=0.97W/(m^2·K)</td></tr>
</table>

3.2.2 相关检测报告

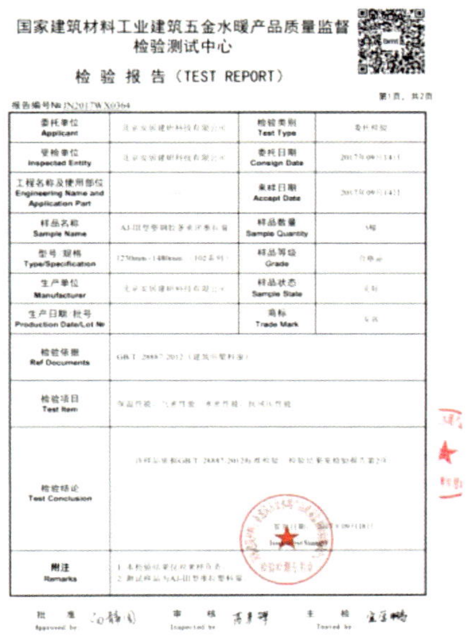

国家建筑材料工业建筑五金水暖产品质量监督检验测试中心

检 验 报 告（TEST REPORT）

报告编号№ JN2017WX0364　　第1页，共2页

委托单位 Applicant	[illegible]	检验类别 Test Type	[illegible]
受检单位 Inspected Entity	[illegible]	委托日期 Consign Date	[illegible]
工程名称及使用部位 Engineering Name and Application Part		来样日期 Accept Date	[illegible]
样品名称 Sample Name	[illegible]	样品数量 Sample Quantity	[illegible]
型号 规格 Type/Specification	[illegible]	样品等级 Grade	[illegible]
生产单位 Manufacturer	[illegible]	样品状态 Sample State	[illegible]
生产日期 批号 Production Date/Lot №		商标 Trade Mark	[illegible]
检验依据 Ref Documents	GB/T 28887-2012（建筑用塑料窗）		
检验项目 Test Item	[illegible]		
检验结论 Test Conclusion	[illegible]		
附注 Remarks	[illegible]		

批准 Approved by　　审核 Inspected by　　主检 Tested by

国家建筑材料工业建筑五金水暖产品质量监督检验测试中心

检 验 报 告（TEST REPORT）

报告编号№ JN2017WX0364　　第2页，共2页

[illegible]	1.82	[illegible]	[illegible]
[illegible]	3.76	[illegible]	[illegible]
[illegible]	[illegible]	[illegible]	[illegible]
[illegible]	29	[illegible]	[illegible]
[illegible]	1.44	[illegible]	0.362

检验结果

1	[illegible]	[illegible]	[illegible]
2	[illegible]	[illegible]	[illegible]
3	[illegible]	[illegible]	[illegible]
4	[illegible]	[illegible]	[illegible]

检测地址：[illegible]

联系电话：[illegible]

图4　检测报告

4　总结

总之，推拉窗是一种很不错的窗型，它的进一步完善必定还需经历一段更为漫长的路程。目前，安居公司正在研发定型的新型多轨式单框组合推拉窗，已通过初步检测，整窗K值又有了进一步的提升，它的性能更为优秀，性价比也更佳，相信不久的将来，百姓喜欢的推拉窗产品一定会在低能耗建筑领域中大放异彩。

浅谈建筑外遮阳节能性能与我国寒冷地区外遮阳节能性能实测

吴亚洲
北京科尔建筑节能技术有限公司

摘 要： 建筑遮阳分外遮阳、内遮阳和中置遮阳，其中建筑外遮阳产品对降低建筑物室内温度和空调能耗效果最为显著。

关键词： 建筑遮阳产品；电动硬卷帘；FTS天棚帘；降温；节电量；节能

1 建筑外遮阳概述

建筑物使用外遮阳产品，在夏季能有效改善室内热环境，减少空调用能。建筑遮阳在欧洲已经有130多年的历史，而在中国是从2009年开始在江苏省试点推广的。根据“欧洲遮阳组织（The European Solar Shading Organization）”于2015年12月发表的研究报告，总体上使用建筑遮阳产品，夏季可以节约空调用能25%以上，冬季节约采暖用能10%以上。

2 建筑外遮阳产品节能实测数据

国内在建筑遮阳工程设计和投标中多采用该数据，缺少国内实测数据。

本文通过在北京（寒冷地区）对两个使用了建筑外遮阳产品（电动硬卷帘和户外FTS天棚帘）的项目进行两个月的降温节能跟踪实测，得出了在夏季使用建筑外遮阳产品可有效降低室内温度10℃以上，节省电量超过30%的结论。

2014年夏天两个月的时间内，为了得到北京（寒冷地区）采用建筑外遮阳产品实际可以降低室内温度和节约空调用能的实测数据，依据《居住建筑节能检测标准》JGJ/T132-2009，对两款常用建筑外遮阳产品——户外FTS天篷帘和电动硬卷帘进行降温节能效果实测。

下面就以这两个实测项目为例，对建筑外遮阳产品降温和节能效果进行探究。

2.1 北京中间建筑节能实测

2.1.1 项目概况

中间建筑位于北京市海淀区杏石口路50号，其中5区8栋建筑面积300m^2，西南向房间外窗使用电机驱动硬卷帘进行遮阳。该项目使用的电动硬卷帘是由一次性辊轧成型的双层铝合金，中间填充聚氨酯绝热发泡材料，表面经多层烤漆的帘片，片片相扣组合而成，在窗户两侧的导轨内运行，收回时藏于窗户顶部的罩壳内，伸展后可以遮阳，帘片间的透光孔可以透光、通风，关闭帘片间的透光孔时遮阳、隔热和保温效果优异。

图1 使用硬卷帘外遮阳系统的西南向房间外观图

2.1.2 检测依据

《居住建筑节能检测标准》JGJ/T132-2009

2.1.3 检测方案

为检测硬卷帘外遮阳系统（以下称硬卷帘）的遮阳效果，在别墅三层的西南向房间内均匀布置温度测点，同时在别墅屋顶外布置室外温度测点、太阳辐照度测点进行测试。布点示意图见图2。

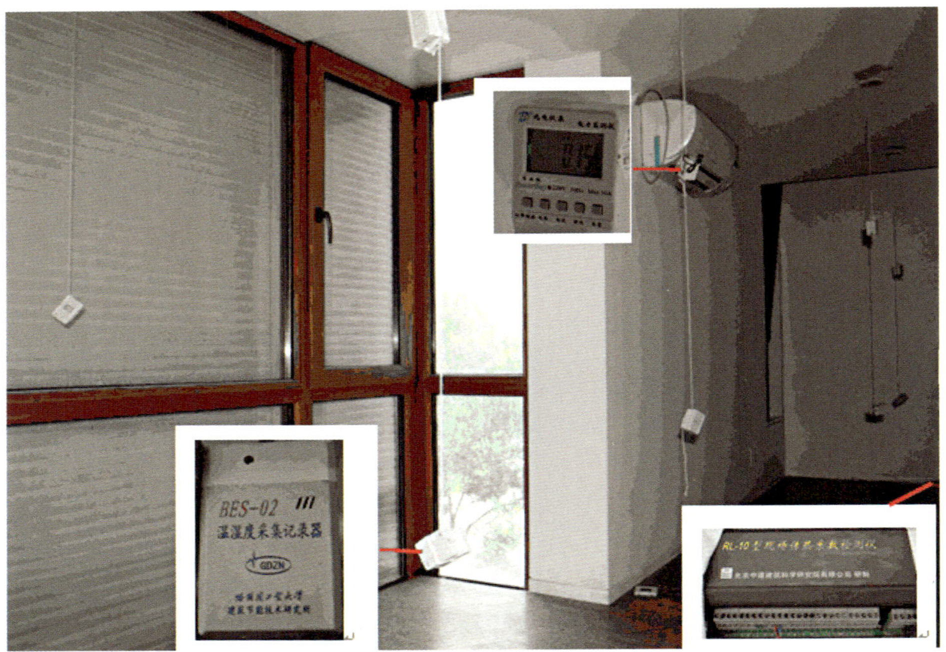

图2　西南向房间室内温度测点布置

测试方式如下：

（1）室内外温度测试：西南向房间，测点布置于室内中线及靠近外窗部位见图2，垂直方向分别布置顶部测点（离地1.5m）、底部测点（离地0.75m），每个测点放置2个温度采集记录器；同时在房间室外布置两个室外温度测点，作为室内温度分析的参考。

（2）太阳辐照度测试：在三层屋顶上放置太阳辐射计，测试太阳辐照度，为温度测试及计算提供参考。

（3）空调用电量测试：西南向房间安装有空调，在硬卷帘伸展或收回时均进行空调制冷；安装并使用电功率计对空调的用电量进行测试。

（4）遮阳效果对比方式：相邻两天，在室外平均温度、太阳辐照度基本一致的情况下，一天硬卷帘全部伸展且关闭透光孔，另一天硬卷帘全部收回；对比房间室内温度变化和空调用电量变化。为保证测试准确性，每天上午7：30关闭所有门窗，保证室内温度变化不受影响，每天晚间19：30打开全部门窗通风，保证第二天室内温度变化不受当天室内蓄热影响。

（5）测试时间：2014年8月12日～25日，数据分析时剔除断电时间、卷闸帘开启关闭错误时间、阴雨天数据，最后确定以2014年8月19/21日和2014年8月25/26日两组对比测试数据作为遮阳效果分析依据。

（6）检测设备：温度采集记录器、太阳辐射计（TT–11–03）、数据采集仪。

2.1.4　检测结果与评价

（1）检测结果

在室外平均温度、室外辐照度基本一致的情况下，选择相邻两天硬卷帘分别伸展且关闭透光孔、完全收回时的数据，对遮阳效果进行分析，室内温度对比，时间段为8：00～19：00，结果见表1。

表1　各房间卷闸帘不同状态下室内平均温度和用电量

房间	时间	硬卷帘状态	室内平均温度（℃）	温差（℃）	室内平均温度最高值（℃）	温差（℃）	室外平均温度（℃）	平均/最高太阳辐照度（W/m²）	空调用电（整个住宅）
西南向房间	2014.8.19	收回（关闭）	27.30	2.92	38.13	11.88	32.47	545/914.9	3.14
	2014.8.20	伸展（开启）	24.38		26.25		32.01	606/973.5	1.78
	2014.8.25	收回（关闭）	29.50	4.27	43.13	14.75	32.09	597/996.3	4.44
	2014.8.26	伸展（开启）	25.23		28.38		32.92	509/986.4	2.16

注：节电量计算：直接使用用电量差值进行保守计算，不考虑平均温度差异。

（2）综合评价

西南向房间使用硬卷帘，在室外相同天气条件下，室内平均温度降低幅度明显，靠近外窗部位最高温度可降低12℃。从两组数据比较情况看，平均温度可降低3℃左右；实际节电量分别为43%和51%。室内各测点检测温度见表2，温度、辐照度对比图详见图3～图8。

表2　西南向房间对比时间内各测点平均温度

8月19日，卷闸帘收回时不同部位室内温度							
部位	1上	1下	1下	2上	2上	2下	3上	3上
仪器编号	cf050	cf025	kt240	qq1	kt101	kt216	n015	lj054
日平均温度	30.73	29.84	30.87	28.76	29.26	28.50	25.29	25.63
部位	3下	3下	4上	4上	4下	4下	室外	—
仪器编号	cf044	kt198	cf069	kt195	cf082	n050	kt010	—
日平均温度	25.63	25.88	25.94	25.42	25.43	25.44	32.47	—
8月20日，卷闸帘伸展时不同部位室内温度								
部位	1上	1下	1下	2上	2上	2下	3上	3上
仪器编号	cf050	cf025	kt240	qq1	kt101	kt216	n015	lj054
日平均温度	25.66	22.81	25.55	25.36	25.35	25.02	23.38	23.72
部位	3下	3下	4上	4上	4下	4下	室外	—
仪器编号	cf044	kt198	cf069	kt195	cf082	n050	kt010	—
日平均温度	23.92	24.10	24.13	24.17	24.19	23.95	32.01	—
8月25日，卷闸帘收回时不同部位室内温度								
部位	1上	1下	1下	2上	2上	2下	3上	3上
仪器编号	cf050	cf025	kt240	qq1	kt101	kt216	n015	lj054
日平均温度	33.16	32.71	33.40	30.69	31.51	30.87	26.80	27.18
部位	3下	3下	4上	4上	4下	4下	室外	—
仪器编号	cf044	kt198	cf069	kt195	cf082	n050	kt010	—
日平均温度	28.21	28.40	27.56	27.54	27.54	27.39	32.09	—
8月26日，卷闸帘伸展时不同部位室内温度								
部位	1上	1下	1下	2上	2上	2下	3上	3上
仪器编号	cf050	cf025	kt240	qq1	kt101	kt216	n015	lj054
日平均温度	26.48	23.13	26.28	26.18	26.18	25.93	24.07	24.42
部位	3下	3下	4上	4上	4下	4下	室外	—
仪器编号	cf044	kt198	cf069	kt195	cf082	n050	kt010	—
日平均温度	25.02	25.20	25.11	25.20	25.14	24.90	32.92	—

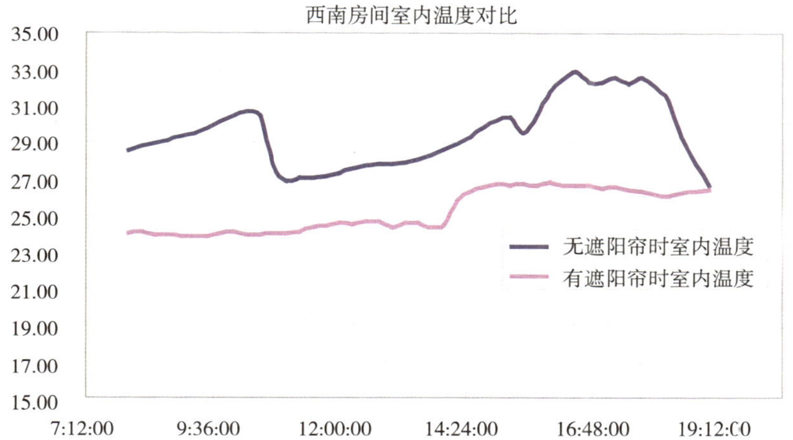

图3 西南向房间8月19、20日室内平均温度对比

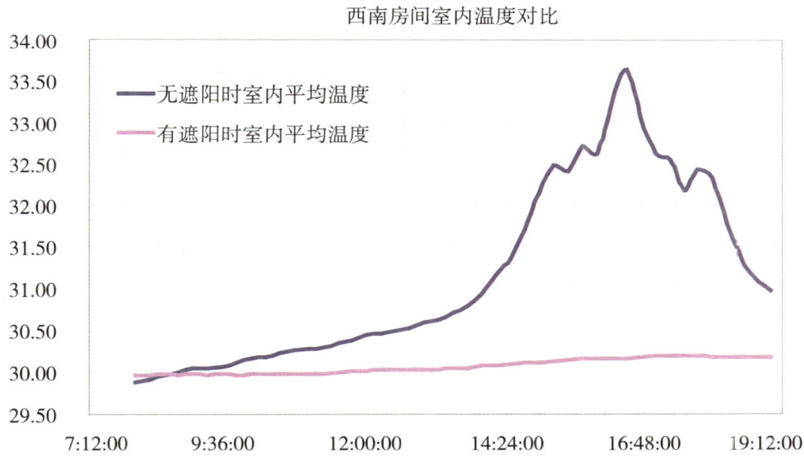

图4 西南向房间8月25、26日室内平均温度对比

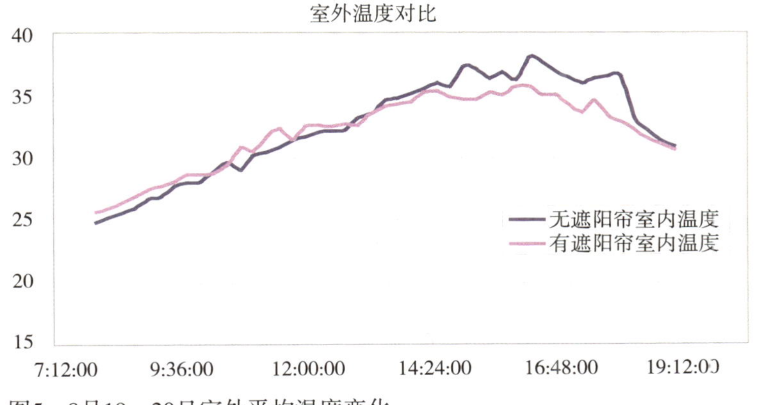

图5 8月19、20日室外平均温度变化

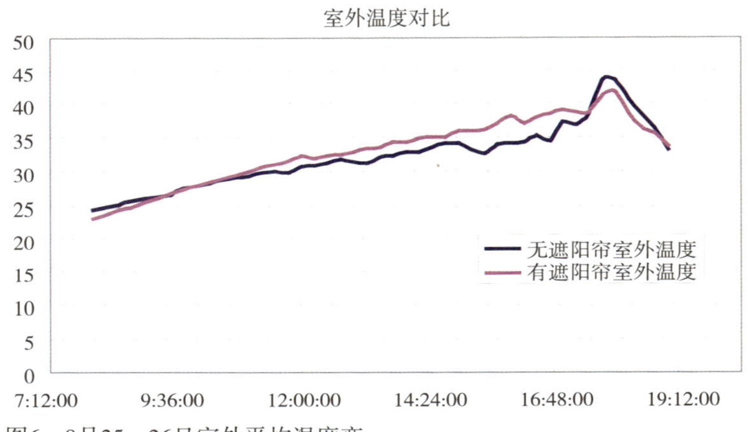

图6　8月25、26日室外平均温度变

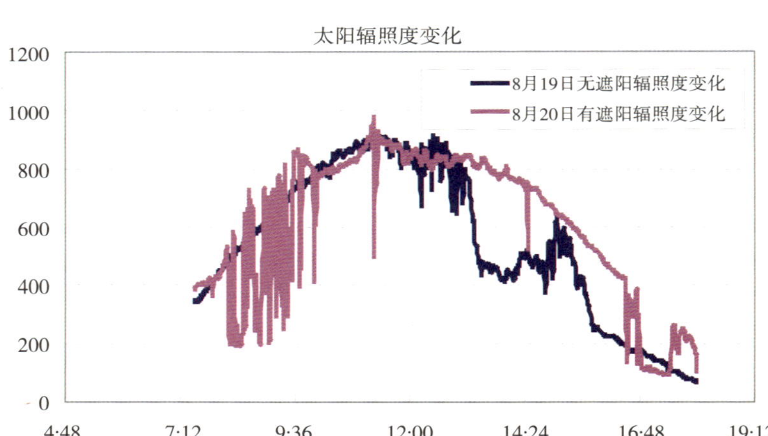

图7　8月19、20日室外太阳辐照度变化

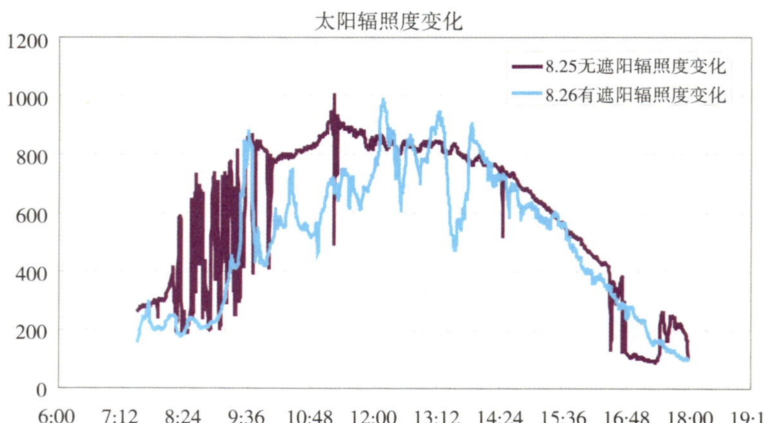

图8　8月25、26日室外太阳辐照度变化

3 示范工程——北京大兴60号院

3.1 项目概况

北京大兴梨园60号院是位于北京市大兴区梨花桥附近的一所生态别墅，包含户外种植区、阳光房及住宿区，外遮阳FTS天篷帘系统应用在阳光房顶面外部，该阳光房面积为150m^2。FTS遮阳系统全称"面料张力系统"（Fabrics Tension System），FTS张紧式天篷帘是专为大面积水平和倾斜的玻璃建筑面设计的遮阳系统，也称为双电机张紧式天篷帘，由两台专用FTS电机同步操作（分别安装在两端的卷管内），帘布伸展到位后，一台电机停止工作，另外一台电机反转拉紧帘布，使整个帘面紧绷平整。面料采用高强度、抗拉伸的阳光面料，遮挡太阳辐射的同时，透光透景，遮阳外观图见图9。

图9 FTS外遮阳系统外观图

3.2 检测依据

《公共建筑节能检测标准》JGJ/T177-2009。

3.3 检测方案

为检测FTS外遮阳系统（以下称天篷帘）的遮阳效果，分别在该阳光房内顶部、中部、底部均匀布置温度测点，同时在阳光房外顶面布置室外温度测点、太阳辐照度测点进行测试；布点示意图见图10、图11。

图10 室内温度测点布置

图11 太阳辐照度测点布置

测试方式如下：

（1）室内外温度测试：室内将长度中线五等分，在每个等分点的垂直方向布置顶部、中部、底部三个温度测点，距地面距离分别为2.25m、1.5m、0.75m，每个测点放置2个温度采集记录器；测点实景图见图10；同时在阳光房外坡屋面底部位置的地方测试室外温度，作为室内温度分析的参考。

（2）太阳辐照度测试：在坡屋面最高位置上放置太阳辐射计，测试太阳辐照度，为温度测试及计算提供参考，实景图见图11。

（3）遮阳效果对比方式：相邻两天，在室外平均温度、辐照度基本一致的情况下，一天天篷帘全部开启，一天天篷帘全部关闭；对比室内温度变化。为保证测试准确性，每天上午7:30关闭所有门窗，保证室内温度变化不受影响，每天晚间19:30打开全部门窗通风，保证第二天室内温度变化不受当天室内蓄热影响。

（4）测试时间：2014年7月16日～8月12日，数据分析时剔除断电时间、阴雨天数据，最后确定2014年7月20/21日和2014年7月27/28日测试数据为遮阳效果分析依据。

（5）检测设备：温度采集记录器、太阳辐射计（TT–11–03）、数据采集仪。

3.4 检测结果与评价

3.4.1 检测结果

在室外平均温度、室外辐照度基本一致的情况下选择相邻两天天篷帘分别开启、关闭时的数据，对遮阳效果进行分析，对比室内温度，时间段为7:30–20:00，结果见表3、表4。

表3 室内平均温度对比表

时间	天篷帘状态	室内平均温度（℃）	温差（℃）	室内平均温度最高值（℃）	温差（℃）	室外平均温度（℃）	平均/最高太阳辐照度（W/m²）
2014.7.20	关闭	42.45	9.95	56.31	20.25	33.88	580.81/1175.8
2014.7.21	开启	32.50		36.06		32.72	589.97/1187.8
2014.7.27	关闭	42.09	10.26	54.81	19.12	33.06	770.49/1282.9
2014.7.28	开启	31.83		35.69		33.27	731.79/1517.6

注：室内平均温度逐时温度曲线见图12、图13。

表4 室内垂直高度平均温度对比表

测试部位	2014.7.20	2014.7.21	温差（℃）	2014.7.28	2014.7.27	温差（℃）
	关闭	开启		关闭	开启	
上	43.45	35.26	8.19	43.20	32.42	10.78
中	42.51	32.51	10.00	42.16	31.84	10.32
下	41.29	32.02	9.27	40.77	31.17	9.60

注：1. 表中测试部位温度为同高度五个测点的平均值；2. 室外温度条件与表3相同；3. 测点布置详见图10、图11。

3.4.2 综合评价

（1）阳光房用天篷帘后，在相同天气条件下，室内平均温度降低10℃左右，平均温度30℃左右；室内最高温度降低20℃左右，室内各测点检测温度见表5～表8，温度、辐照度对比图详见图12～图15。

表5 7月20日，遮阳帘关闭时不同部位室内平均温度（时间段为7:30-20:00）

部位	1上	1上	1中	1中	1下	1下	2上	2上
仪器编号	n008	zy026	cf077	cf078	zy031	zy017	kt120	cf033
日平均温度	43.14	42.95	42.04	42.40	39.60	39.40	43.62	43.11
部位	2中	2中	2下	3上	3上	3中	3中	3下
仪器编号	zy002	kt162	lj083	zy059	cf100	lj094	tt-3-134	n026
日平均温度	42.18	43.41	41.93	43.74	44.22	42.19	42.20	41.67
部位	3下	4上	4上	4中	4中	4下	4下	5上
仪器编号	cf064	lj100	kt249	lj073	n045	lj085	zy058	lj072
日平均温度	41.97	42.40	43.03	42.85	42.08	41.38	41.61	43.60
部位	5上	5中	5中	5下	5下	室外		
仪器编号	lj067	cf098	cf109	cf071	kt142	tt-3-132	qq2	—
日平均温度	44.72	42.95	42.77	41.90	42.12	34.08	33.67	—

表6 7月21日，遮阳帘开启时不同部位室内平均温度（时间段为7:30-20:00）

部位	1上	1上	1中	1中	1下	1下	2上	2上
仪器编号	n008	zy026	cf077	cf078	zy031	zy017	kt120	cf033
日平均温度	32.93	32.99	32.47	32.40	31.81	31.79	33.02	32.78
部位	2中	2中	2下	3上	3上	3中	3中	3下
仪器编号	zy002	kt162	lj083	zy059	cf100	lj094	tt-3-134	n026
日平均温度	32.36	32.55	32.18	32.71	32.99	32.53	32.44	31.88
部位	3下	4上	4上	4中	4中	4下	4下	5上
仪器编号	cf064	lj100	kt249	lj073	n045	lj085	zy058	lj072
日平均温度	31.95	32.77	32.82	32.52	32.38	31.94	32.04	32.95
部位	5上	5中	5中	5下	5下	室外		
仪器编号	lj067	cf098	cf109	cf071	kt142	tt-3-132	qq2	—
日平均温度	33.19	32.62	32.81	32.27	32.32	32.85	32.58	—

表7　7月27日，遮阳帘开启时不同部位室内平均温度（时间段为7:30–20:00）

部位	1上	1上	1中	1中	1下	1下	2上	2上
仪器编号	n008	zy026	cf077	cf078	zy031	zy017	kt120	cf033
日平均温度	32.52	32.58	31.88	31.94	31.03	30.96	32.68	32.43
部位	2中	2中	2下	3上	3上	3中	3中	3下
仪器编号	zy002	kt162	lj083	zy059	cf100	lj094	tt–3–134	n026
日平均温度	31.83	32.12	31.58	32.30	32.59	31.83	31.80	31.22
部位	3下	4上	4上	4中	4中	4下	4下	5上
仪器编号	cf064	lj100	kt249	lj073	n045	lj085	zy058	lj072
日平均温度	31.26	32.18	32.16	31.79	31.58	30.82	31.13	32.18
部位	5上	5中	5中	5下	5下	室外		
仪器编号	lj067	cf098	cf109	cf071	kt142	tt–3–132	qq2	—
日平均温度	32.53	31.72	31.89	31.21	31.31	33.31	32.81	—

表8　7月28日，遮阳帘关闭时不同部位室内平均温度（时间段为7:30–20:00）

部位	1上	1上	1中	1中	1下	1下	2上	2上
仪器编号	n008	zy026	cf077	cf078	zy031	zy017	kt120	cf033
日平均温度	43.06	42.28	41.83	41.99	39.55	39.38	43.96	43.39
部位	2中	2中	2下	3上	3上	3中	3中	3下
仪器编号	zy002	kt162	lj083	zy059	cf100	lj094	tt–3–134	n026
日平均温度	42.07	43.31	41.76	43.33	44.08	42.02	41.63	41.39
部位	3下	4上	4上	4中	4中	4下	4下	5上
仪器编号	cf064	lj100	kt249	lj073	n045	lj085	zy058	lj072
日平均温度	41.43	42.06	42.41	42.33	41.59	39.59	40.85	42.95
部位	5上	5中	5中	5下	5下	室外		
仪器编号	lj067	cf098	cf109	cf071	kt142	tt–3–132	qq2	—
日平均温度	44.49	42.45	42.42	41.33	41.67	33.50	33.04	—

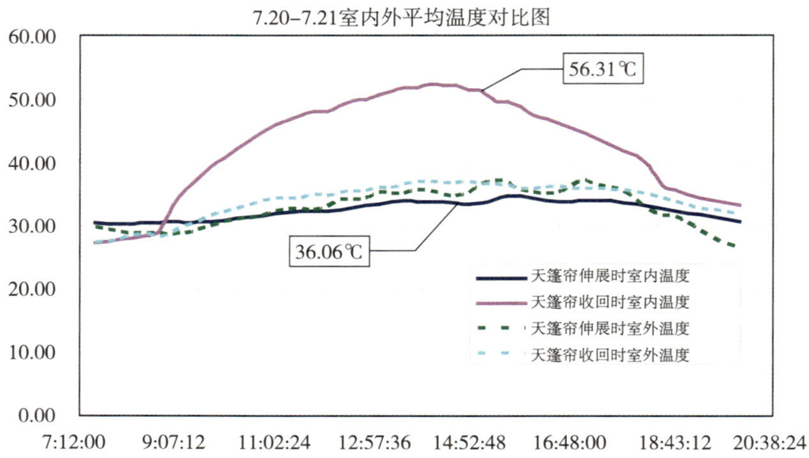

图12　7月20、21日天篷帘不同状态，室内外平均温度变化对比

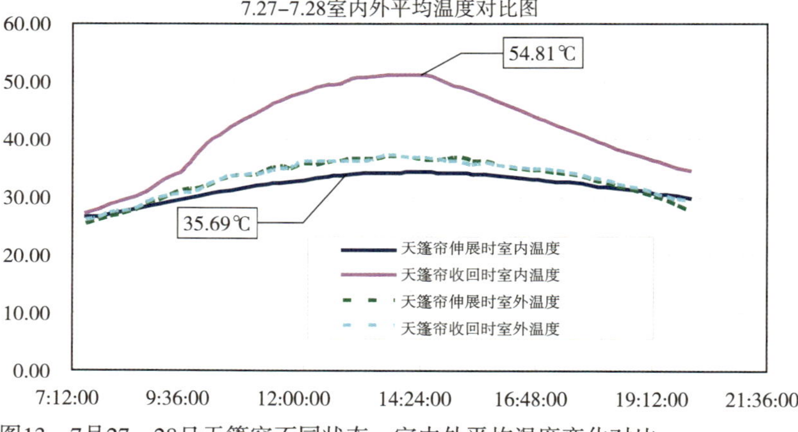

图13　7月27、28日天篷帘不同状态，室内外平均温度变化对比

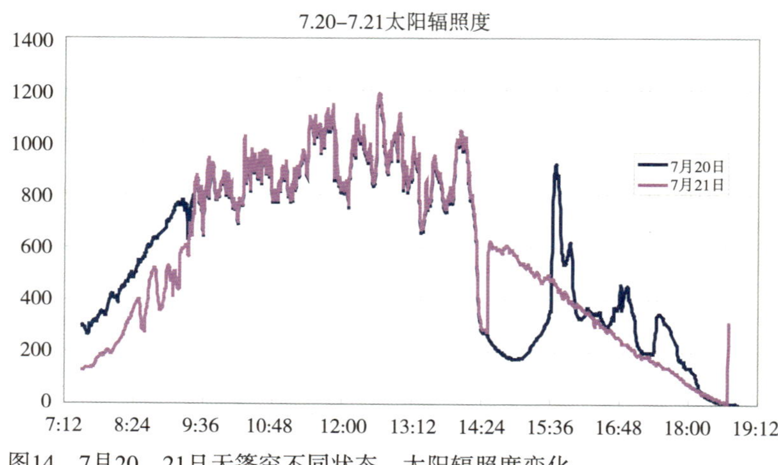

图14　7月20、21日天篷帘不同状态，太阳辐照度变化

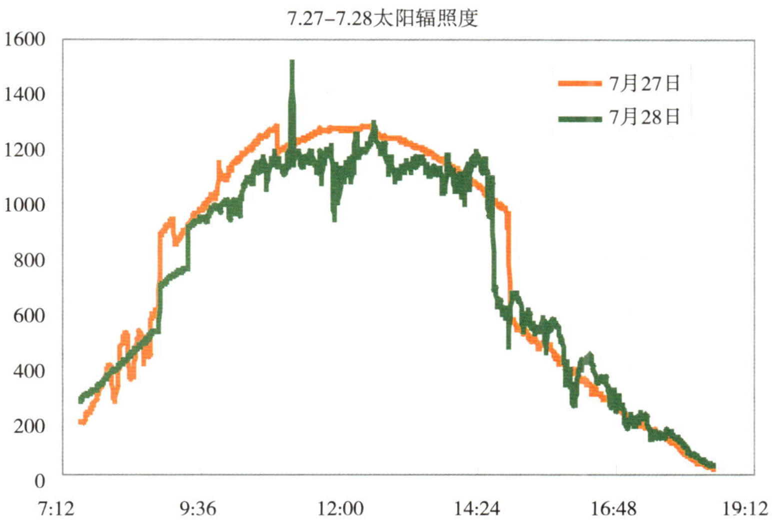

图15　7月27、28日天篷帘不同状态，太阳辐照度变化

由图12～图15可看出，天篷帘开启和关闭两种状态变化，在室外温度条件、太阳辐照条件基本相同的情况下，室内温度降低明显，遮阳效果较好。

（2）阳光房用天篷帘后，室内顶部、中部、底部温度均低于不使用遮阳时，其中顶部温度降低幅度最大，温度对比详见图16、图17。

（3）阳光房用天篷帘后，室内垂直方向不同部位温度均匀度增加，室内温度均匀度较好，遮阳帘不但起到了遮阳效果，还大大改善了室内热环境；详见不同部位温度对比图16、图17。

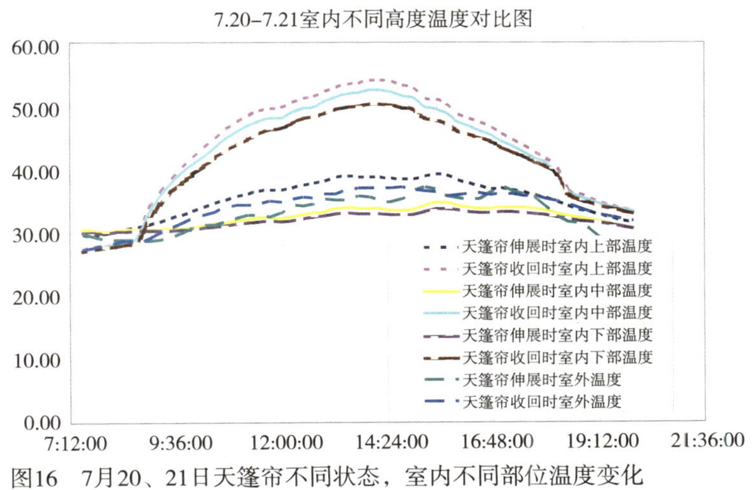

图16　7月20、21日天篷帘不同状态，室内不同部位温度变化

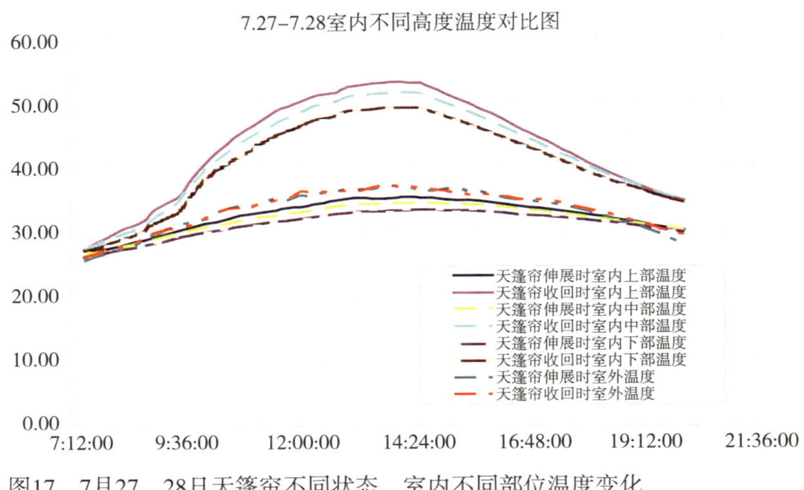

图17　7月27、28日天篷帘不同状态，室内不同部位温度变化

由图16、图17可看出，天篷帘开启时室内不同部位的温度均低于关闭时；室内顶部温度降低幅度最大。天篷帘开启时室内不同部位的温度变化较为平缓，室内温度均匀度较好，遮阳帘不但起到了遮阳效果，还大大改善了室内热环境。

4　结论

通过北京（寒冷地区）这两个项目的实测数据采集和分析，获得了以下数据：使用建筑外遮阳产品后，在相同天气条件下（室外太阳辐射度和温度基本一致），室内平均温度降低10℃左右；室内最高温度降低20℃左右。同时，在使用建筑外遮阳产品后室内垂直方向不同部位的温度均匀度增加，室内温度均匀度较好，大大改善了室内热环境。通过对空调用电量的数据采集，同时通过相关节能公式的推算，得出理论节能数据：节电30%，而实测得到的节电量高达51%。最终得出了使用建筑遮阳产品能有效降低建筑能耗，提高室内热舒适度这一结论。

参考文献

［1］公共建筑节能检测标准JGJ/T177-2009：4. 建筑物室内平均温度、湿度检测.
［2］居住建筑节能检测标准JGJ/T132-2009：4.室内平均温度 4.1检测方法.

我国石墨聚苯板市场可能存在的问题

郭平安
天津格亚德科技新材料有限公司

摘　要： 本文对新型保温材料石墨聚苯板的特性进行说明，并对其在国内被动房外围护结构的应用和可能存在的问题做出警示。

关键词： 被动房；石墨聚苯乙烯；导热系数

1　前言

目前，用于建筑的保温材料主要有岩棉板、真空绝热板、挤塑板、聚苯板和石墨聚苯板。材料的性能各有优缺点。岩棉和真空绝热板的防火等级都可达到A级，但是岩棉的吸湿性很大，且材料的导热系数偏高。真空绝热板的导热系数最低，但是施工难度大，工地上真空板起鼓现象并不鲜见。挤塑板和石墨聚苯板的防火等级均达能到B1级，但是挤塑板的尺寸稳定性差，易发生翘曲变形。

2　石墨聚苯乙烯特点及应用

石墨聚苯乙烯（GEPS）是在聚苯乙烯高分子聚合物中导入近纳米级天然鳞片石墨、抗氧化剂、抗老化剂等功能材料，改性合成的石墨聚苯乙烯新型功能材料。由于石墨的特殊层状结构，使其能够均匀分布在GEPS颗粒内部，形成镜面反射热辐射，能够大幅度提高材料的绝热效果。除了具备普通EPS板的所有性能外，还具有以下特点：防火性能达到难燃B1级，绝热能力更强，导热系数≤0.032W/（m·K）。它含有近纳米级的天然鳞片石墨，可以像镜子一般反射热辐射，它的绝热能力比普通的EPS高出30%，有助于提高能效。石墨聚苯乙烯（GEPS）特点：良好的防火性能、导热系数低、尺寸稳定性强、耐候性好、良好的耐久性和透汽性。石墨聚苯板在超低能耗建筑项目中具有性价比优势，其构造作法见图1。工程实践表明，聚苯板保温产品

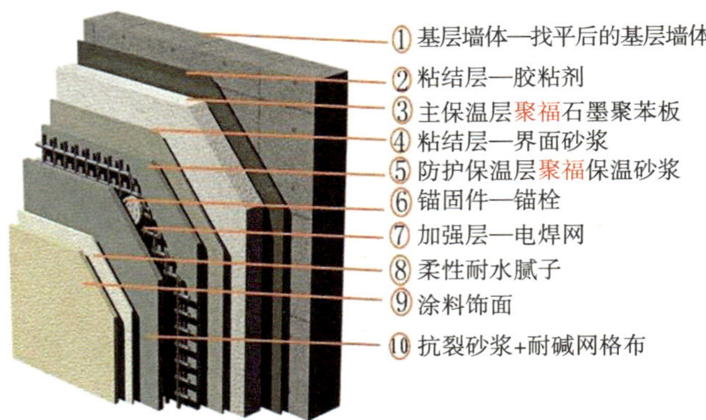

图1　石墨聚苯板在被动房的一体化应用

在保温领域里应用最广泛，不论是欧洲还是国内，聚苯板保温体系都具有最大的市场份额（图2、图3）。

（1）优质石墨聚苯板产品必须满足如下要求：一是优质原料用挤出法工艺生产；二是天然鳞片石墨含量在4.5%～5%，导热系数低，绝热性能稳定，可保证导热系数≤0.032W/（m·K）；三是净容重18～30kg/m^3，板材呈银灰色；四是折断泡粒断面20%～30%以上，燃烧性能B1级。

（2）石墨聚苯乙烯是由德国BASF公司首先开发的新型隔热保温材料。同普通的EPS板相比，石墨聚苯板具有更低的导热系数和更好的耐久性和耐候性，深受人们喜爱。无论在欧洲还是国内，石墨聚苯乙烯常被选作为被动房外围护结构的保温材料。近年来，国内有企业潜心研发，瞄准中国被动房市场的需求，开发出石墨聚苯乙烯专有技术，其综合性能媲美世界先进水平，在国内外被动房领域大量使用（图2、图3）。

图2　石墨聚苯乙烯在欧洲被动房应用

图3 石墨聚苯乙烯在中国被动房应用

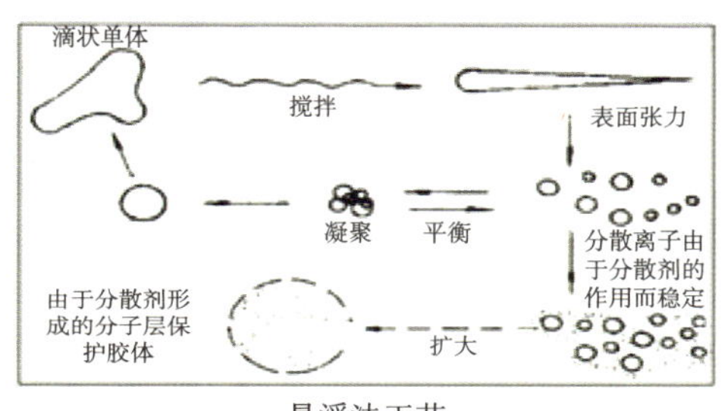

悬浮法工艺

挤出法工艺

图4 悬浮法与挤出法生产GEPS工艺对比

（3）国内的石墨聚苯乙烯的生产主要有两种方法，不但生产工艺大相径庭（图4），而且产品质量有很大差异（表1）。

表1 悬浮法GEPS和挤出法GEPS生产工艺对比

悬浮法GEPS	挤出法GEPS
悬浮法GEPS颗粒是沿用EPS颗粒工艺，将石墨、苯乙烯单体及其他助剂在强烈的搅拌作用下，单体被分成小液滴分散在介质中。采用悬浮法生产GEPS颗粒时，石墨对苯乙烯单体的聚合有阻聚作用，石墨的添加量受到限制。部分厂商采用炭黑代替鳞片石墨使板材呈现出黑颜色	挤出法GEPS颗粒是以聚合物聚苯乙烯为主要原料，将石墨及其他助剂按照一定的物料配比，通过双螺杆挤出机挤压、熔融、剪切和切粒而成。挤出法工艺是物理混合，可以有效地保证石墨的添加量。制品的导热系数、力学性能、尺寸稳定性及阻燃性能优于悬浮法GEPS制品

2.1 悬浮法工艺

国内的悬浮法可发性聚苯乙烯产业已居全球之冠，近期随着房地产市场的缩量，白色可发性聚苯乙烯产能严重过剩。现在，国内众多EPS生产厂家利用白色聚苯乙烯生产装置，采用悬浮法生产石墨聚苯乙烯，该工艺是以苯乙烯单体为主要原料，在反应釜内，单体与石墨、引发剂、阻燃剂、分散剂等混合，通过强力搅拌，被分散成无数的小液滴。悬浮聚合生成的石墨聚苯乙烯分子量较低，内部含水量高，因此板材的强度和稳定性略差。另外，石墨对苯乙烯单体的聚合有一定的阻聚作用，石墨的添加量不能得到有效保证。目前，在中国市场上出现用炭黑来代替石墨的制品，其颜色为黑色或者浅灰色，导热系数偏高，性能不稳定。主要原因在于：悬浮聚合不稳定，反应周期长，石墨添加量少。为了达到颜色黑的效果，部分EPS厂家向反应体系加入少量石墨辅以炭黑调色，或者纯粹加入炭黑代替石墨，生产“黑色”聚苯乙烯。由于石墨/炭黑的阻聚作用，产品分子量偏低，预发后泡粒产生空心现象。这种方法生产出的聚苯乙烯制板粘结性差，板材熟化后收缩变形。其密度≥18kg/m^{3}板材的压缩强度达不到≥0.1MPa的指标要求，石墨含量少，达不到所需的4.5%～5%的最佳加入量，无法满足被动房要求的导热系数≤0.033W/（m·K）的性能指标。

2.2 挤出法工艺

挤出法石墨聚苯乙烯最初通过德国、奥地利进口进入国内市场。国内个别企业很早就紧跟行业发展动态，投巨资引进世界先进设备，自主开发石墨聚苯乙烯新型保温材料。其产品性能优良，能满足高端市场需求。

挤出法工艺是选用分子量高的聚苯乙烯为主要原料，添加近纳米级的天然鳞片石墨、增韧剂、抗氧剂、阻燃剂等功能材料，通过双螺杆挤出机熔融、切粒而成。颗粒的外形为椭圆形，制品的颜色为银灰色，带有金属光泽，该工艺属于物理混合，可以有效保证石墨的添加量，分子量高，强度大，热导性能更佳、更稳定，同时，由于添加的天然石墨具有阻燃功能，更增强了石墨聚苯乙烯的阻燃性。

3 石墨聚苯板在被动房应用中可能存在的问题

3.1 没有选择合格石墨聚苯乙烯

石墨聚苯乙烯板材是由石墨聚苯乙烯颗粒预发、成型、切割而成。颗粒的性能对制品的应用性能有决定性作用。石墨聚苯乙烯在国内的使用时间相对较短。有些厂商用非石墨料，如炭黑聚苯乙烯顶替石墨聚苯乙烯。这将导致保温材料抗拉强度、尺寸稳定性、弯曲变形、导热系数等指标达不到性能指标要求。在被动房项目中必须采用真正的石墨聚苯乙烯作为保温材料，以保证保温绝热效果。

3.2 聚苯乙烯板材加工厂故意造假

为了降低造价，部分板材加工厂存在以次充好以获得市场竞争优势。以下是常见做法：

（1）短斤少两，降低原材料的使用量。这种做法导致板材强度低、导热系数变大，保温隔热性能受损；

（2）掺沙子增加板材重量。这种做法降低了石墨聚苯乙烯的综合物理性能，导致强度低、粘结性差、导热系数变大，严重影响工程质量和房屋使用寿命；

（3）在水中加入表面活性剂，向板材中大量渗水。这种做法导致板材内部的水难以挥发，从而引起保温层鼓泡、脱落；同时，保温隔热效果大大降低；

（4）使用含结晶水的盐作为增重物质来提高密度。这种做法损害了保温板的物理性能，导致保温隔热性能、压缩强度、耐久性等严重受损，达不到石墨聚苯乙烯板材的品质要求。

3.3 板材生产厂家出厂不合格的石墨聚苯板

板材生产厂家出厂养护期过短的板材。熟化时间不够的板材制品性能不稳定，上墙后产生较大的后收缩，进而引起面层开裂；养护期短的聚苯板含水率达不到要求，切板后板材弯曲，板面平整度差。

参考文献

[1] 住房建设城乡部. 被动式超低能耗绿色建筑技术导则（试行）（居住建

筑）. 2015年10月.

［2］DB13（J）/T177-2015 住房和城乡建设部备案号：J12951-2015 河北省工程建设标准，被动式低能耗居住建筑节能设计标准.

［3］DB/T29-227-2014 备案号：J12828-2014天津市工程建设标准，天津市泡沫塑料板薄抹灰外墙外保温系统应用技术规程.

［4］（美）A.B.Morgan，C.A.Wikie. 阻燃聚合物纳米复合材料. 欧育湘 李建军，叶南飚，主译.

［5］候树亭，主编. 可发性聚苯乙烯.

浅谈岩棉保温材料在建筑中的应用

方铭 丁丽
上海新型建材岩棉有限公司

摘　要： 本文介绍了现行建筑市场的政策环境和市场需求下，如何依据标准在不同的系统中选用适合的岩棉保温材料，充分发挥材料和系统的有机结合，达到理想的设计目的。

关键词： 岩棉；保温材料；绿色建筑；建筑声学

1　引言

随着经济和社会的高速发展、中国绿色建筑的不断深入推进，目前已逐步启动低能耗建筑、被动式建筑、近零能耗建筑等，不同的建筑形式全面发展，齐头共进。随之建筑发展理念也逐渐发生了转变，逐渐从追求高技术、高科技转向重质量、回归本源。建筑已经不仅仅是一个单纯的建筑体，它同时承载了设计师的理念、建造者的期许、居住者的梦想，但是安全、节能、健康仍然是一个建筑最基本的要素。

从2015年开始，我国部分省市（区）已经实行第四段节能标准，即75%节能，像北京、天津、新疆、河北、山东、沈阳等区域都已开始实施75%节能标准。同时住建部积极推进低能耗建筑的发展，紧抓被动式建筑试点，目前在全国不同的气候区域都已经成功完成不同类型的被动式建筑。建筑节能对于建筑围护结构的节能要求不断提高，建筑围护结构的传热系数限值要求也逐步提升，也就意味着更厚的保温层或更高效的保温系统。

2015年5月1日，GB50016-2014《建筑设计防火规范》正式实施，该标准通过对近些年众多大型火灾引发原因的调研和总结，经过大量的技术研究和试验分析，合并了《建筑设计防火规范》和《高层民用建筑设计防火规范》，将住宅建筑统一按照建筑高度分类进行统一的要求，增加了建筑保温系统的防火要求（见表1，GB50016对于建筑保温系统的要求）。

表1 《GB50016-2014》建筑保温系统的要求

<table>
<tr><th colspan="2">建筑类型</th><th>建筑高度
H (m)</th><th>保温材料
最低燃烧
性能等级</th><th>防护层厚
度(mm)</th><th>防火隔离带 宽度
(mm)</th><th>外饰面层材料的最低燃
烧性能等级</th></tr>
<tr><td colspan="2" rowspan="3">住宅建筑</td><td>$H>100$</td><td>A</td><td>—</td><td>—</td><td>A</td></tr>
<tr><td>$100\geqslant H>27$</td><td>B_1</td><td rowspan="2">首层15
其他层5</td><td rowspan="2">每层300 门窗0. 5h</td><td rowspan="2">$H>50$, A
$H\leqslant 50$, B_1</td></tr>
<tr><td>$H\leqslant 27$</td><td>B_2</td></tr>
<tr><td rowspan="5">公共
建筑</td><td>人员密集
场所</td><td>任何高度</td><td>A</td><td>—</td><td>—</td><td>$H>50$, A
$H\leqslant 50$，B_1</td></tr>
<tr><td rowspan="4">其他建筑</td><td>$H>50$</td><td>A</td><td>—</td><td>—</td><td>A</td></tr>
<tr><td>$50\geqslant H>24$</td><td>B_1</td><td rowspan="2">首层15
其他层5</td><td rowspan="2">每层300
门窗0. 5h</td><td rowspan="2">B_1</td></tr>
<tr><td>$H\leqslant 24$</td><td>B_2</td></tr>
<tr><td colspan="2" rowspan="2">幕墙建筑</td><td>$H>24$</td><td>A</td><td>—</td><td>—</td><td rowspan="2">$H>50$, A
$H\leqslant 50$, B_1</td></tr>
<tr><td>$H\leqslant 24$</td><td>B_1</td><td>首层15
其他层5</td><td>每层300</td></tr>
<tr><td colspan="2" rowspan="2">屋面</td><td rowspan="2">任何高度</td><td>B_2</td><td rowspan="2">10</td><td rowspan="2">与外墙间的隔离
带500</td><td>屋面板耐火极限≥1h</td></tr>
<tr><td>B_1</td><td>屋面板耐火极限<1h</td></tr>
</table>

注：采用B_1级保温材料且建筑高度低于27m的住宅建筑和采用B_1级保温材料且建筑高度低于24m的公共建筑，其外墙上的门、窗无耐火要求。

相关标准法规对建筑物外保温系统的防火措施做出一系列的要求，目的在于有效预防建筑火灾、降低火灾危害、保护人身和财产安全。就如在使用B级保温材料时，每层设置防火隔离带目的就是希望在实际发生火灾时在消防灭火前可以阻止火焰蔓延的速度；同时减少外墙上的燃烧滴落或大面积坠落物；这样可以有效为消防救援赢得宝贵时间，缩小受灾面积。其实，除此之外，我们现在生活的城市发展很快，楼房越来越高，人口密度越来越大，在间距较小的建筑相邻区域、门窗洞口，人口密度很大的低矮层建筑都应该充分考虑选用A级保温材料，预防建筑火宅的受灾面积，减少火灾的危害。

综合考虑建筑安全、节能的标准要求，A级保温材料逐渐占据市场主流地位，而岩棉是目前建筑A级保温市场较为理想的选择。岩棉是一个成熟的保温产品，特别是从2009年之后中国无机保温市场不断扩大，岩棉的生产工艺、生产能力、产品性能等都大幅提升。目前，我国岩棉产品的应用技术、产品标准以及应用技术规程都很全面、专业，专业水平及性能要求丝毫不逊于国际水准，在国内外已经拥有大量的成功案例，应用在不同的气候区域、建筑类型和应用部位。

2 岩棉的应用

岩棉是一种开孔的纤维类保温材料，由玄武岩、白云石等火成岩经过熔融后离心抽拉成纤，施以粘接剂固化而成。岩棉的纤维细且长度适中，纤维方向可呈现两向平面和三向立体两种方式，使得岩棉不仅具有良好的保温性能、优异的防火性能、稳定的耐久性，同时具有一定的力学性能、憎水性能等，适应众多的应用需求。

2.1 建筑薄抹灰外墙外保温系统中的应用

外墙外保温系统是一个成熟健全的保温节能系统，能够有效地提升建筑围护结构传热系数，达到良好的建筑节能目的，在建筑中得到广泛的应用。薄抹灰系统用岩棉不仅需要良好的保温性能、防火性能，同时要求岩棉具备一定的力学性能、憎水性和耐久性等，GB/T 25975-2010《建筑外墙外保温用岩棉制品》标准根据系统特性和施工需求明确了外墙外保温用岩棉板、岩棉带的性能指标要求。另外值得关注的是在一些高层住宅、风荷载较强的区域建议使用岩棉带外墙外保温系统，岩棉带是将岩棉板切割后翻转90°，使用时岩棉纤维呈立纤维状态，拥有更高的抗拉拔能力。

2.2 非透明幕墙中的应用

幕墙外观设计现代、美观，造型多样，在商业建筑、公共建筑等得到大规模的应用。对于非透明幕墙的岩棉保温材料，可以通过锚固件直接将岩棉保温材料锚固到基层墙体（装配式幕墙本处不涉及），该应用的岩棉主要起到保温作用，着重关注保温性能、憎水性、耐久性以及基础性能（部分地区地标要求幕墙保温系统参考外墙外保温系统不包含在内），GB/T 19686-2015《建筑用岩棉绝热制品》明确规定了幕墙用岩棉性能。

目前广泛使用的带铝箔贴面的幕墙岩棉板存在以下几个问题：（1）常用铝箔贴面是由铝箔层和牛皮纸，中间夹筋复合而成，本身有机物含量不低，在和岩棉复合时采用溶剂型粘接剂，燃烧时会产生大量的热值，导致复合了铝箔贴面后的岩棉板很难达到A级；（2）铝箔贴面和岩棉板本身的粘结并不牢固，在很多工地现场风一吹会有很多贴面边角脱落，起不到贴面的功能性。樱花®Safecurtain幕墙保温系统是针对现在市场面临的问题次年开发的专业幕墙保温系统，Safecurtain幕墙岩棉板达到A1级，导热系数小于0.038W/（m·K），在线自动复合无机贴面，节能环保。同时safecurtain幕墙保温系统为一完整系统：包含safecurtain岩棉保温板、不同耐火时效的防火黑棉、同系列贴面、紧固件以及专业施工工具，一站式系统解决保温系统需求。

2.3 在建筑隔断中的应用

德国著名哲学家叔本华曾痛诉噪声对思维的扼杀，噪声对于人类的思维、注意力等都有极大的影响，在我们的生活中可以感受到多方面的噪声：比如工地施工噪声、交通噪声、电梯、空调等多种设备噪声。岩棉特殊的纤维结构，具有良好的吸声降噪作用，根据使用空间不同的声学要求，可应用到多种吸声、隔声构造，以满足空间声学要求，打造安静、舒适的活动空间。

吸声材料的吸声能力一般用降噪系数NRC表征，它是指声波接触吸声界面后失去能量占总能量的比例。吸声岩棉板拥有良好的吸声效果，NRC值在0.8～1（图1），特别是在中高频段，吸声效果更优；广泛应用于公共建筑吊顶系统、隔墙系统及影音室。

岩棉隔墙系统可以达到良好的隔声效果，根据不同空间的私密要求，可以设计不同的隔声构造，如：100mm厚轻钢龙骨隔墙（2mm×12mm直面石膏板+100mm龙骨+75mm岩棉+2mm×12mm纸面石膏板）的隔声量Rw=52dB（图2）。轻质隔墙系统广泛应用在商务楼、酒店、会议室等空间。

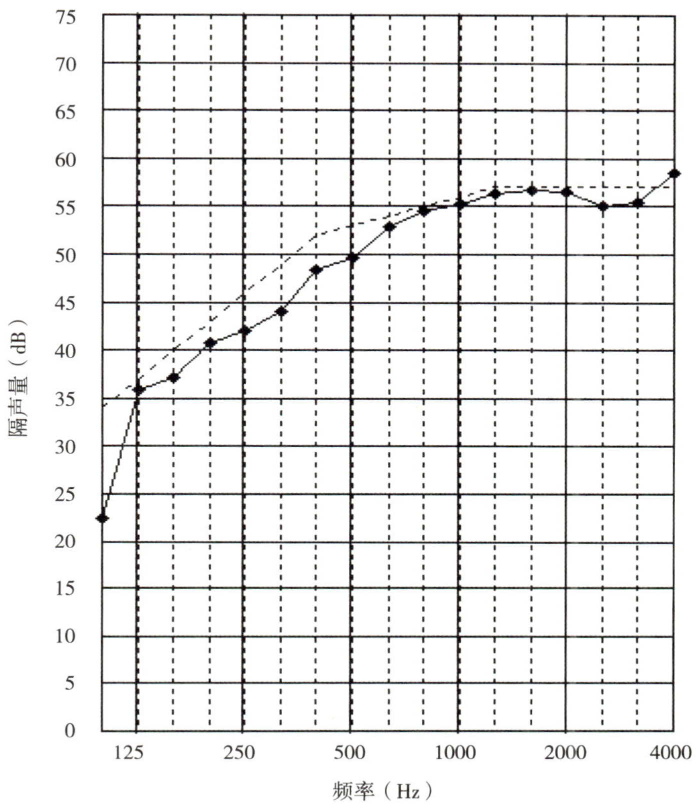

图1　90kg/m³樱花®吸声岩棉板NRC=0.95（依据GB/T 20247混响室测试，根据GB/T 16731:1997计算）

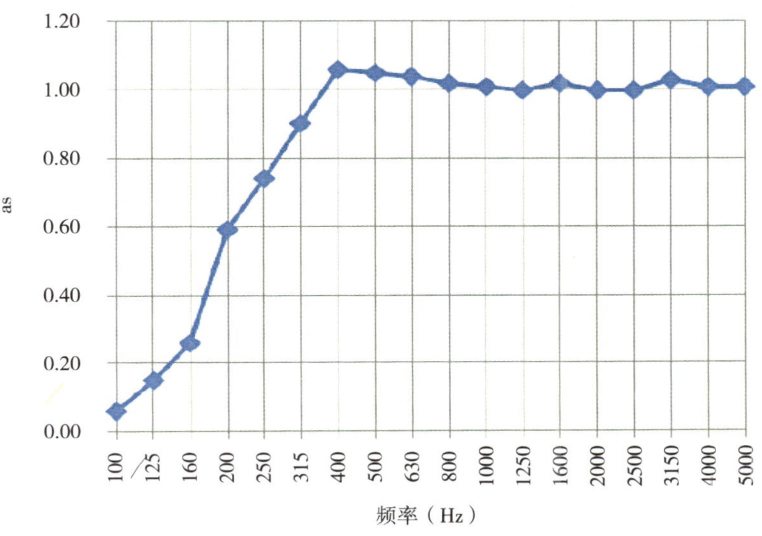

图2　100mm厚轻钢龙骨隔墙STC=52

2.4 在单层屋面系统中的应用

目前，单层屋面系统是平屋面工程中最主要的屋面防水系统（图3），保温层连续铺设固定在压型钢板上，上面设置单层高分子防水卷材，可采用机械固定、满粘或空铺压顶的施工方式完成系统固定。该系统多应用于工业厂房屋面、公建建筑屋面等。

图3 岩棉单层屋面系统

GB/T 19686-2015《建筑用岩棉绝热制品》明确规定了屋面用岩棉板的性能要求，岩棉良好的力学性能、防火性能及化学稳定性，可与TPO、PVC、EPDM、改性沥青防水卷材等多种高分子防水材料配合使用。目前岩棉已经成为单层屋面的主流保温材料，有众多工程案例，如：上海虹桥国家会展中心、西安东航机库、中航锂电（江苏）有限公司、上海浦东机场、香港国际机场、阿里巴巴物联网技术应用中心、永州烟草项目等。

3 结语

岩棉产品可加工性能强、产品线范围广，密度范围为45～220kg/m^3，通过不同生产工艺可以赋予岩棉不同的性能指标，有保温用岩棉产品、有力学性能的高强岩棉板、有吸声降噪用岩棉板、防火岩棉板和各种功能性复合岩棉产品，应用到建筑众多领域，同时岩棉产品是环保的绿色产品，甲醛释放量、TVoc等指标完全满足室内场所使用。希望建筑保温行业通过不断的技术创新，为推荐建筑保温节能、绿色建筑、康居生活添砖加瓦。

参考文献

[1] 韩梦涛.建筑声学在绿色建筑技术中的集成应用［J］. 武汉勘察设计，2016（01）：26-30.

[2] 庄欣. 我国外墙外保温系统防火性能的现状和解决途径［J］. 科技风，2010（20）：150.

HVIP气凝胶真空绝热板用于低能耗建筑的分享与探究

高军
中亨新型材料科技有限公司

摘　要： HVIP气凝胶真空绝热板，采用纳米孔超级绝热材料作为芯材，再利用真空绝热技术进行抽真空处理，突破了传统保温材料的局限性，在保温隔热性能（导热系数达到0.006W/（m·K）以下）、防火性能（A级）、隔声性能、系统稳定性等各方面都实现了巨大突破。本文主要阐述了这种高性能的保温材料在国内外低能耗建筑上应用的一些节点做法、安装工艺及应用效果分析，为被动房项目选用HVIP提供参考。

关键词： 低能耗建筑；HVIP气凝胶真空绝热板；节点做法；安装工艺

1　引言

随着我国各地建筑节能标准的不断提高、低能耗绿色建筑以及被动式节能建筑在我国的大力推广，墙体用保温材料的厚度也变得越来越厚，过厚的保温材料使得一些项目在空间设计和应用技术方面受到一定的限制，所以一些新型的超级绝热材料开始受到设计师和建筑开发商的关注。

2　真空绝热板介绍

真空绝热板（Vacuum Insulation Panel，简称VIP）是国内近几年新兴起来的一种超级绝热保温材料，早期VIP主要应用于家用电器、冷藏保温箱等工业领域，近几年开始在建筑领域被广泛采用。VIP最大的优势就是它的超级绝热性能，根据不同应用领域的使用要求，产品在原料选择和性能指标上会有所差别，例如工业上采用的VIP导热系数最低可以做到0.002W/（m·K）以下，建筑上最低可以做到0.004W/（m·K）以下。HVIP气凝胶真空绝热板是采用纳米孔超级绝热材料（纳米气凝胶、纳米气相二氧化硅）作为芯材，HVIP产品的标准要求是导热系数达到0.006W/（m·K）以下，保温性能也达到了普通聚苯板的7倍左右，绝热性能十分突出。VIP第二个比较突出的优势就是它的防火性能，像HVIP芯材的耐火度达到1300℃，整体制品燃烧等级达到A级。这种超级绝热材料能够很好地解决目前国内建筑上存在的保温和防火冲突的问题。

目前VIP的造价跟一些传统的保温材料相比较而言还是略高，但是VIP的价值在很多情况下是通过后期增加的效益来证明的，比如说它可以节省很多空间，因为它的超级绝热性能可以使我们的用户花相同的钱来获得一个居住面积更大的建筑。特别是随着节能指标的要求越来越高，采用传统的一些产品墙体会越来越厚，像目前被动房采用的石墨聚苯板、岩棉，厚度均在200mm以上，同等传热系数要求下采用VIP只需要50mm。所以一些内保温、既有建筑节能改造、以小户型为主的公租房类型的被动房项目，以及局部热桥处理，VIP是最佳可选材料。另外，目前一些公建项目的被动房由于防火的要求，可选用的保温材料比较少，在严寒和寒冷地区只有岩棉板可以应用，但是需要非常厚的保温层，所以VIP为公建项目多提供一种保温方案。

3 应用做法展示

3.1 外保温做法展示

目前国内建筑项目使用VIP多采用薄抹灰的应用方式，这种应用方式也经过了大量项目的验证，目前行业标准《建筑用真空绝热板》JG/T438-2014和《建筑用真空绝热板应用技术规程》JG/T416-2017已批准发布。在被动房上通常采用双层错缝铺贴的方式，错缝宽度在50mm以上，层与层之间严禁出现通缝，这样能使墙体达到一个很好的保温效果。

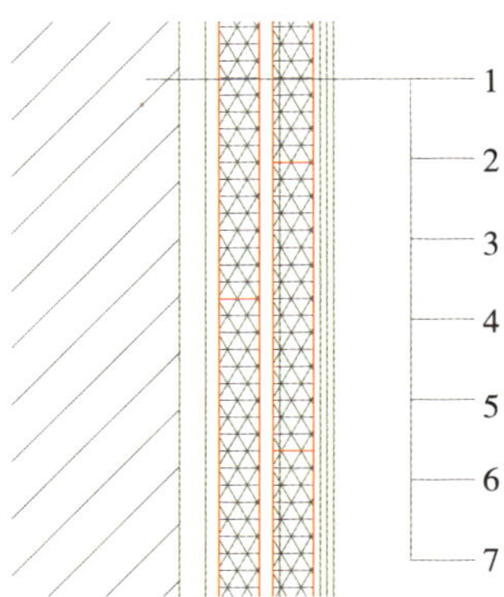

图1　双层错缝铺贴做法展示
1-基层墙体；2-水泥砂浆找平层；3-HVIP胶粘剂；4-HVIP板；5-HVIP胶粘剂；6-HVIP板；7-HVIP抹面胶浆压入网格布

3.2 顶板及地板做法展示

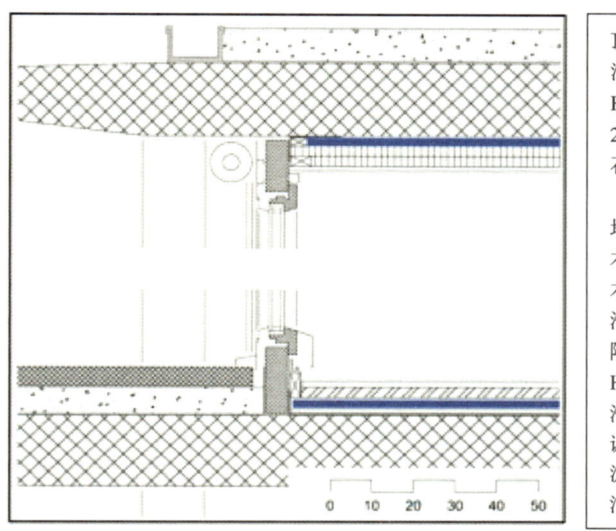

顶板构造：
混凝土天花板180mm
HVIP 20mm（用木龙骨镶嵌）
2x木制金属丝网绝热层25mm
石膏板12.5mm

地板构造：
木地板15mm
木质支撑层25mm
泡沫垫6mm
隔汽层
HVIP 20mm
泡沫垫6mm
调整层
沥青防水层
混凝土天花板180mm

图2 顶板及地板做法展示

对于顶板的推荐做法是采用龙骨镶嵌的方式，虽然HVIP不能满铺，大家担心该构造做法会造成比较多的热桥，但是通过红外测试我们发现龙骨部位、板与板的接缝处有热桥存在，但是并不明显。因为一方面木龙骨本身是一种热的不良导体，另一方面还有50mm的玻璃纤维作为补充，所以使得该部位的热桥得以削减。该项目主要的热桥在混凝土柱与屋面板的穿接部位，在冬季寒冷的情况下，该处内表面温度会比较低，存在冷凝结露的风险。

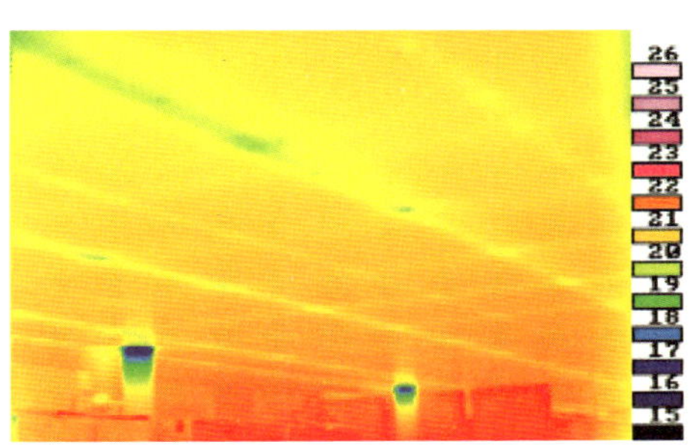

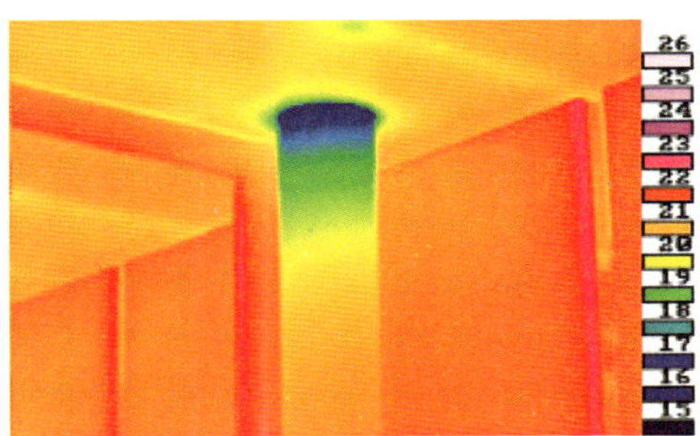

图3 顶板部位热工性能测试

3.3 内保温做法展示

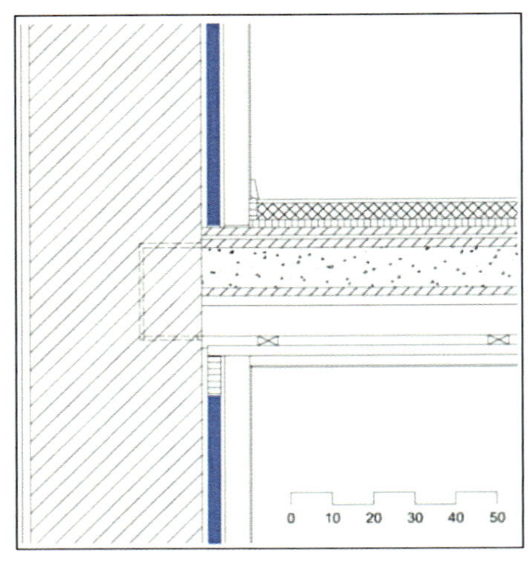

墙体	430mm
内墙抹灰	15mm
HVIP	30mm
空气层	10mm
固体石膏板	60mm
抹面石膏	5mm

图4 内墙做法展示

原有墙体是430mm厚的石墙加15mm厚的抹灰层，HVIP采用直接粘贴的方式与墙体形成连接，距离HVIP 10mm的地方采用60mm厚的固体独立石膏板形成一个墙面，内部做5mm的抹灰石膏。由于HVIP不能像其他保温材料一样自由切割，所以安装误差是通过在边界处安装软木条来解决，因为软木条对湿度有一个比较好的平衡反应，可以减少冷凝发霉现象的发生。固体独立石膏板距离HVIP有10mm，这样做的一个目的是可以形成一个静止的空气层来增加墙体的传热系数，另一个好处就是可以便于HVIP的更换。由于固体石膏板对湿度有一个很好的调节作用，所以这里没有单独设置隔汽层。如果不采用石膏板而是在HVIP外侧直接抹灰的情况下，靠近室内的一侧一定要铺设隔汽层。

4 结语

跟一些传统保温材料相比，VIP在保温性能和防火性能方面的优势突出，但VIP的价格相对于传统的保温材料造价还是略高，所以VIP并没有在市场中大规模取代后者，但VIP可以在建筑上给其他保温系统进行一些很好的补充。例如把它应用于被动房的地板、天花板、挑出平台、分户墙等部位。本文提供了HVIP应用于外墙、顶板及地面、内墙的几种典型的应用做法，给大家在以后的项目中选用这类保温材料时提供一些应用思路。

参考文献

[1] FHBB—Switzerland Etc., Vacuum Insulation in the Building Sector Systems and Applications.

[2] va-q-tec AGV, acuum Insulation Panels for Buildings and Technical Applications.

铝包木窗在被动式建筑中的应用

王勇
哈尔滨森鹰窗业有限公司

摘　要：自2012年至今，在住房和城乡建设部科技与产业化发展中心的推动下，被动房在中国有了长足的发展。同时也加快了我国节能建筑的技术进步，引领节能产业升级。本文主要探讨铝包木窗技术在被动房领域的作用和意义、铝包木窗发展现状以及与被动房的关系。

关键词：整窗传热系数

1　建筑节能门窗政策分析

2009年哥本哈根气候大会，我国政府承诺，争取到2020年中国单位GDP二氧化碳排放将比2005年下降40%～45%。2015年巴黎气候大会，习近平主席提出中国将于2030年左右使二氧化碳排放达到峰值并争取尽早实现，2030年单位国内生产总值二氧化碳排放比2005年下降60%～65%。

来自世界可持续发展委员会的调研数据显示：在人类建筑、工业、交通三大能耗中，建筑能耗占比40%，窗能耗占建筑总能耗的30%～50%，那么可以得出这样一个结论：窗能耗占社会总能耗的10%～20%。窗是建筑物外围护结构中最为薄弱的环节，人类渴望光明，更渴望贴近自然，所以窗的好坏直接影响到建筑节能和人类的生活水平。

窗有一个最主要的节能指标就是整窗的传热系数U_w值，它的U_w值越大，单位时间内热量传递越多，门窗性能就越差。反之U_w值越小，单位时间内热量传递得越少，门窗性能就越好。从我们国家30%的一步节能、50%的二步节能、65%的三步节能、75%的四步节能政策上看也非常重视窗的节能，U_w值在不断降低。以北京为例，1998年实施50%二步节能，对窗户的要求很低，2.5～4.0 W/（m^2·K）即可；2007年实施65%二步节能，对窗户要求小于2.8 W/（m^2·K），2013年实施75%三步节能，大幅度降低至1.5～2.0 W/（m^2·K）。在北京的带动下，天津、河北、山东、吉林、新疆也相继进入了节能75%的行列，其余大部分省市仍在执行节能65%的标准。被动房的推出有利于进一步加快节能产业升级，推动节能建筑的快速发展。河北省住房和城乡建设厅于2015年2月27日下发了“河北省住房和城乡建设厅关于发布《被动式低能耗居住建筑节能设计标准》的通知”。山东省和黑龙江省地方标准《被动式低能耗居住建筑设计标准》也将相继推出。河北省被动房标准中对门窗的要求是$K_w \leqslant 1.0$ W/（m^2·K），玻璃遮阳系数大于0.4（意味着希望得到更多的太阳热能，相当于得热系数大于0.35），因为中国K值和欧洲U值在检测条件上的差异，中国整窗传热系数K_w值为1.0 W/（m^2·K），几乎相当于欧洲U_w= 0.8W/（m^2·K）的标准。

德国PHI（被动房研究所）也同样规定被动窗整窗传热系数$U_w \leqslant 0.8$ W/（m^2·K）。另外PHI还根据不同地区对窗的指标设置了不同的参数，根据Ψ_{opaq}值的大小为不同样式的窗户设置了评级标准，由高至低分为A+级、A级、B级、C级四个级别。

$$\Psi_{opaq}=\Psi_g+U_f \times A_f/L_g$$

表1

Ψ_{opaq}	适合地区	Efficiency Class	U_w
≤ 0.200 W/（m·K）	温暖地区	phC	0.8W/（m^2·K）
≤ 0.155 W/（m·K）	寒冷地区	phB	0.8W/（m^2·K）
≤ 0.110 W/（m·K）	严寒地区	phA	0.6W/（m^2·K）
≤ 0.065 W/（m·K）	极寒地区	phA+	0.4W/（m^2·K）

（注：表中参数不代表绝对相关性，只具有趋势相关性）

由公式可知，更高级的被动窗特点是边部导热系数更低、框体传热系数更小、框体可视面宽度更窄。由表1可以看出只有Ψ_{opaq}值更低的窗才能适合更为严寒的气候。

2 铝包木窗介绍

20世纪90年代初，欧洲出现了铝包木窗，是在现代纯木窗的基础上演变而来的，在纯木窗的外侧罩上一层铝外衣，能够使纯木窗更耐风吹雨淋。木窗类产品在欧洲占比达25%，铝包木窗呈现上升趋势，纯木窗呈现下降趋势。20世纪末欧式纯木窗和铝包木窗同时传入中国，因考究的工艺和高端的配置，一直以来被人们认为是高端别墅的标配。占比远远低于欧洲的25%，只有不到1%，因中国的国情特点木窗类产品90%绝大部分是铝包木窗，而只有极少的仿古建筑会订购纯木窗。

木材，自然的生命体，是可循环的资源。地下资源毁坏环境，终将枯竭，而森林只要实施可持续化管理就将取之不尽、用之不竭。而且森林是人类的朋友，在生长的过程中像孩子一样贪吃，贪婪地吸收二氧化碳，大量地释放着氧气，这是最好的碳吸收和碳储存。年老枯朽的木材如果不及时砍伐，不仅容易引起林火，还会腐烂，终将还碳于自然，对人类是有害处的。所以使用FSC认证的木材是符合被动房可持续发展的理念的。

木材是天然的保温材料，木材框体保温性能远远超过断热铝合金框体，和塑钢窗框体不分上下。表2分别列举了IV68、IV78、IV92三款纯木窗，我们可以看出纯木窗的框体U_f值。

表2

框体U_f	木材导热系数			
产品系列	0.11	0.13	0.16	0.18
IV68	1.24	1.38	1.57	1.78
IV78	1.11	1.25	1.42	1.60
IV92	1.01	1.12	1.27	1.37

随着木材框体厚度的增加而不断降低，另外在木材框体厚度不变的情况下，随着木材导热系数的不断增加，框体的U_f值也在不断增加。这样我们得出一个结论：框体厚度越厚，木材导热系数越低，保温效果就越好。

图1列举了以IV68为基础制作的铝包木窗的整窗传热系数。纵轴为中空玻璃的传热系数，横轴为软硬两种木材以及4款中空玻璃间隔条。我们可以看出随着中空玻璃的传热系数降低、暖边间隔条的采用都可以降低整窗的传热系数。当采用0.7 W/（m^2·K）的中空玻璃时，整窗的传热系数最低可以做到0.98 W/（m^2·K）。如果采用0.5 W/（m^2·K）的中空玻璃，整窗的传热系数最低可以做到0.84 W/（m^2·K）。理论上配置传热系数更低的中空玻璃是

可以使整窗传热系数降低到0.8 W/（m^2·K）以下的，但根据被动窗Ψ_{opaq}值的要求，是不可能得到认证的。

	Ug- Wert (W/m²K) Ug- value	Uw (W/m²K)* Holz - Rohdichte 500 kg/m³ timber bulk density 500 kg/m³ — Glasabstandhalter glass spacer: Aluminium	Nirotec 017	Thermix TX.N	Swisspacer V	Uw (W/m²K)* Holz - Rohdichte 700 kg/m³ timber bulk density 700 kg/m³ — Glasabstandhalter glass spacer: Aluminium	Nirotec 017	Thermix TX.N	Swisspacer V
3-fach-Verglasung triple glazing	0,5	-	0,90	0,86	0,84	-	1,0	0,96	0,94
	0,6	-	0,96	0,93	0,91	-	1,1	1,0	1,0
	0,7	-	1,0	0,99	0,98	-	1,1	1,1	1,1
	0,8	-	1,1	1,1	1,0	-	1,2	1,2	1,1
	0,9	-	1,2	1,1	1,1	-	1,3	1,2	1,2
2-fach-Verglasung double glazing	1,0	1,3	1,3	1,2	1,2	1,4	1,4	1,3	1,3
	1,1	1,4	1,3	1,3	1,3	1,5	1,4	1,4	1,4
	1,2	1,5	1,4	1,4	1,3	1,6	1,5	1,5	1,4
	1,3	1,5	1,4	1,4	1,4	1,6	1,6	1,5	1,5
	1,4	1,6	1,5	1,5	1,5	1,7	1,6	1,6	1,6

* Diese Werte dienen der Orientierung für eine Fenstergröße 1,23 x 1,48 m

图1

那么已经认证了的铝包木窗都是什么样子呢？图2中的窗基本都是在纯木窗的基础上，在外侧增加保温隔热或在木材框体内增加保温层或孔洞，俗称三明治木材、蜂窝木等。

表3统计了在PHI官方网站上认证的被动窗，铝合金占比最少16%，其次是PVC窗占比22%，包含纯木、铝包木、塑包木等的木窗类占比62%，以绝对优势胜出。可见铝包木窗非常适合用于被动房，特别是在A级产品上更是具有绝对优势。

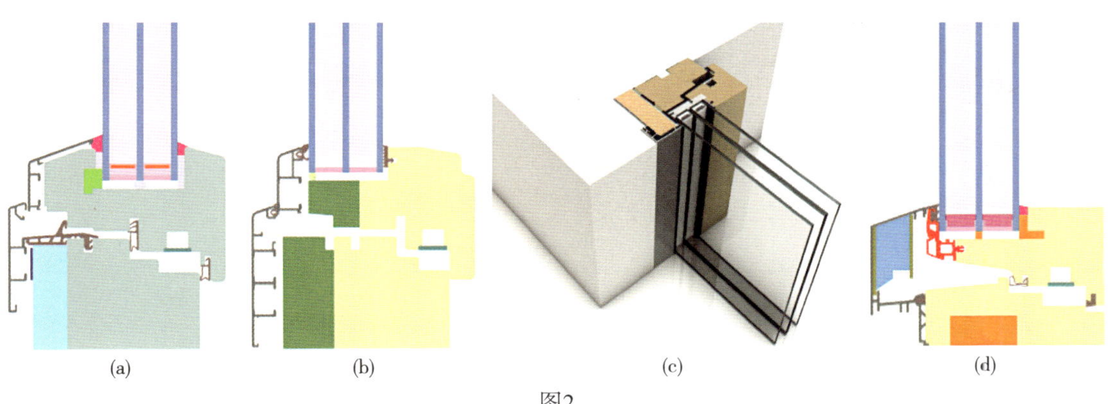

(a) (b) (c) (d)

图2

表3

	phA+	phA	phB	phC	PHI认证产品	所占比例
铝合金窗		1	16	19	36	16%
PVC窗	1	1	34	15	51	22%
木窗	2	40	92	9	143	62%
总计					230	

3 森鹰铝包木窗在被动房项目中的应用

森鹰自创立以来一直坚持走生产节能产品的道路，而且也是国内唯一一家只生产铝包木窗产品的企业。自从2012年第一款被动式铝包木窗P120认证以来，先后又有3款产品得到了德国PHI的认证。另外还有4款产品在认证中，不断丰满被动房用窗的产品线，为被动房工程提供更好的服务。森鹰被动房用窗系统包括Passive窗系列、Passive幕墙系列、Passive大堂门系列、Passive入户门系列，基本可以满足各种建筑形式的门窗幕墙需求（表4）。

表4

Passive窗系列	P120铝包木内开窗
	P160塑包木内开窗
Passive幕墙系列	Pcw60明框木质幕墙
	Pcw70隐框木质幕墙
Passive大堂门系列	P120铝包木内开大堂门
	P120铝包木外开大堂门
Passive入户门系列	Ped86内开入户门
	Ped86外开入户门
	Ped120内开入户门
	Ped120外开入户门

森鹰外铝无缝焊接工艺、密封胶条无缝焊接工艺、SWISSSPACER无缝焊接工艺、立式成装工艺、后通风排水技术、软硬胶条密封技术等新技术、新

工艺为P120窗能真正投入到每个工程实践中奠定了基础。

被动窗的安装在满足U_w为0.85 W/（m^2·K）的条件下，不同的墙体结构安装形式也是多种多样的。因为我们接触的墙体均为砖石混凝土结构，所以也都是采用外挂式安装，避免热桥的产生。另外框体在外墙保温的包覆下，最大限度地降低了框体边部的传热。

除了保温隔热，安装密封也很重要，在被动房交付之前都要经过精装修前后两次气密性检测，n50指标都要满足每小时0.6次以下的换气次数。我们采用标准安装工艺，在室外侧粘贴防水透汽膜、在室内侧粘贴防水隔汽膜，注重转角及连接部位的粘贴细节就可以达到满意的效果，所有执行过的项目都一次性通过n50检测。这两种膜的品牌很多，但几乎都是欧洲进口产品，希望在被动房产业的推动下能有更多有远见的供应商加入到这个队伍中来，扩大中国节能产品的市场。

披水板也是被动窗安装必不可少的产品，我们现在能提供的四款不同规格铝制窗下口披水板，按照披水板的宽度可分为110mm、160m、210mm、260mm四个尺寸规格。基本满足了被动房工程中的需要，能够保证被动房在窗下口处防水持久有效，避免了密封胶因寿命问题开裂漏水的现象。

森鹰铝包木窗参与了30多个被动房项目的施工建设，有2012年哈尔滨辰能溪树庭院被动房住宅项目、2013年朗诗布鲁克被动房酒店项目、2014年山东日照山水龙庭被动房住宅项目、2015年大连金维度被动房别墅住宅项目、2016年青岛中德生态园被动房办公楼项目，另外正在施工的项目还有盐城日月星城被动房幼儿园项目、张家口紫金湾被动房住宅项目、森鹰自己的严寒地区被动式工厂项目等，几乎囊括了目前所有使用铝包木窗的被动房项目。这既是肯定也是鼓舞，铝包木窗不仅仅是豪华别墅的标配，我们坚信铝包木窗在被动房领域能够再次绽放光彩。

让被动式低能耗建筑更加完美
——浅议如何正确选用“被动门”

李国庆[1] 霍雨佳[2] 张辉[2]
1 京冀曹妃甸协同发展示范区建设投资有限公司；2 北京东邦绿建科技有限公司

摘　要：在住建部有关部门和行业内的努力推动下，被动式低能耗建筑得到了较快的发展，所需围护结构的部品及施工技术不断获得突破并日臻完美，被动式低能耗建筑已经从试验阶段向全面推广快速迈进。在构成被动式低能耗建筑三大围护部品中，被动式低能耗建筑用门（以下简称“被动门”）不同于外窗和墙体保温材料，由于受国家建筑安防、技防和消防标准的限制，对“被动门”的选择有着严格的要求，本文从国家有关建筑、消防标准浅议如何正确选择“被动门”，并得出“被动门”的定义。

关键词：被动式建筑；用门；选用；标准

1　引言

2012年3月份，我国第一个被动式低能耗建筑项目“在水一方”破土动工至今已经接近6年的时间，号称“低碳节能、健康舒适、耐久安全”最好房子的被动式低能耗建筑在住建部有关部门和行业内的努力推动下，被动式低能耗建筑所需围护结构的部品及施工技术不断获得突破并日臻完美，被动式低能耗建筑已经从最初的试验阶段向全面推广阶段快速迈进。围护结构主要部品集中在“门、外窗和墙体保温材料上”，在构成被动式低能耗建筑三大围护部品中，“门”不同于外窗和墙体保温材料，由于受国家建筑安防、技防和消防标准的限制，对“门”的选择有着严格的标准需要遵循，如果选择失误很可能就会造成无法进行竣工、消防验收和用户投诉的法律风险，为了尽量满足相应的标准，避免不必要的风险并达到设计目标，有的项目为房子一个门洞口中安装了两道门，一道是所谓的“被动门”，一道相应级别的“防火门”。这样的安排，看似符合有关标准，实际上对用户来说进出要开、关两道门，造成很大的困扰，失去了被动式低能耗建筑“舒适方便”的本质，在验收上实际上是打了“擦边球”，貌似符合了相应的国家标准，实际上是禁不住推敲而风险依然存在。这些现象必然影响被动式低能耗建筑的全面推广和行稳致远。本文从国家有关建筑、消防标准浅议如何正确选择“被动门”，并得出“被动门”的定义。

2 “被动门”选择应该遵循的依据和标准

2.1 “被动门”必须满足《被动式超低能耗绿色建筑技术导则（试行）（居住建筑）》（以下简称《导则》）的要求

《导则》（图1）对外窗的性能指标进行了明确的规定，见表1、图2、图3。

表1 外窗传热系数（*K*）和太阳得热系数（SHGC）参考值

外窗	单位	严寒地区	寒冷地区	夏热冬冷地区	夏热冬暖地区	温和地区
K	$W/(m^2 \cdot K)$	0.70 ~ 1.20	0.80 ~ 1.50	1.0 ~ 2.0	1.0 ~ 2.0	≤2.0
SHGC	—	冬季≥0.50 夏季≤0.30	冬季≥0.45 夏季≤0.30	冬季≥0.40 夏季≤0.15	冬季≥0.35 夏季≤0.15	冬季≥0.40 夏季≤0.30

被动式超低能耗绿色建筑
技术导则（试行）
（居住建筑）

住房城乡建设部
2015年10月

图1

（2）外门窗应有良好的气密、水密及抗风压性能。依据国家标准《建筑外门窗气密、水密、抗风压性能分级及检测方法》GB/T 7106，其气密性等级不应低于8级、水密性等级不应低于6级、抗风压性能等级不应低于9级。

图2

33. 外门和户门均应采用保温密闭门，保温性能不应低于外窗的相关要求。严寒地区建筑的外门应设门斗；寒冷地区面向冬季主导风向的外门应设置门斗或双层外门；其它地区外门宜设门斗或应采取其它减少冷风渗透的措施。

图3

从理论上讲，“入户门”是一套住房重要的能源消耗出口，如果入户门选择普通入户门，即使外窗和墙体保温再好，这套住房也达不到真正意义上的“超低能耗”。即使单元门达到了以上指标，整个建筑整体认证，由于单元门开关次数频繁以及公共部位建筑部品往往管理不善，必然会形成“门”内外的温差、户与户之间的温差，就会造成能源的流动。故选择的“被动门”的保温和气密指标必须达到《导则》要求，即必须达到被动式建筑对外窗的要求。

2.2 被动式低能耗建筑入户用门必须满足《住宅设计规范》要求

GB50096-2011《住宅设计规范》是国家强制性标准，该标准“5.8.5”条明确规定“户门应该采用具备防盗、隔声功能的防护门。”也就是选择的“被动入户门”在满足保温性能指标的基础上，必须满足防盗和隔声性能，而防盗性能需要满足的标准是GB17565-2007《防盗安全门通用技术条件》，在该标准中，防盗门的防盗级别分甲、乙、丙、丁四个防盗等级，在等级选择上没有明确的规定，根据防盗要求进行选择，一般住宅通常选择丙、丁级。

有的项目上所用的“被动入户门”并没有达到设计的防盗性能，理由是GB50096-2011《住宅设计规范》中“5.8.5”条款是“非强制性”条款，可以不执行。从2017年11月4日第十二届人民代表大会常务委员会修订通过的《中华人民共和国标准化法》明确规定“强制标准必须执行”来看，这种认识是没有依据的，必然承担法律风险（图4～图8）。

图4

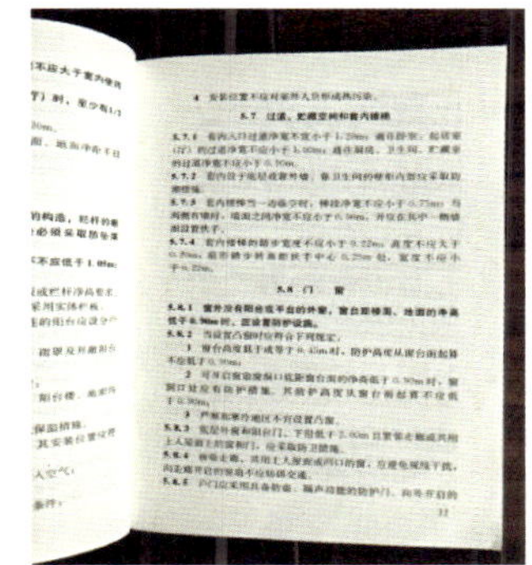

图5

（受权发布）中华人民共和国标准化法

新华社北京11月4日电 **中华人民共和国标准化法**

（1988年12月29日第七届全国人民代表大会常务委员会第五次会议通过 2017年11月4日第十二届全国人民代表大会常务委员会第三十次会议修订）

图6

标准包括国家标准、行业标准、地方标准和团体标准、企业标准。国家标准分为强制性标准、推荐性标准，行业标准、地方标准是推荐性标准。

强制性标准必须执行。国家鼓励采用推荐性标准。

图7

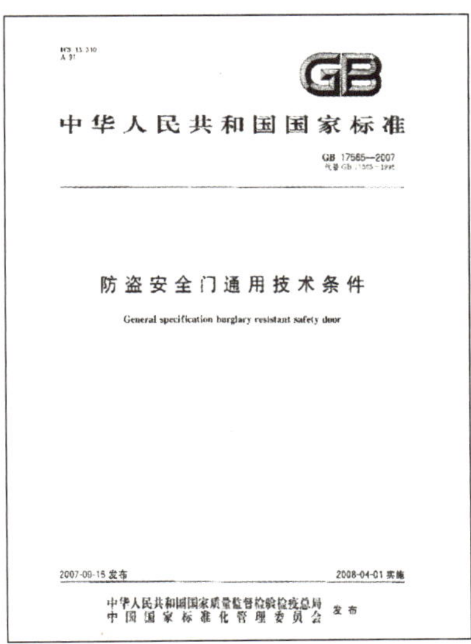

中华人民共和国国家标准

GB 17565—2007
代替 GB 17565—1998

防盗安全门通用技术条件

General specification burglary resistant safety door

2007-06-15 发布 2008-04-01 实施

中华人民共和国国家质量监督检验检疫总局
中国国家标准化管理委员会 发布

图8

2.3 部分“被动门”必须要满足防火性能的需要

2.3.1 部分被动的入户门必须具备相应的防火功能

按照GB50016-2014《建筑设计防火规范》相应条款的规定，有些部位的被动式入户门必须具备相应的防火性能，如“5.5.26”条规定“建筑高度大于27m，但不大于54m的住宅建筑，每个单元设置一座疏散楼梯时，疏散楼梯应通至屋面，且单元之间的疏散楼梯应能通过屋面连通，户门应采用乙级防火门。当不能通至屋面或不能通过屋面连通时，应设置2个安全出口”，明确规定户门必须具备乙级防火性能，除此之外，还规定了以下几种情况对入户门的防火性能要求“5.5.27 住宅建筑的疏散楼梯设置应符合下列规定：1. 建筑高度不大于21m的住宅建筑可采用敞开楼梯间；与电梯井相邻布置的疏散楼梯应采用封闭楼梯间，当户门采用乙级防火门时，仍可采用敞开楼梯间。2. 建筑高度大于21m、不大于33m的住宅建筑应采用封闭楼梯间；当户门采用乙级防火门时，可采用敞开楼梯间。3. 建筑高度大于33m的住宅建筑应采用防烟楼梯间。户门不宜直接开向前室，确有困难时，每层开向同一前室的户门不应大于3樘且应采用乙级防火门”，明确了住宅建筑入户门必须具有防火性能的三种情况。

2.3.2 有些部位的“被动门”需要满足保温和气密性性能且必须具备相应的防火性能

GB50016-2014《建筑设计防火规范》规定了不同位置设置不同防火级别的防火门，比如，高层建筑防火防烟楼梯间电梯前室必须设置乙级防火门；首层步行楼梯去地下室（车库）走道设置乙级防火门，消防控制室、设备间（机房）等部位门需要设置甲级防火门，而这些部位又往往是“被动式低能耗建筑”的隔热分区，所以这些部位的“被动门”必须是相应级别的防火门。

2.3.3 防火门的生产依据标准是GB12955-2008《防火门》，验收依据标准是公安部行业标准GA1061-2013《消防产品一致性检查要求》（图9）

UDC
中华人民共和国国家标准
GB
P
GB 50016－2014
建筑设计防火规范
Code for fire protection design of buildings
2014－08－27 发布
2015－05－01 实施
中华人民共和国住房和城乡建设部
中华人民共和国国家质量监督检验检疫总局
联合发布

GB
中华人民共和国国家标准
GB 12955—2008
防火门
Fire resistant doorsets

GA
中华人民共和国公共安全行业标准
GA 1061—2013
消防产品一致性检查要求
Requirements for fire products consistency inspection
中华人民共和国公安部 发布

图9

3 “被动门”的定义及分类

从本文论述来看，“被动门”已经不仅仅是我们口头泛泛粗浅认识的“入户门”，而是在不同部位使用有着不同的功能和要求，在“被动式低能耗建筑”已经稳步发展的新阶段，我们必须予以一定的科学定义，而不至于在“被动门”的选择、使用、认识中处于一个混乱状态而带来不必要的风险。

3.1 “被动门”的定义。

被动式低能耗建筑用门简称“被动门”，是指能够满足超低能耗建筑对其隔热、气密性能、隔声和水密性能要求根据应用部位的不同又能达到建筑防护、防火等相应标准的门。

3.2 现阶段“被动门”的分类

1. 按功能划分，分为被动式低能耗防盗安全门、被动式低能耗防火防盗安全门、被动式低能耗防火门、被动式低能耗无障碍门。

2．按材质分，可分为钢质、钢质复合、木质、木质复合等。

4 结束语

从以上论证情况看，一樘“被动门”，要想使得被动式低能耗建筑达到设计应该有的目的，不仅需要隔热保温性能达到要求，同时需要具备满足设计要求的防盗性能和设在部位确定的防火性能，这样，一个被动式低能耗建筑才能更加符合并优于国家标准，避免“不能验收、业主投诉”等法律风险而变得更加完美。

参考文献

[1] 中华人民共和国标准化法，2017年11月4日.

[2] 住宅设计规范 GB50096-2011.

[3] 防盗安全门通用技术条件 GB17565-2007.

[4] 建筑设计防火规范GB50016-2014.

[5] 防火门 GB12955-2008.

[6] 被动式超低能耗绿色建筑技术导则（试行）（居住建筑），2015年10月.

[7] 消防产品一致性检查要求 GA1061-2013.

[8] 被动式低能耗居住建筑节能设计标准DB13（J）-T177-2015.

[9] 张小玲．我国建造被动式房屋的意义．“中国被动房网”，2015.05.20.

聚氨酯材料（PU）在节能门窗领域中的应用

程金学 黄雪琼
温格润节能门窗有限公司

摘　要： 本文通过对聚氨酯材料性能以及加工工艺的介绍，分析了聚氨酯发泡材料在节能门窗设计时的使用及特点，并通过测试说明了该材料在节能门窗产品方面的优势。

关键词： 聚氨酯；硬泡；软泡；导热系数

1　引言

聚氨酯材料应用范围十分广泛，遍及国民经济及工业生产各部门，亦在日常生活中随处可见。聚氨酯材料是目前国际上性价比最高的保温材料之一，广泛运用于家具、家电、建筑、交通、体育、制鞋制革业等。聚氨酯硬泡主要用于建筑行业，如外墙保温板材、冷藏冷冻设备及冷库保温材料、管道保温材料、密封胶、防水涂料等。在欧美发达国家，建筑用聚氨酯硬泡占硬泡总消耗量的70%左右。在中国，硬泡在建筑业的应用还不像西方发达国家那样普遍，所以发展的潜力非常大。近年来，聚氨酯硬泡逐渐在门窗型材中应用，并取得了优秀的保温隔热表现，使其在门窗节能领域开始发挥重要作用。

2　国内外建筑节能及门窗节能要求

我国建筑节能以1986年建设部颁布的《北方地区居住建筑节能设计标准》为标志而启动，当年随即出版的《民用建筑节能设计标准》中要求新建居住建筑在1980年当地通用设计能耗水平基础上节能30%。

1995年《民用建筑节能设计标准》修订版要求将第二阶段的建筑节能指标提高到50%。

1997年全国人大常委会颁布的《中华人民共和国节约能源法》赋予了节能法律地位，明确了“节能是国家发展经济的一项长远战略方针”。

2001年建设部颁布了《夏热冬冷地区居住建筑节能标准》，标志着我国的建筑节能已经由北方向中部地区推进。

2005年建设部发布的《关于发展节能省地型住宅和公共建筑的指导意见》要求强制执行节能50%的标准，设立北京、天津、大连、青岛、上海、深圳六市率先试点节能65%的标准。

2011年国务院办公厅发布的《“十二五”节能减排综合性工作方案》中指出：推动建筑节能，制订并实施绿色建筑行动方案，从规划、法规、技术、标准、设计等方面全面推进建筑节能。随即印发的《国务院关于印发“十二五”节能减排综合性工作方案的通知》明确提出单位GDP能耗在2010年基础上下降16%的节能目标，北方采暖地区既有居住建筑供热计量和节能改造4亿平方米以上，夏热冬冷地区既有居住建筑节能改造5千万平方米，公共建筑节能改造6千万平方米的要求。

2016年国务院印发了《“十三五”节能减排综合工作方案》作为指导“十三五”全国节能减排工作的纲领性文件，其中要求：到2020年城镇绿色建筑面积占新建建筑面积比重提高到50%，强化既有居住建筑节能改造，实施5亿平方米以上改造面积，2020年前基本完成北方采暖地区有改造价值城镇居住建筑节能改造。

经过近二十年的努力，我国建筑节能有了一定的发展。截至目前，建筑节能已成为国家能源战略的主要议题，纳入国家中长期发展规划。

近年来，随着被动式建筑概念传入我国，在国家节能减排的大环境下，一些省市也出台了地方性节能建筑标准。如2015年9月24日由住房和城乡建设部科技发展促进中心和河北省建筑科学研究院会同有关单位编制的《被动式低能耗居住建筑节能设计标准》，经组织审查，批准为河北省工程建设标准DB13（J）/T177—2015，自2015年5月1日起实施。2016年山东省政府出台了DB37 / T 5074-2016 被动式超低能耗居住建筑节能设计标准。

作为建筑的部件，对门窗的节能要求和也在上述法规及标准中得到体现。

寒冷地区（以河北为例）河北省2009年颁布的《公共建筑节能设计标准》

DB13（J）81–2009要求外窗传热系数$K \leq 2.7$W/（$m^2 \cdot K$），局部城市外窗传热系数$K \leq 2.5$W/（$m^2 \cdot K$）；2016年颁布的《公共建筑节能设计标准》DB13（J）81–2016要求外窗传热系数$K \leq 2.3$ W/（$m^2 \cdot K$）。

夏热冬冷地区（以江苏为例）江苏省2010年颁布的《江苏省公共建筑节能设计标准》DGJ32J_96—2010要求2.3W/（$m^2 \cdot K$）$\leq K \leq$3.5W/（$m^2 \cdot K$）。

欧洲对门窗的节能要求则要高得多。以德国为例，其1977年的外窗传热系数$U \leq 3.5$ W/（$m^2 \cdot K$），1995年就降到了$U \leq 1.8$ W/（$m^2 \cdot K$），2009年哥本哈根气候变化大会后其外窗传热系数要求降为$U \leq 1.3$ W/（$m^2 \cdot K$），2015年起，$U \leq 0.8$ W/（$m^2 \cdot K$）。在丹麦，现行外窗传热系数与德国一致，也是$U \leq 0.8$ W/（$m^2 \cdot K$）。

外窗传热系数不高于0.8 W/（$m^2 \cdot K$），正是现行德国被动式建筑材料对窗户的节能要求。

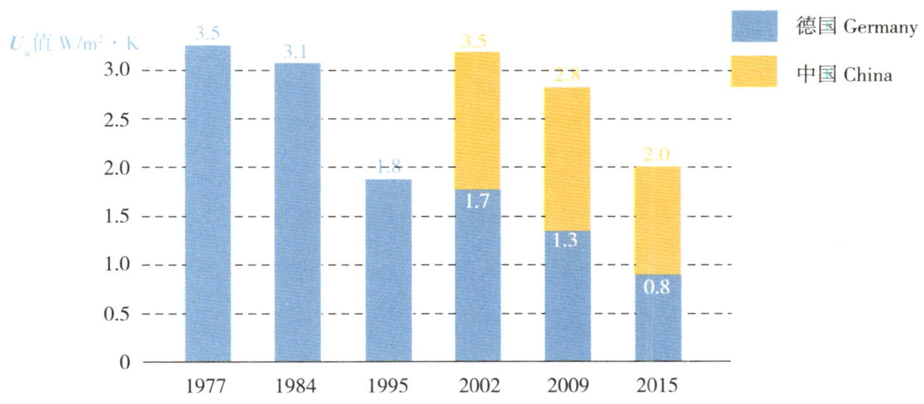

图1　中德门窗性能要求对比

从图1可以看出，我国门窗性能要求总体与德国相比相差太多。这使得我国在门窗节能设计和制造的路上任重道远。提高门窗节能性能的方法，普通做法是在原来结构基础上采用叠加的原理增加门窗材料的厚度，以铝合金（包含断桥铝）门窗设计为例，从55系列、60系列、70系列、90系列直到120系列等，都是在框材深度上做加法，同时会在框材结构上稍作改进。但是，框材厚度的增加，也增加了材料成本和相关的制造成本。这为门窗节能的改进、在材料领域开放思维、开发和使用新型材节能材料提供了舞台。

3　聚氨酯材料

3.1　聚氨酯综合特性

“聚氨酯”是聚氨基甲酸酯的简称，英文名称是polyurethane，英文缩写PU或PUR。它是一种有机高分子材料，被誉为“第五大塑料”。聚氨酯最早于1937年在德国发明，由异氰酸酯（单体）与羟基化合物（聚醚型或聚酯型）在一定比例下反应聚合而成。PU具有诸多优良特性，包括：

（1）性能可调范围宽、适应性强；

（2）耐磨性能好；

（3）机械强度大；

（4）粘接性能好；

（5）弹性好，具有优良的复原性，可用于动态接缝；

（6）低温柔性好；

（7）耐候性好，使用寿命长；

（8）耐油性好；

（9）憎水率高。

聚氨酯是以异氰酸酯和聚醚/聚酯多元醉为主要原料，在发泡剂、催化剂、阻燃剂等多种助剂的作用下，通过专用设备混合，经高压发泡而成的高分子聚合物，主要分为软泡（Flexile PU）、硬泡（Rigid PU）、弹性体（PU Elastomers）等几种类型。

3.2　聚氨酯发泡材料

聚氨酯发泡材料是以异氰酸酯和聚醚/聚酯多元醇为主要原料，在发泡剂、催化剂、阻燃剂等多种助剂的作用下，通过专用设备混合，经高压发泡而成的高分子聚合物。

聚氨酯软泡为开孔结构，具有密度低、弹性回复好、吸声、透气、保温等性能，发挥的主要功能是缓冲，非常适合作为垫材材料，垫材也是软泡用量最大的应用领域，如床垫、沙发、座椅、枕头等；同时聚氨酯软泡也是理想的吸声材料，可以用来制成吸声棉。

聚氨酯硬泡是一种热固型塑料，为闭孔结构，具有保温与防水功能；导热系数低为0.022～0.1W/（m·K）相当于挤塑板的一半，是目前所有同一层次保温材料中导热系数最低的。聚氨酯硬泡主要用于建筑行业，如外墙保温板材、冷藏冷冻设备及冷库保温材料、管道保温材料等。

表1　不同材料的导热系数对比

材料	导热系数λ［W/（m·K）］
铝	160
钢	50
不锈钢	17
玻璃	1
硅胶	0.35
PA66+GF25%	0.35
GF+PU共挤	0.22
浇注式弹性体	0.12
聚氨酯硬泡（500kg/m^3）	0.074

3.3　聚氨酯弹性体

聚氨酯弹性体的运用同样十分广泛，从机械零件到轮胎，从防水材、胶带到合成革、聚酯纤维。它主要分为：

3.3.1　浇注型聚氨酯弹性体（CPU），是聚氨酯弹性体中应用最广、产量最大的一种，占聚氨酯弹性体总量的65%左右。其成型方便，将液状反应物注入模具中，经加热即可固化成形状复杂的制品，适合于大型制品的制造。它的应用很广，可用于合成革、防水铺装材料、体育跑道、建筑防水材料等。目前，浇注式断桥铝门窗型材中的断桥填充部分经常使用这种材料。

3.3.2　热塑型聚氨酯弹性体（TPU），又称热塑性聚氨酯橡胶，约占聚氨酯弹性体总量的25%左右。它加热可以塑化，使用溶剂可以溶解，具有高强度、高韧性、耐磨、耐油等优异的综合性能。加工性能好，广泛应用于国防、医疗、服装、食品等行业，可制造成为氨纶纤维、鞋垫、运动器材、电线电缆护套、消防服、玩具、覆膜材料等。

3.3.3 混炼型聚氨酯弹性体（MPU），又称混炼型聚氨酯橡胶，约占聚氨酯弹性体总量的10%左右。它具有极高的机械强度和优良的耐化学药品性、耐油性。其在机械领域使用较多，在湿热环境和油性环境中发挥稳定作用，被制造成为如胶辊、密封圈、油封、轴承、衬套等机械零部件。

4 聚氨酯在节能门窗领域中的应用

4.1 浇注式断桥门窗料

浇注式断桥工艺：铝型材的隔热槽与浇注机的浇注头对齐，通过传带或其他传送机构使型材匀速直线经过浇注机的浇头下方，将液体隔热材料注到隔热槽内，经过特定时间段的固化后再进行切桥，最终形成断桥结构。

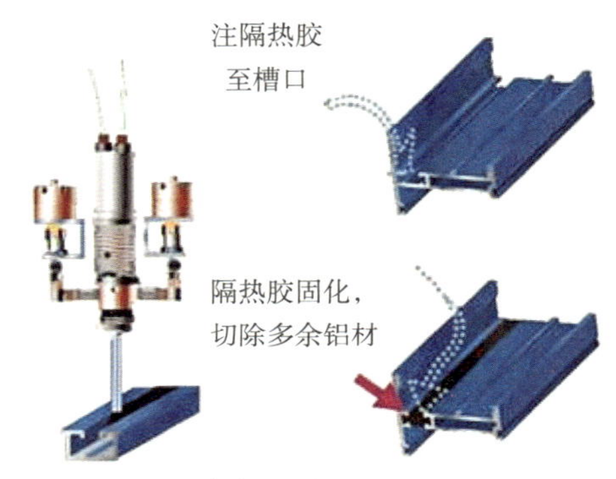

图2 浇注式断桥工艺

浇注式断桥门窗材料中的隔热弹性胶，具有高的拉伸强度，优良的弹性、耐磨性、耐油性和耐寒性，其导热系数达0.12 W/（K·m）。与相同级别的普通穿条式（穿条材料PA66）铝断桥料相比，无论是在工艺、材料成本还是隔热效果上都有明显的优势。

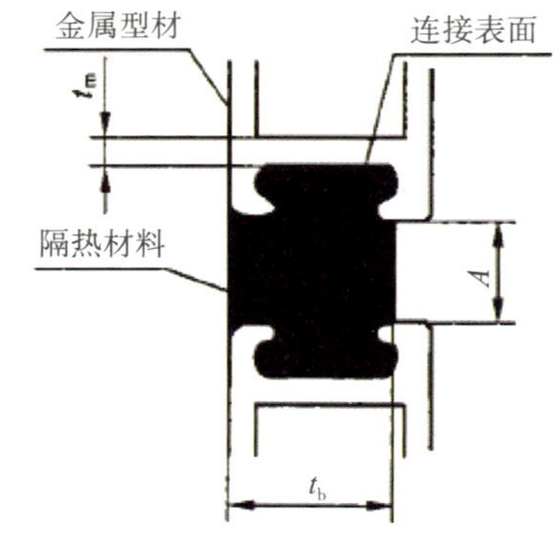

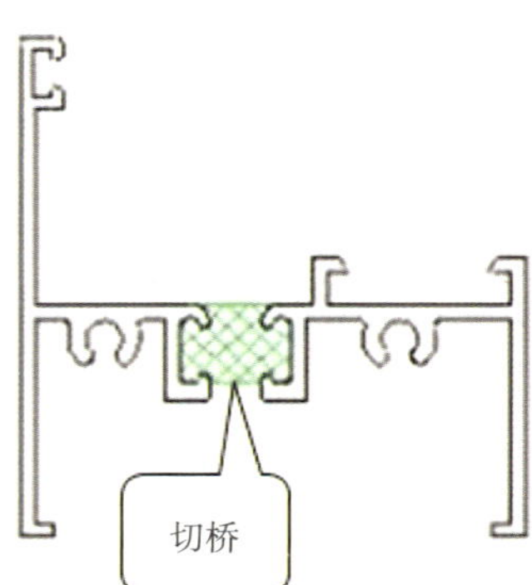

图3 浇注式断桥门窗

4.2 聚氨酯与玻璃纤维拉挤成型门窗材料

玻璃纤维与聚氨酯共挤的复合材料是以无纺玻璃纤维为增强相，聚氨酯为基体，通过拉挤工艺（图4）成型的。通过不断改进，使聚氨酯室温胶凝时间延长至30min以上，这种条件下在较高温度下仍可保持很快的固化速度，单向拉挤线速度可达1.8m^3/min。

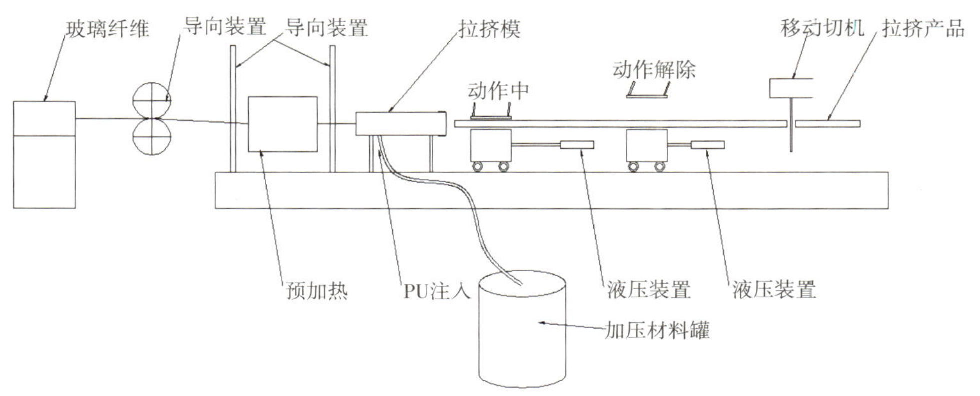

图4　拉挤工艺

材料的导热系数0.22 W/（K·m），门窗料的传热系数1.0 ~ 1.5 W/（K·m^2），配合三玻两腔中空玻璃整窗传热系数1.0 ~ 2.0 W/（K·m^2），这种窗框比铝、木和塑料窗框好很多。具有优良的胀缩性能，可耐受各种气候条件，从北极严寒到海港酷热及海边潮湿。可经涂漆或后加工而形成木质外观（图5）。

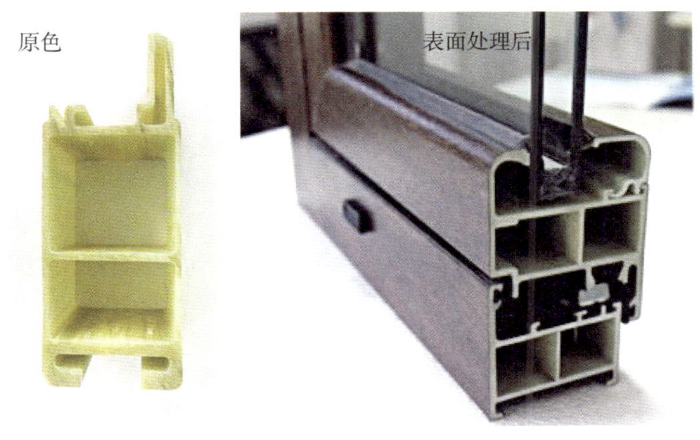

图5　木质外观的窗框

4.3 聚氨酯硬泡材料WG75 聚氨酯隔热铝合金门窗材料

聚氨酯隔热铝合金是以聚氨酯硬泡（MDI）为核心，以欧洲节能门窗结构为基础设计的新一代聚氨酯铝合金节能门窗材料。

4.3.1 双层结构，更贴近客户要求

WG75聚氨酯隔热铝合金材料采用双层结构设计，如图6所示。

（1）外型材：铝材6063-T5，表面可以采用不同的处理方式：粉末喷涂、氟碳喷涂、木纹转印、阳极氧化等，适应不同客户的需求。

（2）内型材：铝材6063-T5，阳极氧化。

（3）聚氨酯硬泡内核是有机高分子材料，具有重量轻、隔热好、易成形、吸声、阻燃、憎水、耐老化等性能。

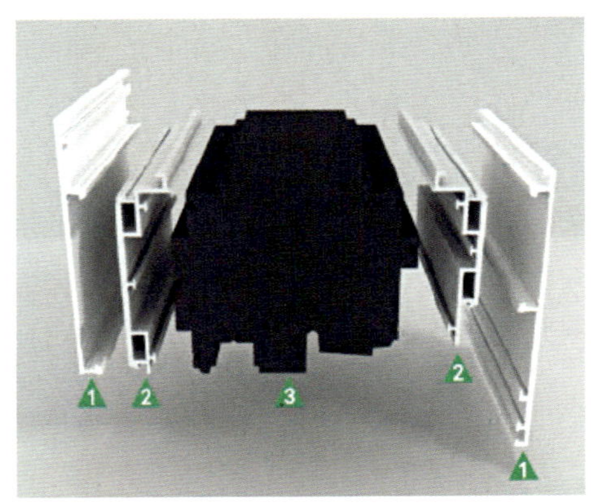

图6 双层结构

4.3.2 结构合理，充分利用热工及门窗设计原理

（1）三层密封条：形成两密闭腔体，阻断水流与气流，带来更低U值；

（2）更小空气腔：带来更低U值；

（3）玻璃密封胶：阻隔水流及气流；

（4）导水通道：引导雨水流出；

（5）中部密封条：空气腔中的关键，阻隔水流及气流。

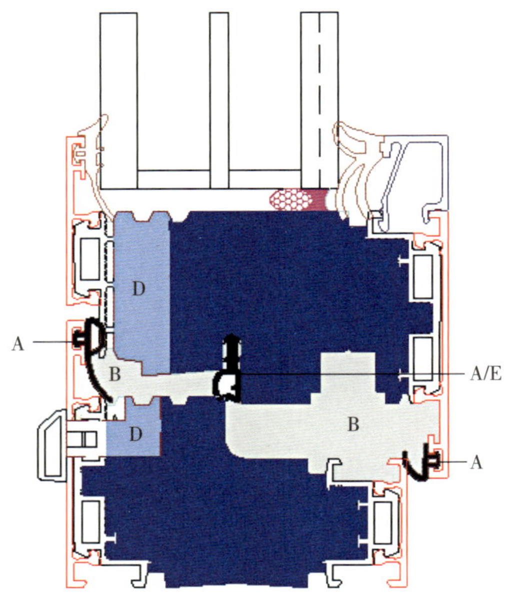

图7 设计原理

4.3.3 优良的物化性能

温格润聚氨酯铝合金材料是一种硬泡热固性塑料（500kg/m^3），其主要物化性能如表2。

表2 聚氨酯铝合金材料物化性能

序号	物化指标	性能	单位	备注
1	硬度	≥65	Shore D	ASTM D2240
2	抗压强度（23℃）	≥13	MPa	ASTM D1621（GB8813）
3	抗拉强度（23℃）	≥10	MPa	ASTM D1623（GB/T8812）
4	导热系数（23℃）	0.074	W/（m·K）	ASTM C518（GB/T 10295-2008）
5	框传热系数	0.96	W/（m^2·K）	GB/T 8484-2008 appendix F
6	闭孔率	>90	%	ASTM D2856（GB10799）
7	吸水率	0.19	%	ASTM 2842（GB/Z228）

4.3.4 WG75聚氨酯隔热铝合金窗热模拟等温线及热流图像

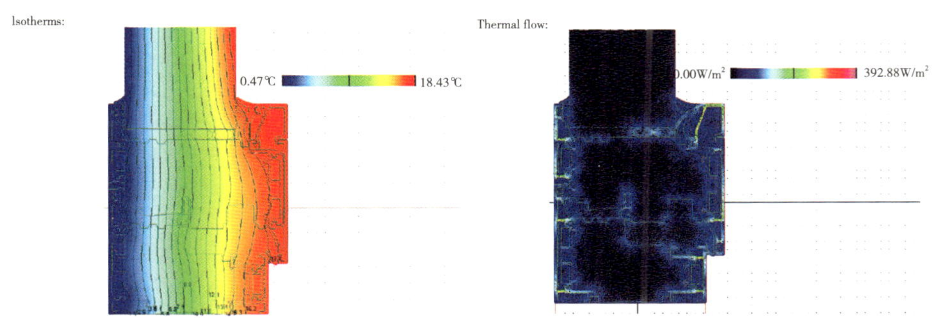

图8 聚氨酯铝合金材料模拟等温线及热流图像

4.3.5 优良整窗性能

表3 整窗性能

序号	门窗指标	测试值
1	*U*值	0.88 W/（K·m^2）
2	水密性	6级

续表

序号	门窗指标	测试值
3	气密性	8级
4	抗风压	9级
5	隔声量	≥35 dB
6	整窗传热系数分级	10级

4.4 不同材质的门窗隔热性能K值对比

以固定窗 1200（高*H*）×800（宽*W*）为基础，以CALUWIN热工软件理论计算，仅作参考。

表4 热工计算

玻璃配置	玻璃厚度	玻璃*K*值	透光率	*G*值	玻璃边条	普通铝窗框*K*值	断桥铝窗框*K*值	木窗框*K*值	PU+GF拉挤框*K*值	PU硬泡框*K*值
					W/（K·m²）					
	mm	W/(K·m²)			0.03	6.70	3.50	1.80	1.50	0.96
6+12A+6low-e	24	1.7	78%	63%	0.03	3.80	2.50	1.80	1.70	1.50
6+16A+6low-e	28	1.1	82%	64%	0.03	3.50	2.20	1.50	1.40	1.10
6low-e+12A+6+18A+6low-e	48	0.9	69%	50%	0.03	3.4	2.1	1.4	1.2	1
6low-e+16A+6+18A+6low-e	52	0.7	70%	51%	0.03	3.2	1.9	1.2	1.1	0.9

随着国家节能减排政策的深化以及被动式建筑理念的进一步推广，在建筑节能领域对节能环保的要求会进一步提升，也会促使节能门窗领域技术人员对门窗的结构进一步优化。不管是聚氨酯弹性体门窗材料、玻纤与聚氨酯共挤门窗材料，还是温格润聚氨酯铝合金材料，在与相同水平的门窗材料相比中都体现出极大的优势，将会促使聚氨酯发泡材料推陈出新，使用新的技术，推进该材料在节能门窗领域走得更远。

5 回收再利用

聚氨酯隔热型材中的聚氨酯硬泡材料，可进行回收再利用。

回收技术可分为两种：

5.1 物理回收法

物理回收技术是采用粘结加压成型、作填料、挤出成型等。该方法简单易行，也比较成熟，但回收的材料目前只适合制作低档产品，老化也快。

5.2 化学回收法

化学回收就是在一定条件下采用醇解、水解、碱解、热解的方法把软质聚氨酯泡沫中的氨基甲酸酯基和脲基断裂，分解成多元醇及芳香族胺、二氧化碳等，然后通过蒸馏等设备，将分解的物质进行分离，达到回收的目的。化学回收法技术工艺相对复杂，成本相对较高，工业化成熟较晚，仍在不断地推新中，但最终回收的泡沫性能较好。

参考文献

[1] 铝合金建筑型材GB 5237.6–2012，第6部分：隔热型材.

[2] 聚氨酯突破性用于节能型门窗材料——聚氨酯胶黏性技术.

[3] 聚氨酯泡沫用途简介及分析.

[4] 玻璃纤维，2009第2期.

[5] 玻纤增强聚氨酯节能门窗–16CJ65–1 图集.

工程案例

南通三建超低能耗装配式专家公寓楼示范工程

1 项目概况

南通三建超低能耗装配式专家公寓楼示范工程位于南通三建被动式超低能耗绿色建筑产业园区内，占地约为545.98 m^2，总建筑面积为2311.94m^2，地上4层。

图1 项目实景图

本项目集被动式超低能耗绿色建筑技术、装配式建筑技术、智慧建筑技术于一体，全过程应用BIM技术，成功列入“住建部2018年科学技术项目计划”，同时该项目被列为“十三五国家重点研发计划绿色建筑及建筑工业化重点专项科技示范工程”。本示范工程具有绿色节能、健康舒适、智能智慧等诸多优点，中国工程院董石麟、肖绪文院士先后到产业园调研指导，对该项目给予高度评价，董石麟院士专门题词“中国好房子”。

表1 江苏南通三建研发中心楼建设责任主体单位

项目名称	南通三建超低能耗装配式专家公寓楼示范工程
项目地址	江苏省海门市悦来镇新城西路69号
建设单位	康博达节能科技有限公司
设计单位	南京长江都市建筑设计股份有限公司
施工单位	浩嘉恒业建设发展有限公司
咨询单位	住房和城乡建设部科技与产业化发展中心（CSTC）

2 建筑技术方案

2.1 装配式技术

采用通用性装配整体式剪力墙技术体系，同时将被动房技术与装配式技术相结合，实现主体结构装配化、外墙板装饰、保温、承重一体化，提高建造质量和建造效率；装配式设计的基础是建筑标准化，户型平面设计采用模数化、模块化拼装，实现构件“少规格多组合”，降低建造成本。

2.1.1 预制装配式混凝土构件应用情况

表2 预制构件比例统计表

<table>
<tr><th colspan="3">技术配置选项</th><th>本项目实施比例</th></tr>
<tr><td>竖向结构构件</td><td colspan="2">预制剪力墙</td><td>48.3%</td></tr>
<tr><td rowspan="5">水平结构构件</td><td colspan="2">预制叠合梁</td><td>75.5%</td></tr>
<tr><td colspan="2">叠合楼板</td><td>85.2%</td></tr>
<tr><td colspan="2">预制阳台板</td><td>100%</td></tr>
<tr><td colspan="2">预制设备平台</td><td>100%</td></tr>
<tr><td colspan="2">预制楼梯</td><td>100%</td></tr>
<tr><td>屋面结构</td><td colspan="2">钢结构屋面</td><td>100%</td></tr>
<tr><td rowspan="2">内围护构件</td><td>厨卫隔墙及分户墙</td><td>陶粒混凝土板</td><td rowspan="2">100%</td></tr>
<tr><td>户内隔墙</td><td>ALC板材</td></tr>
<tr><td colspan="3">成品栏杆</td><td>100%</td></tr>
<tr><td colspan="3">住宅部分土建装修一体化</td><td>100%</td></tr>
<tr><td colspan="3">预制率</td><td>53.3%</td></tr>
<tr><td colspan="3">装配率</td><td>83.5%</td></tr>
</table>

预制构件拼装模型如图2所示。

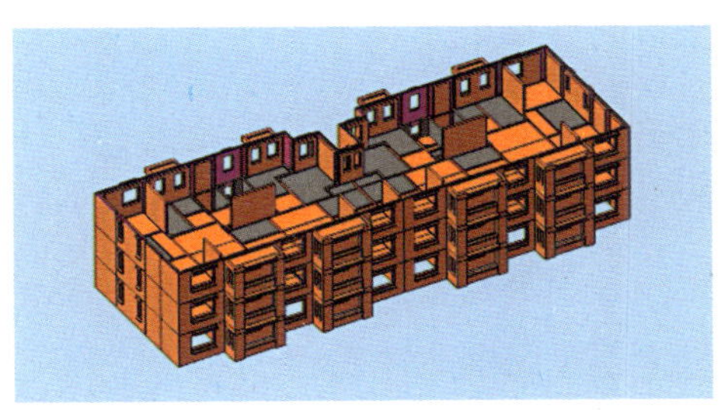

图2 预制构件拼装模型

2.1.2 竖向构件连接节点

预制剪力墙的竖向受力钢筋采用灌浆套筒连接，按照《装配式混凝土结构计算规程》JGJ1-2014的要求，对于剪力墙边缘构件的纵筋逐根连接，竖向分布钢筋采用间隔连接，连接分布钢筋的套筒数量减少50%以上，方便施工操作；同层相邻的预制剪力墙之间以及预制墙板与现浇剪力墙之间的连接采用竖向现浇段整体连接，利用预制剪力墙端部预留的锚固钢筋与竖向墙体现浇段钢筋进行绑扎连接。竖向构件连接节点的竖向构造和水平构造分别如图3、图4所示。

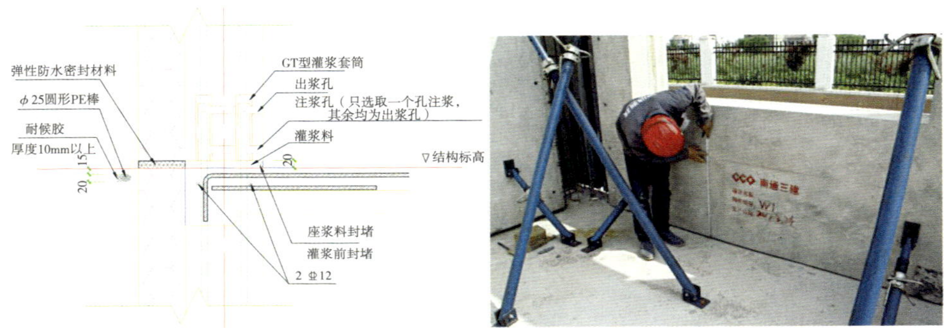

图3 剪力墙竖向钢筋连接节点构造

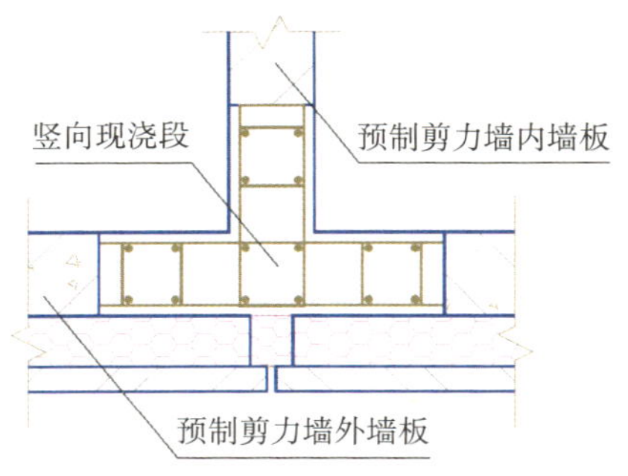

图4 相邻剪力墙水平向连接节点构造

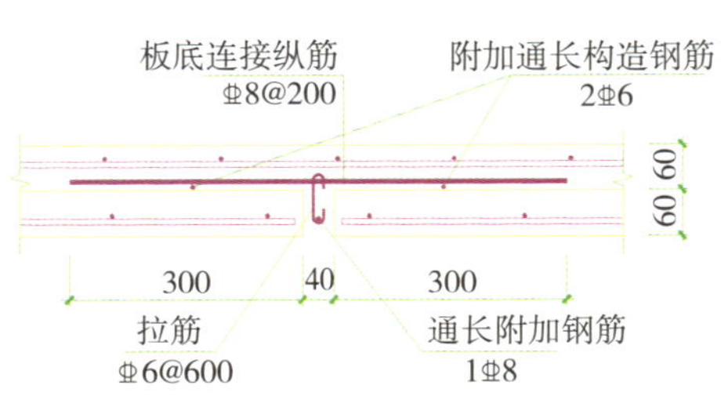

图5 预制叠合板拼缝部位构造详图

2.1.3 水平构件连接节点

叠合板采用密拼方式连接，预制板厚度为60mm，叠合板现浇层厚度为60mm，叠合板拼缝处设置附加构造钢筋，如图5所示。

2.1.4 预制混凝土剪力墙夹心保温外墙板

由于本工程按照被动式超低能耗建筑技术进行设计，根据长三角地区夏热冬冷的气候特点，其外墙保温层采用厚度为120mm的EPS保温板，预制混凝土剪力墙采用夹心保温构造，由于夹心保温层厚度是普通预制混凝土剪力墙夹心保温厚度的2~3倍，因此连接外页板和内页板的拉结件也不同于普通的夹心保温预制剪力墙的拉结件。本示范工程采用哈芬墙板拉结件，如图6、图7所示。

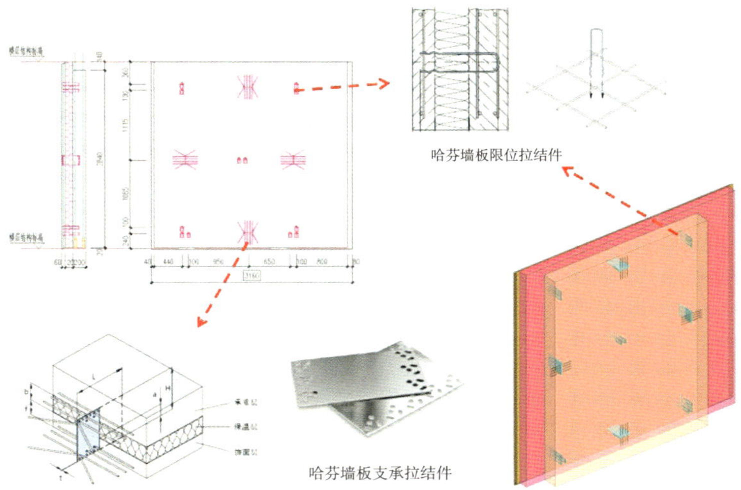

图6 预制剪力墙外墙板哈芬拉结件构造详图

图7 预制剪力墙外墙板构造实景图

2.1.5 外门窗洞口防热桥节点

外门窗与预制混凝土外墙板的连接部位采用了防热桥设计，外门窗上口及下口的防热桥节点构造分别如图8、图9所示。

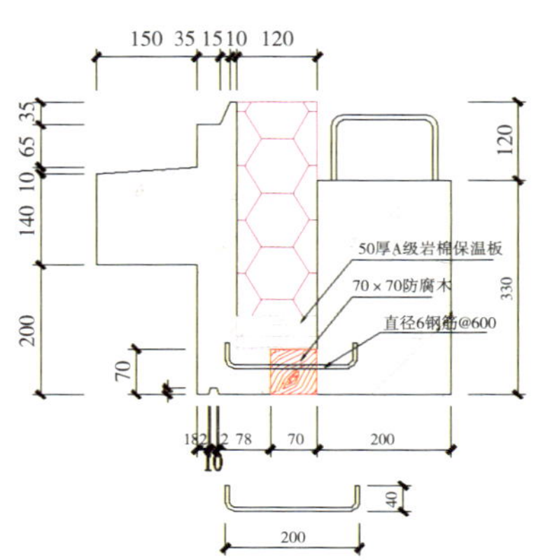

图8　外门窗上口防热桥构造详图

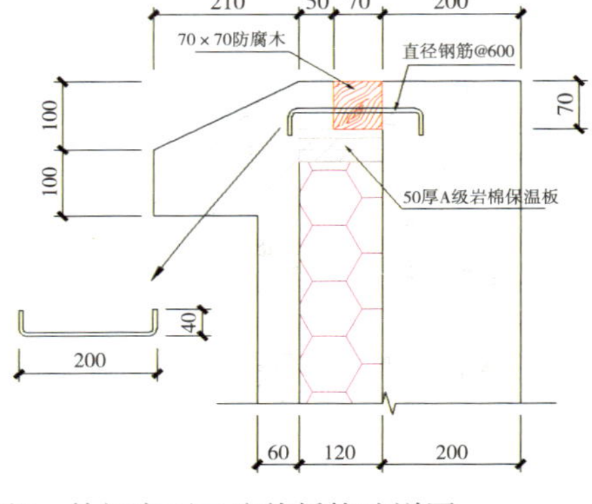

图9　外门窗下口防热桥构造详图

2.2　被动式建筑技术

根据夏热冬冷地区夏季闷热、冬季湿冷的气候特点，结合居民习惯自然通风改善室内热环境的生活方式，通过保温隔热性能和气密性更高的围护结构，采用高效新风热回收技术，最大限度地降低建筑供暖供冷需求，并充分利用可再生能源，以更少的能源消耗提供舒适的室内环境并能满足绿色建筑的基本要求。

2.2.1　围护结构节能技术

表3　外围护结构传热系数表

部位	传热系数*K*（W/㎡·K）
外墙	0.29
坡屋面	0.19
地面	0.356
外门窗	1.0

2.2.2　建筑节能指标

表4　建筑全年能耗控制指标

	设计建筑	限值
采暖空调耗电量指标（kWh/m²）	10.17	22.40
采暖耗电量指标（kWh/m²）	7.14	10.40

续表

	设计建筑	限值
空调耗电量指标（kWh/m²）	3.03	12.00
采暖空调耗冷量指标（W/m²）	18.46	88.00
采暖耗热量指标（W/m²）	10.47	48.00
空调耗冷量指标（W/m²）	7.99	40.00
节能率	**84.11%**	**65%**
标准依据	《江苏省居住建筑热环境和节能设计标准》（DGJ32/J 71–2014）第3.2.1、3.2.2条	
标准要求	设计建筑的采暖空调耗电量不应大于给定的限值	
结论	满足	

2.2.3 主要节点构造

1．屋面

本工程屋面采用四坡轻钢结构，下设钢筋混凝土平屋面，在坡屋面与平屋面之间形成空气层，传热系数控制在 0.25 以内，加厚了保温做法，采用150mm模塑EPS保温板，如图10所示。

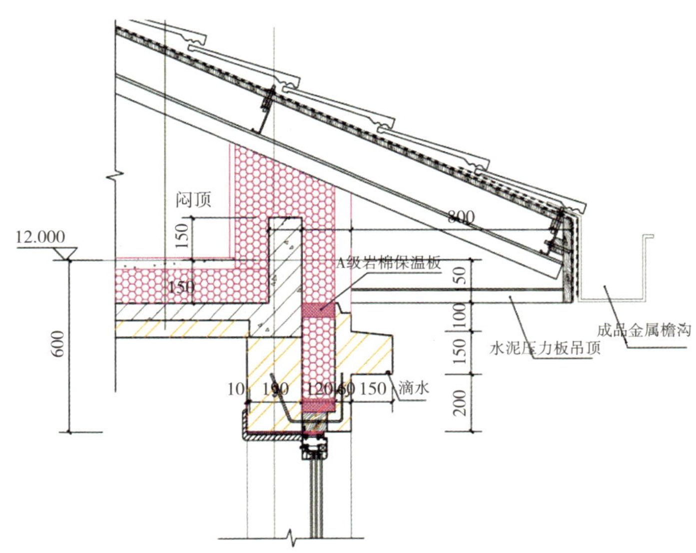

图10 屋面做法详图

2．地面、楼面

一层采用架空地面，架空层内回填土比室外地坪高100mm，在保温层上面覆盖一层隔汽薄膜作为水蒸气的阻隔层。在有效解决室内地坪积水问题的

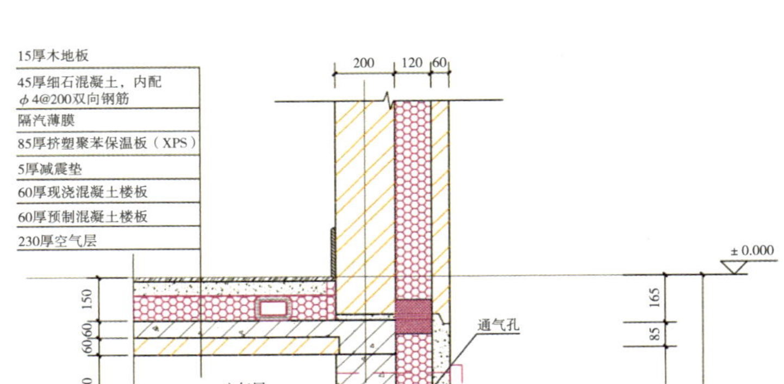

图11　架空地面隔声保温构造做法详图

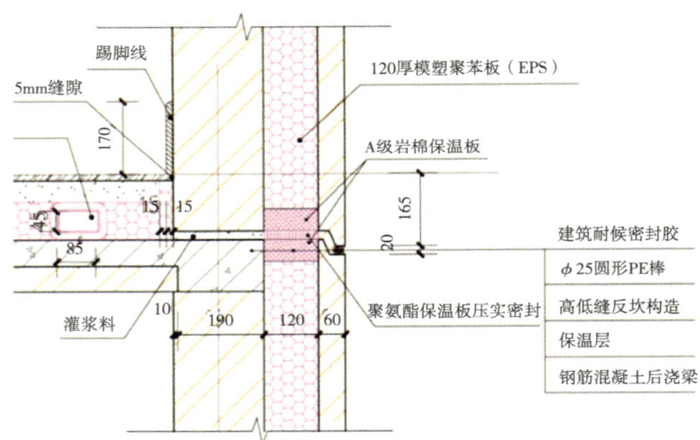

图12　外墙保温构造做法详图

前提下，利用架空层外墙开设通气孔，保证空气层内自然通风。此外，为了保证楼面和地面的隔声及保温性能，在每层楼板采用 5mm 厚隔声减震垫和 85mm 厚挤塑聚苯保温板，隔声性能达到了昼间≤40dB，夜间≤30dB 的要求。

3．外墙

外墙保温采用200厚预制混凝土墙+120厚模塑聚苯保温板+60厚混凝土外页板，预制外墙构件的水平缝采用聚氨酯保温板进行压实密封；竖向缝填塞A级岩棉保温板，外侧采用防水密封胶进行封堵；外墙保温连接件采用断热桥保温连接件；管道穿外墙部位预留套管及足够的保温间隙，并进行防水和气密性处理。

4. 外窗及外门

外门及外窗采用了符合被动房气密性、隔声性、水密性、抗风压性和传热系数等技术指标要求的专用外门窗。在建筑东、南、西三侧的外墙窗户安装了全自动控制的电动遮阳百叶窗帘，可以根据气候及太阳高度角、太阳光线的强度等来自动调节百叶窗帘的升、降及百叶的角度，夏季能遮挡50%以上的太阳光，加上LOW-E玻璃本身的遮阳效率（遮阳系数0.87），能大大减少太阳光对室内的热辐射和眩光影响。

3 关键产品和材料

该项目的预制构件所用的石墨聚苯板由康博达节能有限公司提供，各项指标检测结果为：表现密度20kg/m^3，压缩强度0.15MPa，导热系数（平均温度25℃）0.037W/（m·K），尺寸稳定性（70℃，48h）-0.3%，水蒸气透过系数2.8ng/（Pa·m·s)，吸水率（体积分数）1.2%，熔结性（断裂弯曲负荷）45N，垂直于面板方向的抗拉强度0.32MPa。

本工程采用聚酯隔热铝合金三玻二腔一真空一中空窗户，内平开、上悬被动窗，玻璃采用5+20Ar+5（单银内充氩气，填充比例超过85%）Low-E+o.15V+5，边框采用75系列型材，玻璃传热系数0.7（W/m^2·K）；玻璃周边采用暖边间隔条，通过改善玻璃边缘的传热状况提高整窗的保温性能。

外窗的传热系数为1.0W/（m^2·K），透明部分的太阳能得热系数值为0.50，夏季外设有百叶活动遮阳，夏季得热系数为0.15。

外门采用被动门，型材采用断桥铝合金型材，玻璃采用普通三玻两中空玻璃［传热系数为k≤1.0W/（m^2·k）］，外门窗的性能等级气密性8级、水密性6级、抗风压性能9级。

建筑的东、西、南向采用外遮阳电动遮阳百叶窗帘，可以根据气候及太阳高度角、太阳光线的强度等来调节百叶窗帘的升、降及百叶的角度，夏季能遮挡50%以上的太阳光，加上LOW-E玻璃本身的遮阳效率（遮阳系数0.87），能大大减少太阳光对室内的热辐射和眩光影响。

住宅采用XKD-71D-300除霾抗菌全热回收新风空调一体机机组，每层每户独立设置，能够全自动调节室内二氧化碳浓度、空气湿度等。

表5 南通三建超低能耗装配式专家公寓楼项目关键产品和材料供应商

产品名称	关键产品材料供应商
石墨聚苯板	康博达节能科技有限公司
外窗系统	康博达节能科技有限公司
外窗型材	温格润节能门窗有限公司
外窗玻璃	青岛亨达玻璃科技有限公司
活动外遮阳	瑞士森科（南通）遮阳科技有限公司
暖通空调设备	万德福电子热控科技有限公司

4 设备技术方案

4.1 自然通风节能技术

整个住宅所有主要房间、楼梯间均考虑了自然通风，所需的窗户开启扇窗面积均满足规范面积要求，外窗的开启均为内开，开启面积占外窗总面积的 1/3 以上，满足自然通风要求，建筑南、北向布置，南向窗墙面积比大于 0.3，且采用内平开、内开内倒两种开启方式，便于组织室内穿堂风，改善室内空气品质。在过渡季利用自然通风，减少机械空调通风的使用。

4.2 高效热回收新风系统

1）新风量设计标准按每人每小时＞30m^{3}计算，单户按最大300m^3 / h新风

图13 1.5m高处风速矢量图

量计算，考虑家里新风需求突然增大。

2）所有户型均采用全热回收除霾抗菌新风空调一体机，带有新风、制冷、制热、除湿等功能。新风机组机芯膜采用高分子石墨烯纳米亲水膜，透水不透汽，高效回收显热，正常工况下，全热交换率达到82%以上。

风机均采用EC无极调速电机，可根据系统实际需求风量大小来调节转速，降低风机转速，减少用电量。采用无极调速电机，其用电量比普通定频风机用电量可节省30%以上。

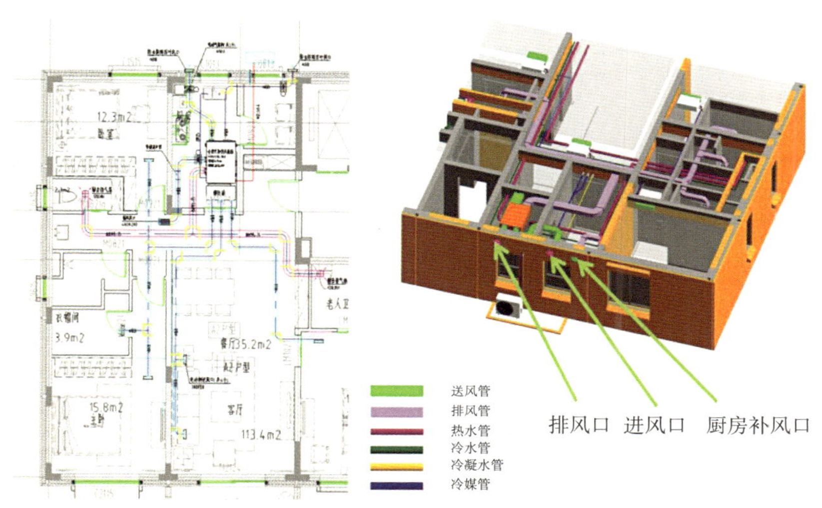

图14 高效新风热回收系统布置图

4.3 室内温度分区监测及控制系统

不同房间的温度调节通过调节电动送风阀来实现，各个分区内由四合一传感器检测该区域温度值，当检测值与温度设定值（可在四合一上设定）不一样时，机组会给信号风阀，然后风阀就根据信号开启，直到该分区满足使用的要求。

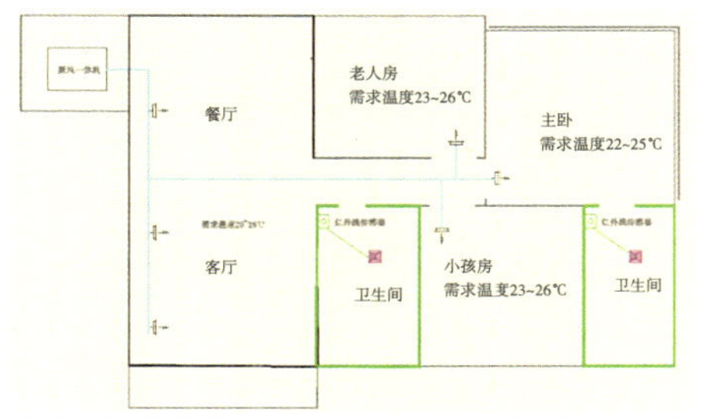

图15 室内温度传感器检测系统平面布置图

4.4 厨房和卫生间通风措施

厨房设置电动补风口进行补风，补风口和排油烟风机进行联动控制，达到节能设计要求。卫生间冷暖季采用机械排风，排风量 300 ~ 400m^3/h，排风热交换新风机组排出室外，新风换气机采用转轮换热装置；卫生间进门处装有红外线传感器，传感器与排气扇联动，当有人进入卫生间时，传感器感应到有人进入，给排气扇发出信号，排气扇自动开启，无需手动开启。

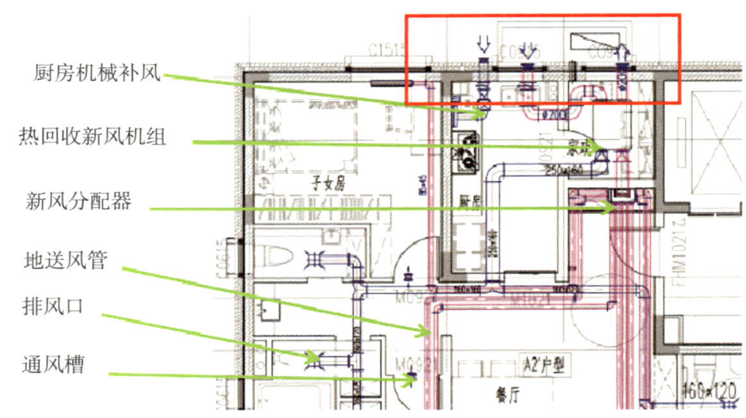

图16　空气流向图

4.5 太阳能热水系统

建筑阳台及卧室外侧采用壁挂式太阳能热水系统，提供建筑内50%的生活热水，无环境污染，无安全隐患，节约日常开支。

图17　壁挂太阳能热水效果

5 BIM建筑信息模型技术应用

5.1 设计阶段

在施工图设计阶段，各专业采用传统设计软件进行本专业的施工图设计；在深化设计阶段，全面引入BIM建筑信息模型技术，利用BIM建模软件

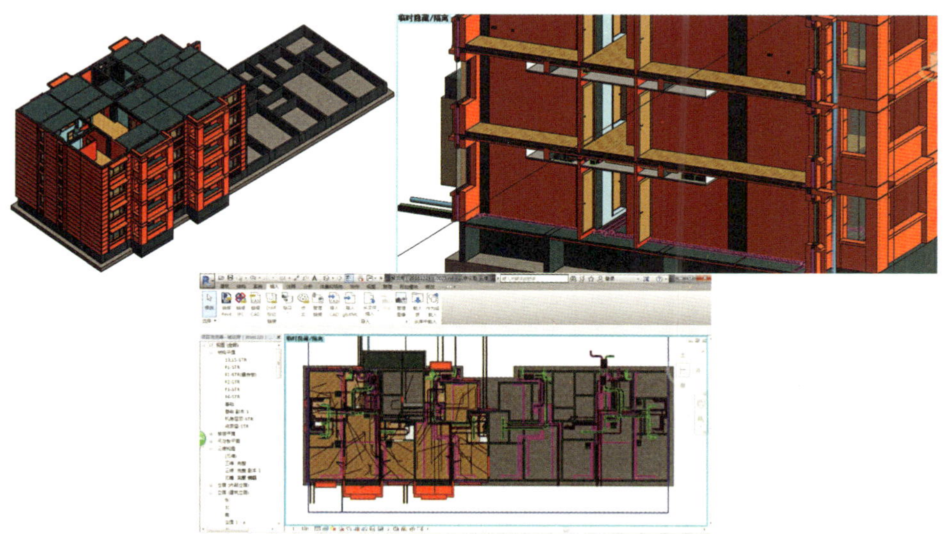

图18　深化设计阶段的BIM技术应用

建立各专业的三维数据模型并进行模拟拼装，及时发现了各专业之间所隐藏的碰撞、疏漏及错误，通过方案优化，形成构件的生产深化图。利用BIM技术，成功地避免了因设计失误给生产及施工带来的风险，使预制构件与现浇结构之间的机电管线实现了完美对接，保证了工程的施工质量。

5.2　生产阶段

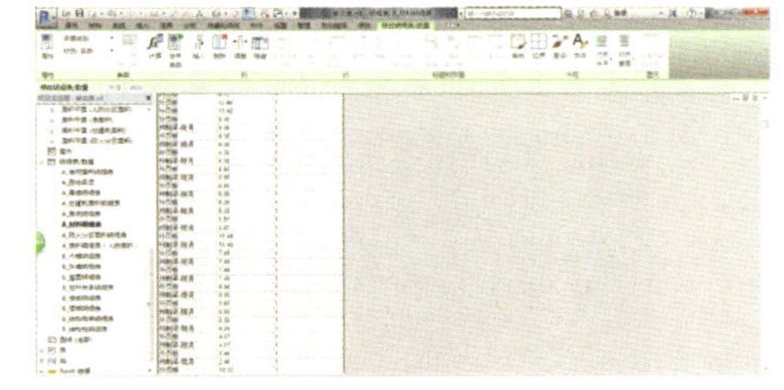

图19　构件材料用量信息表

利用BIM模型，在构件生产前导出模具、材料、设备、人工等需用量数据信息，预制工厂据此进行了构件加工信息汇总统计，制定了构件生产计划，建立了人工、材料和生产设备的进场供应计划，保证了工程施工的顺利进行。

5.3　施工阶段

（1）施工前准备阶段，利用BIM技术建立施工现场的空间和时间四维模型。根据项目施工不同施工阶段时间节点和空间特征，对项目整体施工过程

图20　项目施工动态模拟

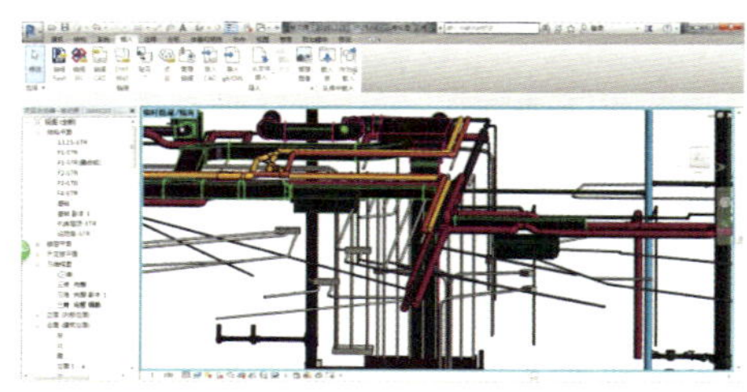
图21　利用BIM技术实现施工过程可视化

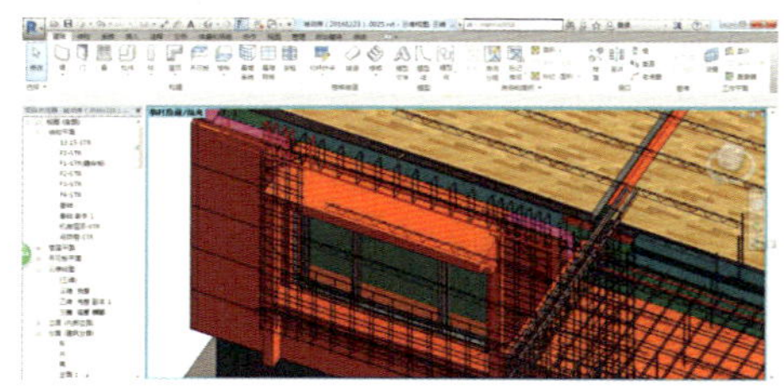
图22　利用BIM技术实现构件信息可视化

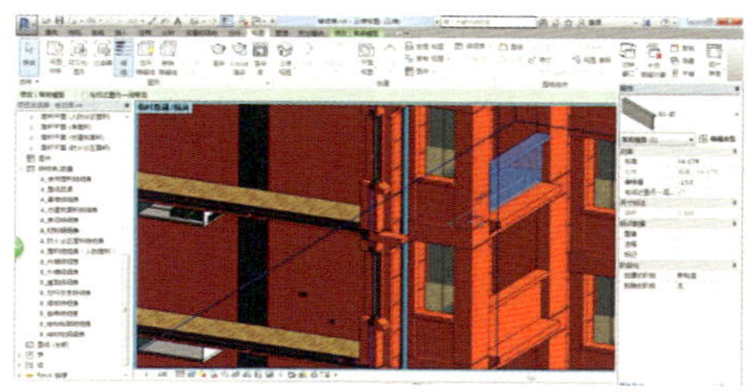
图23　预制构件的数据信息查询

进行模拟，科学合理地组织材料进场、堆放、机械设备及劳动力的进场和供应，使项目资源分配达到了合理的利用和优化。

（2）施工过程阶段，利用BIM可视化及4D模拟技术进行施工进度及工序优化。通过BIM可视化及4D模拟技术，方便管理人员及时地了解项目施工的动态信息，便于发现和减少各工种之间的干扰和制约，并及时采取纠正和改进措施，保证项目施工的顺利有序进行。

（3）施工完成后，利用BIM可视化技术可以重现项目的施工过程，为日后同类工程的施工过程控制和管理提供借鉴和数据支撑。

5.4　使用和管理阶段

在构件生产时，利用BIM模型建立构件的电子信息档案，记录构件的型号、使用部位、成型日期、几何尺寸、混凝土强度等级、配筋、预留洞口及预留管线等信息，为构件的堆放、运输、吊装、验收和物业维护管理等环节提供数据信息支持，有利于应用物联网技术对构件信息收集和质量追溯。

6　定型装配化全装修技术应用

本工程采用工业化室内全装修设计，遵循一体化、集成化、通用化、工厂化、装配化的原则，采用整体式厨房、成品木地板以及成品套装门，提高成品住宅的装配率，较大程度实现室内全装修工业化。在竣工交付前，室内所有功能空间及固定面、管线全部施工完成，套内水、电、卫生间等日常基本配套设备部品完备。通过一体化设计、配套化部品、专业化施工、系统化管理，实现工业化建筑内装功能、安全、美观和经济的协调统一。户型从动线设计、功能设计、光环境设计及材料选择上都充分考虑老年人使用的特殊性。尽量采用暖色调家具及饰品，符合老年人审美观，保证老年人生活的安全性、便利性及舒适性。

图24　整体式厨房装修效果

图25　整体式卫生间装修效果图

7　智慧家居技术

7.1　智慧家居技术架构

本工程智慧家居技术系统是一个综合性的系统，覆盖照明、遮阳、供暖与空气源热泵、影音娱乐、安防系统等各种日常生活功能需求，可以让用户通过多种方式控制和管理系统的设备，也可以在传感器和逻辑模块的作用下，自动执行各种任务，给用户带来全方位的智能生活体验。

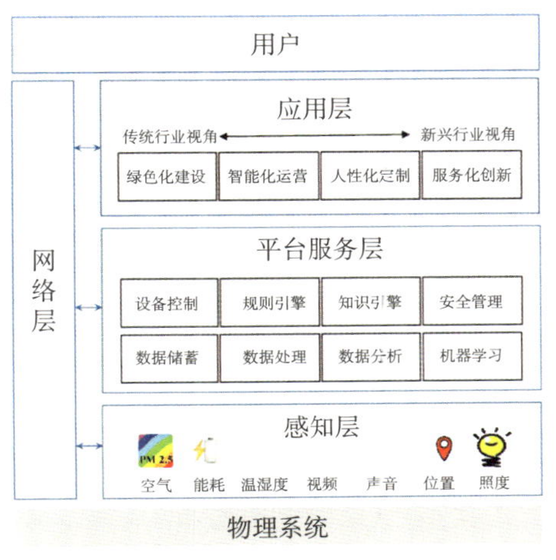

图26　技术架构图

7.2　智慧家居系统

智能家居设计方案涵盖了智能语音控制系统、智能照明系统、电动窗帘系统、背景音乐系统、暖通控制系统、智能家电控制系统、安防报警系统、智能门锁系统、视频监控系统、环境感知系统等，并最终利用先进的计算机技术、网络通信及现代控制技术作为核心，把建筑内的所有系统和设备有机地整合为一体，进行远程控制或定时控制和管理，从而创造出舒适、便捷、安全、节能的居住环境。

图27　室内智慧家居系统布置图

7.3　智慧家居功能模块

7.3.1　智能服务机器人控制系统

智能服务机器人控制整个智慧家居系统，能够与人类进行语音的交互，具备深度学习功能，可通过用户的使用，掌握用户独有的生活习惯等数据，在下一次用户有需求的时候机器人就可以主动地为用户完成操作任务。此外在语音操控的基础上，运用最新的人工智能系统，并打通互通互

图28　智能家居服务机器人

联互控平台，可以控制家电、监护家庭、视频通话聊天、百科知识学习，实现人机交互的全新体验。它重新定义了万物互联时代的人机交互标准，未来将成为每个家庭的智能新成员。

7.3.2 室内温度与环境远程控制系统

本系统可以通过手机提前开启空调，回到家便可以享受到舒适的温度，能够根据室内的空气质量自动运行新风系统，控制地暖、空调、空气质量，保证家人的健康。

图29 室内温度与环境远程控制系统

7.3.3 安全与安防系统

本系统可以实现智能警报，发生意外的时候，系统可以触发警报并且向制定的联系人发送报告信息。安防监控系统，用户可以通过手机查看监控摄像头的实时画面；智能门锁系统，智能门锁可以有多种解锁方式，帮助用户实时了解家人的出入情况，遇到危险时，还可以在正常开门的同时，向制定的联系人发送求助信息；场景模拟系统，模拟有人在家时电器的使用场景，防止入室盗窃。

图30 智能门锁系统

7.3.4 智能照明系统

该项目智慧建筑系统可以连接各

图31　智能照明系统

种类型的电灯，实现开关控制、调节亮度、环境灯光控制等智能照明功能，让灯光的控制变得更加简单、便捷。

7.3.5　影音娱乐系统

把音乐、电视以及家庭影院连接到系统，在一个界面上控制家里所有的影音娱乐设备，背景音乐系统可以播放多种格式的输入源文件，手机也可以控制电视和家庭影院。

7.3.6　场景控制

用户可以创建多种场景，一键控制多个电器设备，快速地为各种活动创造最佳的气氛，包括用餐模式、聚会模式、电视模式、晚安模式、浪漫模式、离家模式、回家模式。

8　专家点评

预制装配式建筑技术和被动式超低能耗建筑技术是未来建筑的两大方向，实际上也是一个现代绿色建筑问题的两个主要方面、两大主要特征。最终二者必然协同并进，达到和谐与有机的统一。

本项目是夏热冬冷地区首栋将装配式技术与被动式超低能耗技术相结合的示范项目，集研究与工程化应用于一体，对促进建筑行业转型和节能减排具有较高的示范意义。该项目技术研究成果，能够适应从多层到高层各种类型的建筑，必将具有广泛的应用前景。

烟台市建城丽都居住区E地块幼儿园

烟台市建城丽都居住区E地块幼儿园是由政府投资建设的烟台市自新中国成立以来最大的旧城改造项目内配套幼儿园，同时也是我国北方地区第一个中德合作被动式低能耗幼儿园示范项目。项目位于山东省烟台市芝罘区，建设单位为烟台市建城丽都实业发展有限责任公司。该项目于2014年4月申报并列入住房和城乡建设部国际科技合作项目，以及山东省被动式超低能耗绿色建筑示范项目。

2017年9月25日，德国能源署、住房和城乡建设部科技与产业化发展中心对该项目进行了现场质量验收，项目整体施工质量较好，满足中德合作被动式低能耗建筑的要求。2017年10月11日，第五届中德合作被动式低能耗建筑技术交流研讨会上，获得中德合作高能效建筑—被动式低能耗建筑质量标识。整个项目的设计、建造时间是2015年8月至2017年8月。

1　项目概况

烟台市建城丽都居住区E地块幼儿园位于山东省烟台市芝罘区，北至新石路，西南侧为自然山地，东至西炮台山南路。项目总建筑面积2426.48m^2，占地面积955.56m^2，地上三层，无地下室，建筑高度12.55m，体形系数0.33。东、南、西、北各朝向的窗墙比分别为0.34、0.39、0.34、0.30。建筑结构形式为框架结构，设计使用年限为50年，抗震设防烈度7度，基础采用钢筋混凝土独立基础。建筑耐火等级为二级，每层为一个防火分区。

建筑一层主要布置活动室、幼儿寝室、音体室、厨房、晨检室等，二、三层主要布置活动室、幼儿寝室、办公室等。幼儿园共设8个班级，共可容纳200余儿童。本项目通过被动式低能耗建筑设计，在保证儿童舒适的室内环境的前提下，大大降低了建筑能耗，在教育建筑节能方面具有重要的示范意义。

表1列出了烟台市建城丽都居住区E地块幼儿园项目的主要参建单位，图1为该项目的竣工图。

表1　烟台市建城丽都居住区E地块幼儿园项目主要参建单位

项目名称	烟台市建城丽都居住区E地块幼儿园
项目地址	山东省烟台市芝罘区南大街103-5号
建设单位	烟台市建城丽都实业发展有限责任公司
设计单位	烟台市建筑设计研究股份有限公司
施工单位	山东德信集团股份有限公司第五分公司
咨询单位	住房和城乡建设部科技与产业化发展中心（CSTID）德国能源署（dena）

图1　烟台市建城丽都居住区E地块幼儿园

2　建筑技术方案

2.1　建筑节能规划设计

烟台市建筑气候分区属于寒冷地区，气候特点属于温带季风气候，与同纬度内陆地区相比，具有雨水适中、空气湿润、气候温和的特点。烟台市年平均降水量524.9 mm，年平均气温13.4℃，年平均日照时数2488.9小时。

烟台市建城丽都居住区E地块幼儿园建筑总平面规划设计利于冬季日照利用，同时减少夏季得热；建筑的主体南向略呈折线型，主要房间朝向为南北向或接近南北向，主要房间避开了冬季主导风向（北向、东北向）和夏季最大日射朝向（西向）；过渡季及夏季采用南向可开启外窗自然通风，充分考虑了自然通风要求。

2.2 外围护结构做法

该项目地上三层以及闷顶层均属于被动式低能耗建筑技术处理范围，被动式低能耗建筑区域的建筑面积为2345.88 m^2。

建筑外墙外保温系统由系统供应商供应产品并进行施工。外墙采用岩棉系统，200mm厚加气混凝土砌块墙体外铺设250mm厚岩棉板。岩棉板为两层错缝铺设，两层岩棉分别为150mm厚和100mm厚。铺压两层玻纤网格布加以防护，采用断热桥锚栓固定，并配备窗口连接条、滴水线条、护角线条、预压防水密封带等系统配件，提高了外保温系统保温、防水和柔性连接的能力。外墙的传热系数达到0.15 W/（m^2・K）。

屋面采用300mm厚挤塑聚苯板作为保温层，屋面的传热系数达到0.10 W/（m^2・K）。该项目初期未合理设置隔汽层材料，导致需以较大密度安装屋面导汽管。后经专家组建议，项目组及时决策彻底整改屋面构造做法，实现了屋面防水保温系统方案。整改后屋面方案为，在屋面基层（钢筋混凝土屋面板、找坡层、找平层）上，自下至上依次铺设带有铝箔的隔汽卷材一道、保温层、SBS改性沥青防水卷材两道，并保证隔汽卷材、保温层、防水卷材三层之间为干作业施工，不采用含水分的材料，保温板的粘结采用聚氨酯胶粘剂。当屋面为上人屋面时，在防水卷材上方再铺设细石混凝土保护层、面层等。由于屋面防水保温系统需待屋面基层完全干透（含水率<9%）后再施工，并且屋面防水保温系统（隔汽层、保温层、防水层）内部也不含有水分，因此可取消大面积的导汽管措施，形成一个平整、开阔的屋面/露台。

该项目地面采用共计250mm厚挤塑聚苯板作为保温层，其中200mm厚挤塑

图2　露台屋面

图3　坡屋面施工过程

聚苯板铺设在钢筋混凝土楼板以下，50mm厚挤塑聚苯板铺设在钢筋混凝土楼板以上。地面的传热系数达到0.12 W/（m^2·K）。图4和图5给出了该项目外墙框架梁/柱首层地面处节点详图，图6给出了内墙首层地面处节点详图，图中红色填充部分显示了保温层的铺设位置和方式。图7为该项目的基础保温施工现场。

该项目基础采用钢筋混凝土独立基础，基础埋深1.3m，地面以下部分的

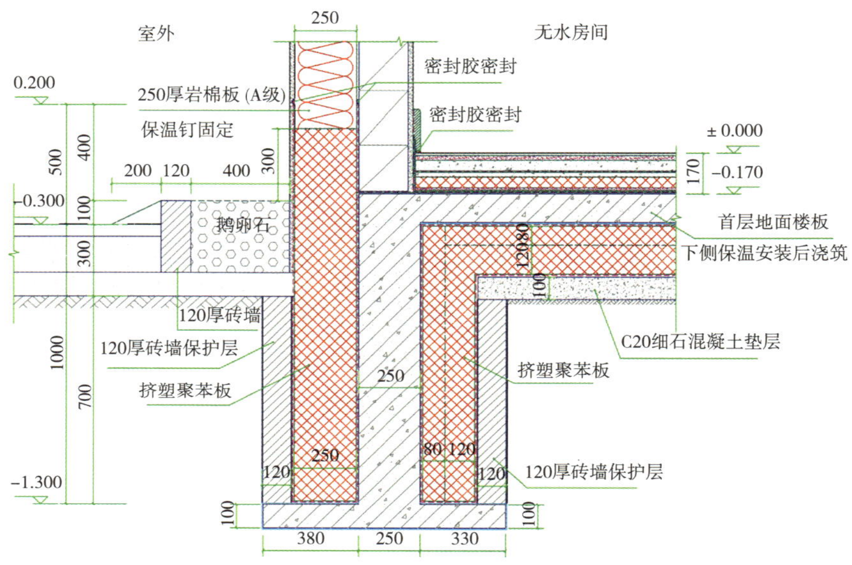

图4 外墙框架梁首层地面处节点详图

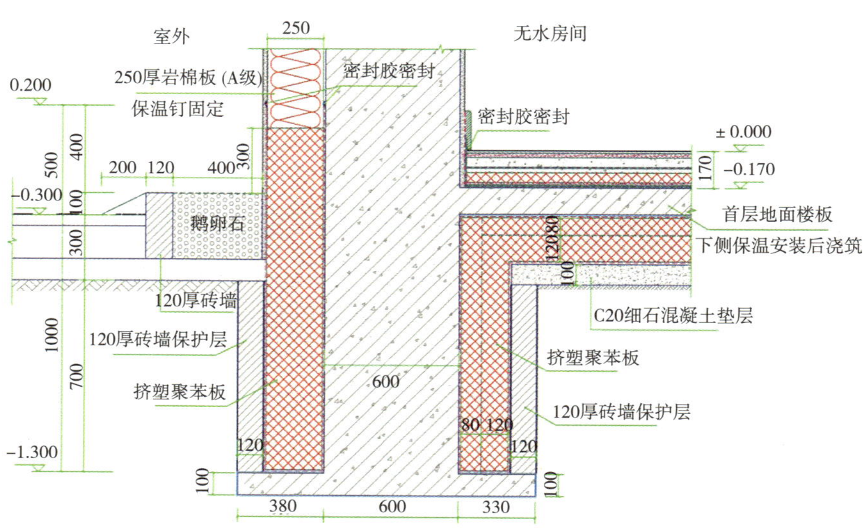

图5 外墙框架柱首层地面处节点详图

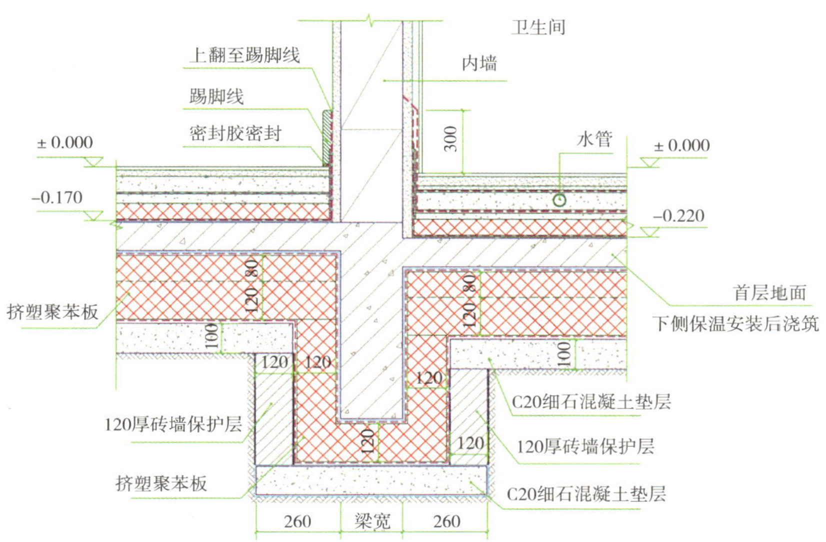

图6　内墙首层地面处节点详图

图7　基础保温施工现场

图8　连廊地梁保温施工

外墙框架梁/柱两侧均铺设挤塑聚苯板，并向下延续铺设至基础顶面。在两侧挤塑聚苯板保温层的外侧均砌筑120mm厚砖墙保护层，用以保护保温层上铺设的卷材防水层。首层地面保温主要铺设在首层地面楼板下侧，该楼板应待其下侧保温层铺设完毕后再行浇筑。

内墙下方下翻梁同样包覆挤塑聚苯板保温层，由于下翻梁梁高较小，梁的底面和两侧均需铺设保温材料，形成完整、闭合的保温构造。下翻梁两侧挤塑聚苯板保温层的外侧同样均砌筑120mm厚砖墙保护层，用以保护保温层上铺设的卷材防水层。

此外，该项目南向设计有外廊，由于外廊地梁与主体结构相连，为进行断热桥处理，地梁四周也包覆有保温材料，且保温的延伸长度为1m，如图8所示。

图9　外窗洞口内外侧密封处理

外门窗采用塑料型材，透明部分采用三玻两腔双Low-E中空充氩气玻璃，玻璃结构为5Low-E+16Ar+5+16Ar+5Low-E，暖边间隔条。整窗的传热系数达到0.80W/（m^2·K），玻璃的太阳能总透射比g值为0.507。外门窗均为外挂式安装，门窗洞口采用防水隔汽膜、防水透汽膜、预压膨胀密封带进行了密封处理，图9为该项目的外窗安装情况。

该项目南向部分外窗可利用宽大的外廊作为固定外遮阳；东向、西向及南向全部外窗均安装了可自动感应调节的活动外遮阳设施，夏季遮阳效果明显。活动外遮阳的外挂件与墙体之间进行了隔热处理，其穿透外墙外保温的位置进行了密封处理，控制装置的电线穿透外墙位置进行了气密性处理，如图10、图11所示。

表2、表3给出了该项目外围护结构的主要技术参数。

图10　活动外遮阳与外立面一体化设计

图11　活动外遮阳密封及防水处理

表2 烟台市建城丽都居住区E地块幼儿园项目非透明外围护结构主要技术参数

项目	围护类型	朝向	面积，m^2	K，W/(m^2·K)	热惰性指标D	围护材料	饰面材料	水蒸气透过率	太阳辐射吸收系数
北墙	外墙	北	573.66	0.15	7.74	250mm厚岩棉保温板，λ=0.038 W/（m·K）	真石漆	191 g/（m^2d）	0.75
东墙	外墙	东	309.64						
南墙	外墙	南	442.10						
西墙	外墙	西	354.67						
上人屋面	屋面	水平	132.69	0.10	7.2	300mm厚挤塑聚苯板，λ=0.028 W/（m·K）	地砖	—	0.70
不上人屋面	屋面	水平	901.32	0.10	5.86	300mm厚挤塑聚苯板，λ=0.028 W/（m·K）	红瓦	—	0.70
接触土壤的底板	周边地面	零	992.06	0.12	5.77	250mm厚挤塑聚苯板，λ=0.028 W/（m·K）	—	—	—

表3 烟台市建城丽都居住区E地块幼儿园项目透明外围护结构主要技术参数

名称	朝向	围护类型	窗型	宽度，m	高度，m	个数	总面积，m^2	玻璃/洞口面积比	K，W/(m^2·K)	g	围护材料	固定遮阳参数 水平遮阳		活动遮阳参数		
												l值	f值	类型	遮阳系数 夏季	遮阳系数 冬季
北不带外遮阳窗	北	外窗	—			1	148.50	0.77	0.80	0.507	塑料框，5mmLow-E+16Ar+5mm+16Ar+5mmLow-E，暖边间隔条	—	—	无	1	1
东不带固定外遮阳窗	东	外窗	—			1	28.08	0.75	0.80	0.507		—	—	外遮阳	0.44	1
东带固定外遮阳窗	东	外窗	BDM1527	1.5	2.7	1	4.05	0.77	0.80	0.507		1.20	0.35	无	1	1
东带固定外遮阳窗	东	外窗	BDC1521'	1.5	2.1	2	6.30	0.79	0.80	0.507		1.00	0.73	外遮阳	0.44	1
东带固定外遮阳窗	东	外窗	BDC1221'	1.2	2.1	1	2.52	0.76	0.80	0.507		1.00	0.73	外遮阳	0.44	1
东带固定外遮阳窗	东	外窗	BDC1821'	1.8	2.1	2	7.56	0.75	0.80	0.507		1.00	0.73	外遮阳	0.44	1

续表

名称	朝向	围护类型	窗型	宽度，m	高度，m	个数	总面积，m^2	玻璃/洞口面积比	K，W/（m^2·K）	g	围护材料	固定遮阳参数		活动遮阳参数		
												水平遮阳		类型	遮阳系数	
												l值	f值		夏季	冬季
南不带固定外遮阳窗	南	外窗	—			1	24.66	0.74	0.80	0.507	塑料框，5mmLow-E+16Ar+5mm+16Ar+5mmLow-E，暖边间隔条	—	—	外遮阳	0.44	1
南带固定外遮阳窗	南	外窗	BDC2121	2.1	2.1	4	17.64	0.77	0.80	0.507		1.05	0.40	外遮阳	0.44	1
南带固定外遮阳窗	南	外窗	BDC1521	1.5	2.1	6	18.90	0.79	0.80	0.507		1.05	0.40	外遮阳	0.44	1
南带固定外遮阳窗	南	外窗	BDMLC2227	2.2	2.7	1	5.94	0.77	0.80	0.507		3.00	1.00	无	1	1
南带固定外遮阳窗	南	外窗	BDMLC4027	4.0	2.7	1	10.80	0.82	0.80	0.507		3.00	1.00	无	1	1
南带固定外遮阳窗	南	外窗	BDC1518	1.5	1.8	2	5.40	0.77	0.80	0.507		3.00	1.00	外遮阳	0.44	1
南带固定外遮阳窗	南	外窗	BDC1509	1.5	0.9	1	1.35	0.80	0.80	0.507		1.05	0.40	外遮阳	0.44	1
南带固定外遮阳窗	南	外窗	BDC2121	2.1	2.1	4	17.64	0.77	0.80	0.507		1.05	0.40	外遮阳	0.44	1
南带固定外遮阳窗	南	外窗	BDC1521	1.5	2.1	6	18.90	0.79	0.80	0.507		1.05	0.40	外遮阳	0.44	1
南带固定外遮阳窗	南	外窗	BDM1227	1.2	2.7	1	3.24	0.73	0.80	0.507		3.40	0.49	无	1	1
南带固定外遮阳窗	南	外窗	BDC1521	1.5	2.1	2	6.30	0.79	0.80	0.507		3.40	0.49	外遮阳	0.44	1
南带固定外遮阳窗	南	外窗	BDC1821	1.8	2.1	2	7.56	0.75	0.80	0.507		3.40	0.49	外遮阳	0.44	1

续表

名称	朝向	围护类型	窗型	宽度，m	高度，m	个数	总面积，m^2	玻璃/洞口面积比	K，W/（m^2·K）	g	围护材料	固定遮阳参数		活动遮阳参数		
												水平遮阳		类型	遮阳系数	
												l值	f值		夏季	冬季
南带固定外遮阳窗	南	外窗	BDC1221	1.2	2.1	1	2.52	0.76	0.80	0.507	塑料框，5mmLow-E+16Ar+5mm+16Ar+5mmLow-E，暖边间隔条	3.40	0.49	外遮阳	0.44	1
南带固定外遮阳窗	南	外窗	BDC1524	1.5	2.4	10	36.00	0.80	0.80	0.507		1.00	0.73	外遮阳	0.44	1
南带固定外遮阳窗	南	外窗	BDC2124	2.1	2.4	4	20.16	0.79	0.80	0.507		1.00	0.73	外遮阳	0.44	1
南带固定外遮阳窗	南	外窗	BDM1230	1.2	3.0	1	3.60	0.73	0.80	0.507		1.00	0.73	无	1	1
南带固定外遮阳窗	南	外窗	BDC1824	1.8	2.4	2	8.64	0.77	0.80	0.507		1.00	0.73	外遮阳	0.44	1
南带固定外遮阳窗	南	外窗	BDC1224	1.2	2.4	1	2.88	0.77	0.80	0.507		1.00	0.73	外遮阳	0.44	1
西不带固定外遮阳窗	西	外窗	—			1	13.59	0.77	0.80	0.507		—	—	外遮阳	0.44	1
西带固定外遮阳窗	西	外窗	BDM1027	1.0	2.7	1	2.70	0.75	0.80	0.507		1.30	0.35	无	1	1
西带固定外遮阳窗	西	外窗	BDC1821'	1.8	2.1	2	7.56	0.75	0.80	0.507		1.00	0.73	外遮阳	0.44	1
西带固定外遮阳窗	西	外窗	BDC1521'	1.5	2.1	1	3.15	0.79	0.80	0.507		1.00	0.73	外遮阳	0.44	1

2.3 可再生能源利用

图12 屋面太阳能集热器

该项目生活热水设备为太阳能热水、电辅加热。屋面太阳能集热器为真空管型太阳能集热器，规格为80mm孔距，50支横插，共4组，总集热面积为29.12m^2。储热水箱置于屋面下的房间内，水箱规格为2吨拼装，采用不锈钢内胆，外侧聚氨酯保温。电辅加热装置在水温达不到设定温度时启动工作，预估每年大约需要启用2个月时间。

3 设备技术方案

本项目冷热源为空气源热泵机组，空调系统末端为风机盘管。新风系统兼具制冷、制热功能，可控制送风温度。一般情况下，可仅启用新风系统，同时实现通风和制热/制冷功能。严寒或酷暑季节，当新风系统的冷/热量无法满足建筑需求时，可启动空调系统进行补充。新风系统与空调系统共用一台空气源热泵室外机组。

空气源热泵机组制冷量68kW，制热量70kW；制冷工况输入功率22.5kW，COP为3.02；制热工况输入功率21.5kW，COP为3.26。该项目新风系统的主要技术参数如表4所示。

表4 新风系统主要技术参数

型号	数量	风量，m^3/h		制冷量，kW	制热量，kW	热回收效率		输入功率，kW
		新风	排风			显热	潜热	
PZN-1000D	1	1000	1000	16.2	13.9	75%	65%	1.0
PZN-3000D	3	3000	3000	48.7	41.6	75%	65%	3.1
ZKD02-RH-Y4	1	2000	2000	32.5	27.7	75%	65%	1.7

在项目施工过程中，系统的不同管道用不同颜色的保护膜（红色和蓝色）分别进行了标识，有利于施工和运营管理。对已架设的新风管道口，施

图13　空调系统管道标识清晰

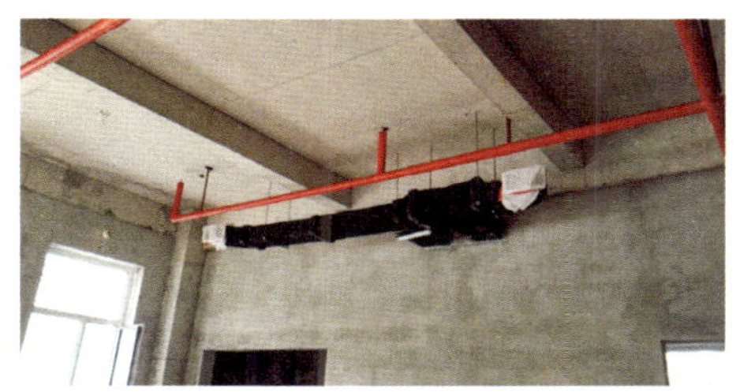
图14　新风系统管道口封堵防护

工单位也进行了密封保护，防止灰尘进入管道进而影响新风质量，如图13、图14所示。

4　关键产品和材料

该项目的外墙外保温系统由烟台市华民装饰工程有限公司系统采购并施工，系统采用了金隅岩棉板和专用粘接砂浆、抹面砂浆，利坚美锚栓，以及澳世真石漆等主要材料或产品。以下给出了各主要材料或产品的性能指标。

外墙保温用岩棉板由北京金隅节能保温科技有限公司供应。岩棉板的纤维平均直径为4.7μm，渣球含量（粒径>0.25mm）为2.9%，酸度系数为2.1，憎水率为99.8%，导热系数（平均温度为25℃时）0.038 W/（m·K），垂直于表面的抗拉强度16kPa，压缩强度62kPa。

外墙外保温系统用锚栓由利坚美（北京）科技发展有限公司供应。锚栓圆盘抗拉力标准值为0.66kN，锚栓的松弛性能为0.66kN。锚栓具有塑料隔热端帽，单个锚栓对系统传热的增加值为0.001 W/（m^2·K）。

外墙饰面真石漆由烟台环球漆业有限公司供应。经检测，在温度为23±2℃、相对湿度为50±5%的条件下，该真石漆的水蒸气透过率为191 g/（m^2·d），达到Ⅰ级（高级）的技术指标要求。

屋面隔汽、防水卷材由德尉达（上海）贸易有限公司供应。隔汽卷材为1.2mm厚耐碱铝箔面层玻纤胎自粘性改性沥青隔汽卷材，材料低温柔性为-20℃上下表面无裂缝，纵、横向最大拉力分别为791N/50mm、360N/50mm，纵、横向最大拉力时延伸率分别为6%和3%，耐热性为上下表面90℃、0mm，无流淌、滴落，不透水性为0.3MPa、30min不透水，水蒸气透过量（温度23℃，试件两侧相对湿度差90%）为8.1 g/（m^2·24h）。底层防水卷材为

3mm厚PE面玻纤胎改性沥青自粘防水卷材，材料可溶物含量为2247g/m^2，低温柔性为-20℃上下表面无裂纹，纵、横向最大拉力分别为1170N/50mm、910N/50mm，纵、横向最大拉力时延伸率分别为8%和7%，不透水性为0.3MPa、30min不透水，纵、横向钉杆撕裂强度分别为240N和380N，耐热性为100℃无滑动、流淌、滴落，剥离强度为1.6N/mm。面层防水卷材为4mm厚PE面玻纤加强聚酯胎改性沥青防水卷材，材料可溶物含量为3215g/m^2，低温柔性为-20℃上下表面无裂缝，纵、横向最大拉力分别为1250N/50mm、955N/50mm，纵、横向最大拉力时延伸率分别为57%和61%，耐热性为上下表面90℃、0mm，无流淌、滴落。

屋面、地面保温用挤塑聚苯板由烟台顺泰保温材料有限公司供应。其检测结果为：导热系数（平均温度为25℃时）0.028 W/（m·K），压缩强度232 kPa，透湿系数为1.8 ng/（Pa·s·m），吸水率（浸水96h）1.4%，氧指数32.3%。

项目外门窗由河北新华幕墙有限公司供应，采用了瑞好86系列型材，新立基中空玻璃5Low-E+16Ar+5+16Ar+5Low-E，舒贝舍暖边间隔条。整窗传热系数检测值达到0.80 W/（m^2·K）。外窗三性检测结果为：气密性能正压8级、负压8级，水密性能5级，抗风压性能3级。玻璃的传热系数为0.668 W/（m^2·K），可见光透射比为73.02%，可见光反射比为15.55%，太阳辐射透射比为41.35%，太阳辐射反射比为29.18%，太阳能总透射比（得热系数）为0.507。

门窗洞口密封材料采用了siga防水透汽膜、防水隔汽膜。

表5给出了烟台市建城丽都居住区E地块幼儿园项目所涉及的关键产品和材料的供应商。

表5　烟台市建城丽都居住区E地块幼儿园项目关键产品和材料供应商

外墙外保温系统	烟台市华民装饰工程有限公司
岩棉保温板	北京金隅节能保温科技有限公司
锚栓	利坚美（北京）科技发展有限公司
真石漆	烟台环球漆业有限公司
挤塑聚苯板	烟台顺泰保温材料有限公司
隔汽、防水卷材	德尉达（上海）贸易有限公司
外门窗系统	河北新华幕墙有限公司
外门窗型材	瑞好聚合物（苏州）有限公司

续表

外门窗玻璃	北京新立基真空玻璃技术有限公司
玻璃间隔条	圣戈班舒贝舍暖边系统商贸（上海）有限公司
密封材料	siga
遮阳系统	常州阿诺克邦遮阳材料有限公司
暖通系统	同方人工环境有限公司
太阳能系统	潍坊强盛新能源有限公司

5 建筑能源需求技术指标

为考量建筑的能效水平，对本项目进行了建筑的负荷、能耗计算。负荷、能耗计算的计算对象均为建筑整体，包括该建筑地上1～3层和闷顶层。

项目热、冷负荷及需求的计算结果与建筑的运营方式，以及建筑内部的人员、照明、设备直接相关，其对计算结果影响显著。能效分析中，所考虑的项目运营情况如下：

（1）整栋建筑的每日运营时间为08:00～18:00。

（2）建筑内人员数量总计239人：共含8个班，幼儿每班26人；园长2人；教师每班2人；保育员每班1人；炊事员4人；财会1人。

（3）建筑内照明灯具用电总负荷为9.4 kW，平均照明功率密度为4.01 W/m^2，同时使用系数取为0.5。

（4）建筑内用电设备考虑有计算机、投影仪、打印机、复印机，其中计算机按园长、教师、财会每人1台计算，总计19台；投影仪按每班1台计算，总计8台；打印机按园长室、办公室、医务室每个房间1台计算，总计4台；复印机按1台计算。用电设备散热密度为1.06 W/m^2，同时使用系数取为1。

（5）本幼儿园无寒暑假。

该项目的温度控制条件为：工作日，工作时间（08:00～18:00），冬季室内控制温度20℃，夏季室内控制温度26℃；工作日，非工作时间（18:00～08:00），冬季室内控制温度15℃，夏季室内不控制温度。

该项目的计算参数总结如表6～表8所示。

表6 烟台建城丽都居住区E地块幼儿园项目计算参数总结

类别	项目	冬季	夏季
环境参数	室内设计温度，℃	20（08:00 ~ 18:00）	26（08:00 ~ 18:00）
		15（18:00 ~ 08:00）	不控制（18:00 ~ 08:00）
	空气调节室外计算温度，℃	−8.1	31.1
	最高/最低室外计算温度，℃	−3.7	29.8
	极端温度，℃	−12.8	38
	室外空气密度，kg/m^3	1.2998	1.1643
	最大冻土深度，cm	46	—
采暖/制冷期参数	计算日期，mm/dd	11月1日 ~ 4月28日	6月1日 ~ 8月31日
	采暖/制冷计算天数，d	179	92
	计算方式	采暖期连续计算热需求	制冷期连续计算冷需求
新风设备参数	设备工作时间，h	08:00–18:00	08:00 ~ 18:00
	温度交换效率，%	75	65
换气参数	通风系统换气次数，h^{-1}	1.16	1.16
	换气体积，m^3	6053.12	6053.12
	小时人流量，次/h	150（08:00 ~ 18:00）	150（08:00 ~ 18:00）
	开启外门进入空气，m^3/次	4.75	4.75
室内散热参数	总人数，人	239（男15，女16，儿童208）	239（男15，女16，儿童208）
	人员室内停留时间	08:00 ~ 18:00	08:00 ~ 18:00
	人体显热散热量，W	男：90；女：75.60；儿童67.50	男：61；女：51.24；儿童45.75
	人体潜热散热量，W	男：46；女：38.64；儿童34.50	男：73；女：61.32；儿童54.75
	灯光照明时间	08:00 ~ 18:00	08:00 ~ 18:00
	灯光照明密度，W/m^2	4.01	4.01
	照明同时使用系数	0.5	0.5
	设备散热时间	08:00 ~ 18:00	08:00 ~ 18:00
	设备散热密度，W/m^2	1.06	1.06
	设备同时使用系数	1	1

表7 新风设备参数计算

新风系统运行时间	08:00 ~ 18:00
新风系统运行小时数	10
换气体积，m^3	6053.12
人数	239
人员密度，人/m^2	0.1
每人所需新风量，m^3/h	30
换气次数计算值，h^{-1}	1.18

表8 新风设备平均换气次数计算

新风系统运行模式	每日运行时间（h/d）	折减系数	运行换气次数，h^{-1}
Maximum	1	1.20	1.42
Standard	8	1.00	1.18
Basic	1	0.60	0.71
Minimum	0	0.30	0.36
平均换气次数，h^{-1}			1.16

采用逐时的热平衡计算方法进行能耗分析，以11月1日至次年4月28日作为采暖计算期（共计179天），该项目的采暖需求为7.83 kWh/（m^2·a）；以6月1日至8月31日作为制冷计算期（共计92天），制冷需求为19.38 kWh/（m^2·a）。该项目的主要能耗技术指标见表9 ~ 表13以及图15 ~ 图19。

将采暖、制冷、通风、照明、生活热水、电器设备六部分能耗全部考虑在内，该项目的终端能源需求、总一次能源需求、CO_2排放量分别为28.96 kWh/（m^2·a）、86.88 kWh/（m^2·a）和28.88 kg/（m^2·a），详见表14。

表9 烟台建城丽都居住区E地块幼儿园项目能源需求技术指标

项目	计算值
热负荷，W/m^2	13.21
冷负荷，W/m^2	24.52
热需求，kWh/（m^2·a）	7.83
冷需求，kWh/（m^2·a）	19.38

表10　热负荷分析

失热，W/m²		得热，W/m²	
围护传热	11.22	内部热源	8.77
通风传热	10.76		
失热总计	21.98	得热总计	8.77
热负荷		13.21	

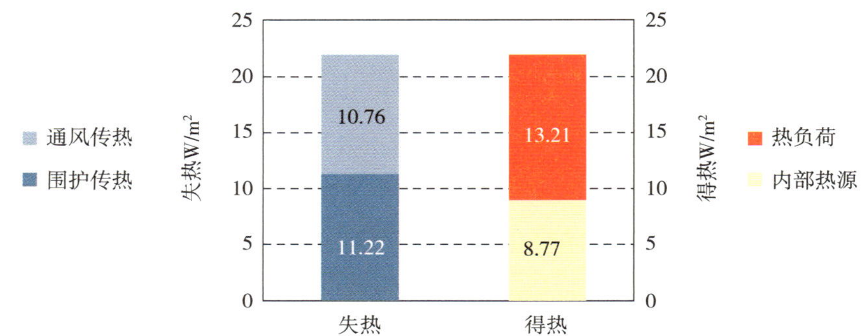

图15　热负荷构成分析图

表11　冷负荷分析

项目	出现时点	组成	计算值
峰值冷负荷	15:00	传热，W/m²	2.62
		辐射，W/m²	7.00
		人体，W/m²	9.96
		灯光，W/m²	1.68
		电热设备，W/m²	1.01
		通风渗透，W/m²	2.25
		得热总计，W/m²	24.52
		冷负荷，W/m²	24.52

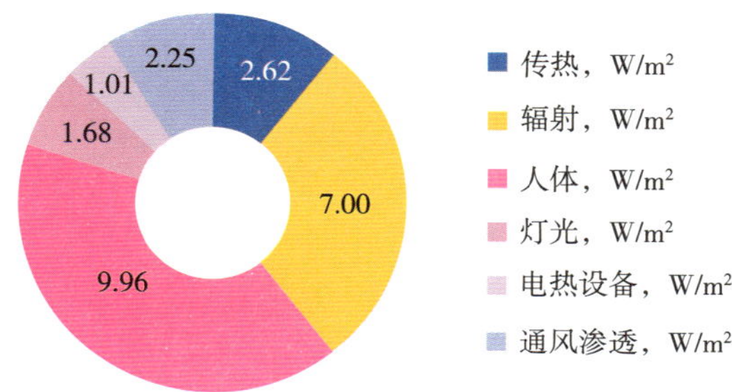

图16　冷负荷构成分析图

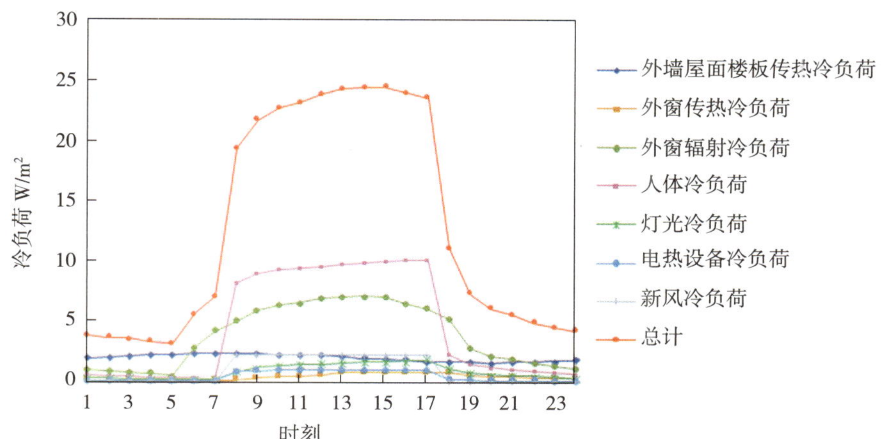

图17　全天冷负荷随时间变化图

表12　采暖期能量得失平衡

失热，kWh/（m²·a）		得热，kWh/（m²·a）	
外墙传热	6.40	辐射	22.35
屋顶传热	2.53	人体	19.15
底板传热	2.33	照明	3.60
外窗传热	8.54	设备	1.90
通风失热	9.90	得热利用率	46.6%
失热总计	29.70	得热总计	21.88
热需求		7.83	

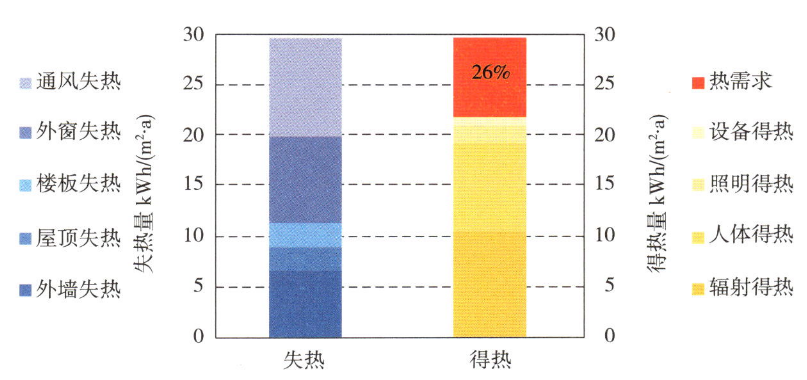

图18　采暖需求构成分析图

表13　制冷期能量得失平衡

得热，kWh/（m²·a）		占比，%
外窗传热得热	–0.09	0

续表

得热，kWh/（m^2·a）		占比，%
非透明围护传热	1.49	7
外窗辐射得热	7.85	39
通风得热	–0.84	–4
人体得热	8.74	43
灯光得热	1.34	7
设备得热	0.89	4
总得热	20.31	100
总散热	–0.93	
散热利用率	*100.0%*	
冷需求	19.38	

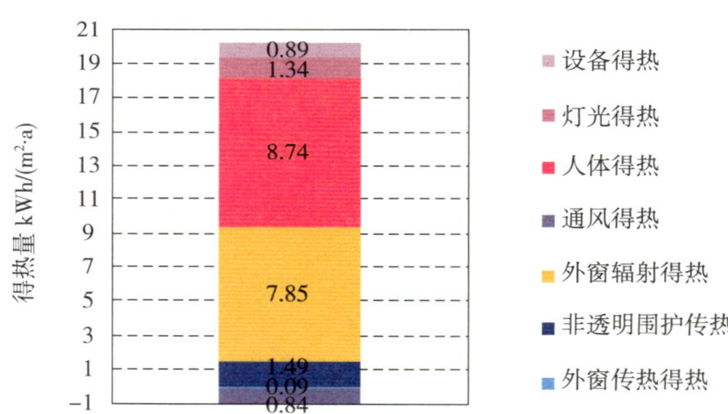

图19　制冷需求构成分析图

表14　烟台建城丽都居住区E地块幼儿园一次能源需求指标及CO_2排放分析结果

分项指标	终端能耗，kWh/（m^2·a）	一次能源需求，kWh/（m^2·a）	CO_2排放量，kg/（m^2·a）
采暖	2.40	7.20	2.39
制冷	6.42	19.25	6.40
通风	9.28	27.84	9.25
照明	5.01	15.04	5.00

续表

分项指标	终端能耗，kWh/（m²·a）	一次能源需求，kWh/（m²·a）	CO_2排放量，kg/（m²·a）
热水	3.20	9.61	3.19
电器	2.65	7.95	2.64
总计	28.96	86.88	28.88

6 气密性检测

2017年9月24–25日，山东省建筑科学研究院对本项目进行了鼓风门测试。测试针对整栋建筑进行，对卫生间、厨房排水管等部位进行了临时封堵。测试时的室内外条件为：室内温度24.8℃，室外温度26.0℃，室外大气压100.2kPa，室外气象风速3级。测试结果为：负压条件下，n_{-50}=0.13 h^{-1}，q_{-50}=0.26 h^{-1}；正压条件下，n_{+50}=0.13 h^{-1}，q_{+50}=0.26 h^{-1}；均值$n_{\pm 50}$=0.13 h^{-1}，$q_{\pm 50}$=0.26 h^{-1}。测试结果符合被动式低能耗建筑对于建筑气密性的要求。

2017年9月25日，德国能源署、住房和城乡建设部科技与产业化发展中心对烟台建城丽都居住区E地块幼儿园项目的施工质量进行了全面的检查。认为施工整体质量很好，满足中德合作高能效—被动式低能耗建筑的质量要求。

7 项目质量标识

2017年10月11日，第五届中德合作被动式低能耗建筑技术交流研讨会上，烟台市建城丽都居住区E地块幼儿园项目获得中德合作高能效建筑—被动式低能耗建筑质量标识。在住房和城乡建设部建筑节能与科技司倪江波副司长的见证下，住房和城乡建设部科技与产业化发展中心俞滨洋主任、文林峰副主任和德国能源署Nicole Pillen女士共同向项目主管单位烟台市住房和城乡建设局和项目建设单位烟台市建城丽都实业发展有限责任公司颁发了中德合作高能效建筑—被动式低能耗建筑质量标识。

中德合作高能效建筑—被动式低能耗建筑质量标识

Sino-German Energy-Efficient Buildings: Certificate

颁发日期：Issued at:	2017年10月11日 11.10.2017	建筑名称：Project name:	烟台建城丽都居住区E地块幼儿园 Yantai Jianchenglidu Residential Zone E Kindergarten	能源需求技术指标 Energy demand

建筑信息 Building

主要使用功能 Type of building	幼儿园 Kindergarten
地址 Address	山东省烟台市芝罘区南大街103-5号 The South Street 103-5, Zhifu District, Yantai City, Shandong Province
开发单位 Developer	烟台市建城丽都实业发展有限责任公司 Yantai Jian Cheng Li Du Industrial Development Co., Ltd.
建造年份 Year of construction	08.2015 - 08.2017
建筑面积/供暖面积 Gross floor area / Total heated area	2426.48 m² / 2345.88 m²
体形系数 Surface/volume ratio	0.33

能效数据 Energy performance (all energy values are calculated with gross floor area)

能效等级 Energy level	
终端能源需求量 Final energy demand	28.96 kWh/(m²a)
一次能源需求总量 Primary energy demand	86.88 kWh/(m²a)
二氧化碳排放量 CO_2 emissions	28.88 kg/(m²a)

- A 中德高能效建筑设计标准 Sino-German Energy Efficiency Standard
- B 公共建筑节能设计标准 GB 50189-2015 Design Standard for Energy Efficiency of Public Buildings
- C 公共建筑节能设计标准 GB 50189-2005 Design Standard for Energy Efficiency of Public Buildings
- D 低于公共建筑节能设计标准 GB 50189-2005 worse than GB Standard

日期 Date

11.10.2017

证书编号 Certificat ID

CN-DE-PP-18-2017

负责人签名 Signature

中国住房和城乡建设部科技与产业化发展中心（CSTC）

负责人签名 Signature

德国能源署（dena）

中德合作高能效建筑—被动式低能耗建筑质量标识

Sino-German Energy-Efficient Buildings: Certificate

德国能源署

颁发日期：2017年10月11日　　建筑名称：烟台建城丽都居住区E地块幼儿园

Issued at: 11.10.2017　　Project name: Yantai Jianchenglidu Residential Zone E Kindergarten

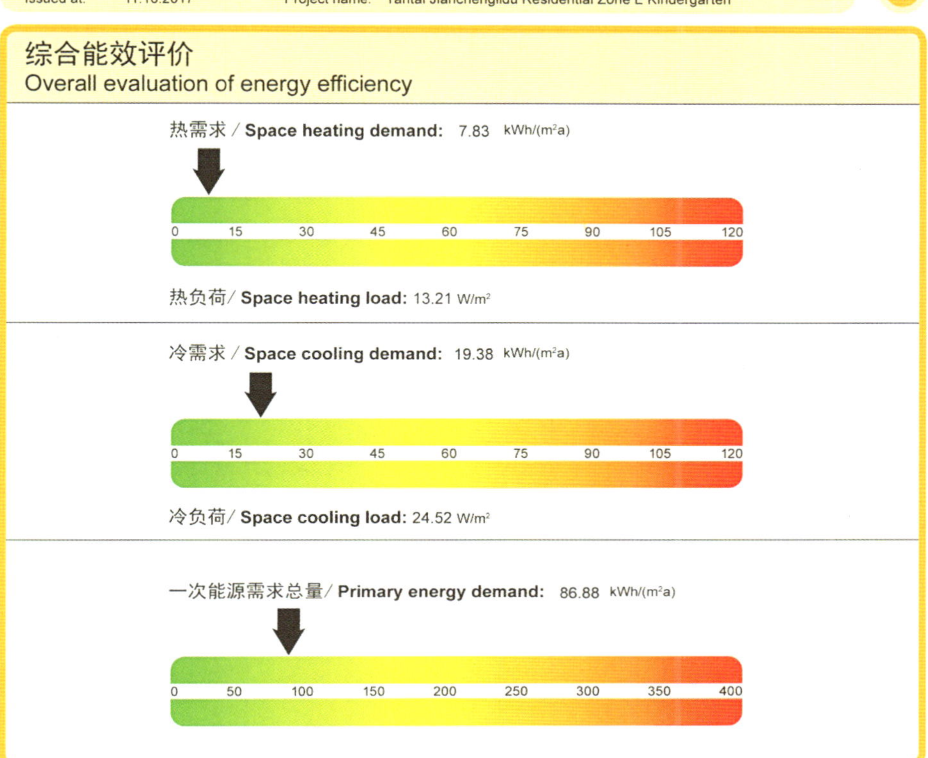

围护结构 Building envelope

传热系数 / K-Value [W/(m²K)]	
屋顶/顶层楼板 Upper ceiling/roof	0.10
外墙 External wall	0.15
外窗/外门 Window/door (standard)	0.80 / 0.80
地下室顶板/首层地面 Basement ceiling/groundplate	0.12
气密性/Airtightness (h^{-1})	
n_{50}	0.13

一次能源需求数据 Primary energy demand [kWh/(m²a)]

供暖需求 Space heating	7.20
制冷需求 Space cooling	19.25
照明需求 Lighting	15.04
通风需求 Ventilation	27.84
办公设备 Office equipment	7.95
生活热水制备 Domestic hot water	9.61
总计 Total	86.88

中德合作高能效建筑—被动式低能耗建筑质量标识

Sino-German Energy-Efficient Buildings: Certificate

颁发日期：2017年10月11日 Issued at: 11.10.2017　　建筑名称：烟台建城丽都居住区E地块幼儿园 Project name: Yantai Jianchenglidu Residential Zone E Kindergarten　　2

围护结构 Building enevelope	面积 Area [m²]	传热系数 K-Value [W/(m²K)]	保温层厚度 Thickness [cm]	材料 Material
屋顶/顶层楼板 Roof/upper ceiling	1034.01	0.10	30	挤塑聚苯板/XPS λ=0.028W/(mK)
外墙 External wall	1680.07	0.15	25	岩棉板/Mineral wool λ=0.038W/(mK)
外窗 Window	367.20	0.80		塑料型材，三玻两中空玻璃，填充氩气，暖边间隔条 Plastic-steel frame, triple insulated glazing, thermally isolated edge seals 5Low-E+16Ar+5+16Ar+5Low-E
遮阳 Shading	257.31			活动外遮阳 Active exterior-shading
外门 Door	68.94	0.80		塑料型材，三玻两中空玻璃，填充氩气，暖边间隔条 Plastic-steel frame, triple insulated glazing, thermally isolated edge seals 5Low-E+16Ar+5+16Ar+5Low-E
楼板/地下室顶板 Basement ceiling	992.06	0.12	25	挤塑聚苯板/XPS λ=0.028W/(mK)

设备工程 Building services	设备 Equipment	能源类型 Energy carrier
供暖设备 Heating	空气源热泵机组 Air source heat pump cogeneration system 风机盘管 + 新风系统 Fan coil + ventilation system	周围环境冷、热能/电能 Environmental energy / Electricity
制冷设备 Cooling	空气源热泵机组 Air source heat pump cogeneration system 风机盘管 + 新风系统 Fan coil + ventilation system	周围环境冷、热能/电能 Environmental energy / Electricity
生活热水制备 Domestic hot water	太阳能真空管集热器及储水器 Solar vacuum tube collector with storage tank	太阳能/电能 Solar energy / Electricity
新风系统 Ventilation	☒ 已安装新风系统/with ventilation system ☒ 有热回收装置/with heat recovery/热回收率/efficiency: 显热sensible heat **75%**/潜热latent heat **65%** ☒ 半集中式新风系统/semi-central system	
太阳能设备 Solar thermal system	☒ 太阳能设备集热面积/solar collectors area: 29.12 m² ☒ 用于制备生活热水/for domestic hot water production ☐ 用于辅助供暖/for auxiliary heating ☐ 光伏发电面积/PV-panel area	

图20　中德合作高能效建筑—被动式低能耗建筑质量标识

威海海源公园管理房

威海市海源公园项目改造工程于2013年11月1日取得立项批复，为威海市政府投资的公益性项目。威海海源公园管理房工程由威海市园林管理局开发建设。该项目于2014年成为中德合作被动式低能耗建筑示范项目，同时是山东省首批11个省级被动式超低能耗绿色建筑试点示范项目之一，以及住房和城乡建设部国际科技合作项目。

2017年3月31日，该项目通过住房和城乡建设部科技与产业化发展中心（CSTID）及德国能源署（dena）的质量验收。2017年10月11日，第五届中德合作被动式低能耗建筑技术交流研讨会上，获得中德合作高能效建筑—被动式低能耗建筑质量标识。整个项目的设计、建造时间是2015年6月至2017年3月。

1　项目概况

威海海源公园管理房示范项目位于山东威海海源公园内，在威海市环海路东侧、连林岛路南侧，东侧及南侧紧临黄海，周边主要是休闲疗养和滨海度假酒店，与市区其他滨海公园共同构建出威海独具特色的生态滨海景观廊道。

管理房为两层英式建筑，面向大海，嵌入绿地半坡中，是集管理、服务、游憩于一体的公园建筑。该建筑为框架结构，地上二层，建筑面积1360.47 m^2，基底面积710.77 m^2，建筑高度8 m（从室外地面算至檐口），体形系数0.26。建筑抗震设防烈度7度，耐火等级为二级。

表1列出了威海海源公园管理房项目的主要参建单位。

表1　威海海源公园管理房项目主要参建单位

项目名称	威海海源公园管理房
项目地址	山东省威海市环翠区环海路海源公园内
建设单位	威海市园林管理局
设计单位	威海市建筑设计院有限公司
施工单位	威海崮山建筑安装有限公司
咨询单位	住房和城乡建设部科技与产业化发展中心（CSTID）德国能源署（dena）

图1　威海海源公园管理房

图2　威海海源公园管理房地理位置（图片来源：威海市建筑设计院）

2　建筑技术方案

2.1　建筑节能规划设计

该项目建筑总平面规划设计的特点是，具有宽大外廊，遮阳效果明显；过渡季及夏季可采用开启外门窗方式自然通风；外保温系统及重质建筑材料保证了建筑的热惰性和蓄热/蓄冷性能，夏季可通过自然通风和混凝土的蓄冷作用实现被动式制冷；主要房间避开了冬季主导风向（北向、东北向）和夏季最大日射朝向（西向）。建筑体型系数符合《公共建筑节能设计标准》DBJ14-036-2006的规定。

2.2 外围护结构做法

本项目被动式低能耗建筑区域的建筑面积为1237.62 m^2，包括地上1~2层以及阁楼层。外墙采用200mm厚加气混凝土砌块外喷涂200mm厚硬泡聚氨酯保温层，最外层干挂石材，外墙传热系数达到0.12 W/（m^2·K）。屋面采用120mm厚钢筋混凝土屋面板喷涂250mm厚硬泡聚氨酯保温层，外侧做通风瓦屋面，屋面的传热系数达到0.10 W/（m^2·K）。地面在底板下侧铺设200mm厚挤塑聚苯板，地面的传热系数达到0.15 W/（m^2·K）。图3为威海海源公园管理房的墙身图，展示了主要外围护结构的保温做法。

外门窗采用铝包木型材，透明部分采用三玻中空真空复合玻璃，并配置暖边间隔条，玻璃结构为（5+16A+5Low-E+0.15V+5），整窗传热系数达0.98 W/（m^2·K），玻璃的太阳能总透射比g值为0.522。

在细节处理上，为便于外墙硬泡聚氨酯喷涂施工，并保证外墙保温层能有效地压住足够尺寸的窗框，外墙门窗洞口周边粘贴300mm宽的石墨聚苯板。石墨聚苯板定位后，以其为模板再进行硬泡聚氨酯喷涂的施工。

外廊的楼板与主体结构进行了断开处理，外墙保温穿过外廊楼板与主体结构之间的缝隙通长铺设。二层外廊楼板的上表面铺设了100mm厚挤塑聚苯板，下表面做了100mm厚硬泡聚氨酯喷涂；一层外廊楼板的上下表面均铺设了100mm挤塑聚苯板，遇下翻梁则将其完全包覆。

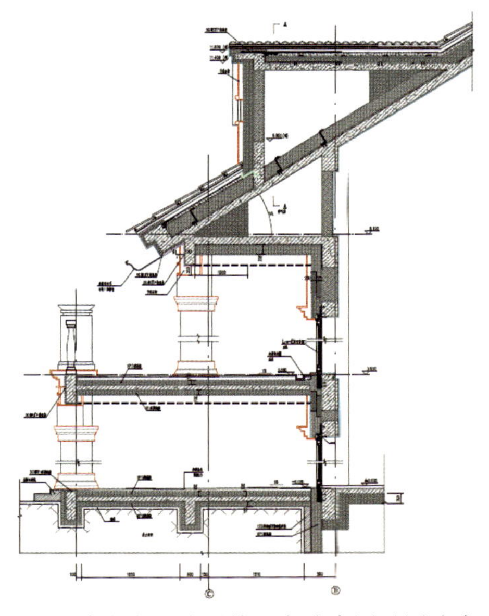

图3 威海海源公园管理房墙身图（图片来源：设计院）

表2、表3给出了该项目外围护结构的主要技术参数。

表2 威海海源公园管理房项目非透明外围护结构的主要技术参数

项目	围护类型	朝向	面积，m^2	K，W/（m^2·K）	热惰性指标D	围护材料	饰面材料	太阳辐射吸收系数
北墙	外墙	北	238.59	0.12	5.74	200mm厚喷涂聚氨酯硬泡体保温，λ=0.023 W/（m·K）	干挂石材	0.45
东墙	外墙	东	213.17					
南墙	外墙	南	238.19					
西墙	外墙	西	206.19					
屋面	屋面	水平	878.60	0.10	5.92	250mm厚喷涂聚氨酯硬泡体保温，λ=0.023 W/（m·K）	红瓦屋面	0.70
底板（接触土壤）	周边地面	零	639.57	0.15	4.47	200mm厚挤塑聚苯板，λ=0.029 W/（m·K）	—	—

表3 威海海源公园管理房项目透明外围护结构的主要技术参数

名称	朝向	宽度，m	高度，m	个数	总面积，m^2	玻璃/洞口面积比	玻璃面积，m^2	K，W/（m^2·K）	g	围护材料	固定遮阳参数		活动遮阳参数		
											水平遮阳		类型	遮阳系数	
											l值	f值		夏季	冬季
北不带外遮阳窗	北	—	—	1	47.79	0.77	36.77	0.98	0.522	铝包木型材，T5+16A+TL5+0.15V+T5，暖边间隔条	—	—	无	—	—
东不带外遮阳窗	东	—	—	1	11.79	0.78	9.17	0.98	0.522		—	—	无	—	—
东M1226-1	东	1.2	2.6	3	9.36	0.64	6.00	0.98	0.522		2.35	0.7	无	—	—
东C1220-1	东	1.2	2	3	7.20	0.77	5.52	0.98	0.522		2.35	0.7	无	—	—
东C0920-1	东	0.9	2	1	1.80	0.80	1.44	0.98	0.522		20.35	0.7	无	—	—
东M1226-2	东	1.2	2.6	2	6.24	0.64	4.00	0.98	0.522		2.35	0.8	无	—	—
东C1220-2	东	1.2	2	3	7.20	0.77	5.52	0.98	0.522		2.35	0.8	无	—	—
东M0926-2	东	0.9	2.6	1	2.34	0.68	1.60	0.98	0.522		20.35	0.8	无	—	—

续表

名称	朝向	宽度，m	高度，m	个数	总面积，m^2	玻璃/洞口面积比	玻璃面积，m^2	K，W/(m^2·K)	g	围护材料	固定遮阳参数		活动遮阳参数		
											水平遮阳		类型	遮阳系数	
											l值	f值		夏季	冬季
南不带外遮阳窗	南	—	—	1	13.16	0.77	10.18	0.98	0.522	铝包木型材，T5+16A+TL5+0.15V+T5，暖边间隔条	—	—	无	—	—
南C1220–1	南	1.2	2	7	16.80	0.77	12.88	0.98	0.522		2.8	0.7	无	—	—
南M1226–1	南	1.2	2.6	1	3.12	0.77	2.40	0.98	0.522		2.35	0.7	无	—	—
南C0619–1	南	0.6	1.9	2	2.28	0.75	1.70	0.98	0.522		5.2	0.7	无	—	—
南M1526–1	南	1.5	2.6	1	3.90	0.80	3.12	0.98	0.522		5.2	0.7	无	—	—
南C1220–2	南	1.2	2	4	9.60	0.77	7.36	0.98	0.522		2.8	0.8	无	—	—
南C0619–2	南	0.6	1.9	2	2.28	0.75	1.70	0.98	0.522		2.8	0.8	无	—	—
南C1526–2	南	1.5	2.6	1	3.90	0.80	3.12	0.98	0.522		2.8	0.8	无	—	—
西不带外遮阳窗	西	—	—	1	18.99	0.77	14.69	0.98	0.522		—	—	无	—	—
西M1226–1	西	1.2	2.6	1	3.12	0.77	2.40	0.98	0.522		2.25	0.7	无	—	—
西C1220–1	西	1.2	2	2	4.80	0.77	3.68	0.98	0.522		2.25	0.7	无	—	—
西M1226–2	西	1.2	2.6	1	3.12	0.77	2.40	0.98	0.522		2.25	0.8	无	—	—
西C1220–2	西	1.2	2	2	4.80	0.77	3.68	0.98	0.522		2.25	0.8	无	—	—
天窗	水平	5.5	2.8	1	15.40	0.84	12.91	0.98	0.522		—	—	外遮阳	0.8	0.8

2.3 可再生能源利用

建筑屋面设置光伏发电板，面积共计24.32m^2，发电并入电网。

3 设备技术方案

该项目采用空气源热泵机组作为冷、热源，多联机空调系统作为采暖、制冷设备。通风系统采用了半集中式全热回收新风机组。本项目无生活热水供应。空调系统室内机、室外机设备技术参数见表4。通风系统设备技术参数见表5。

表4 威海海源公园管理房项目空调系统设备技术参数

类别	设备名称	型号	制冷量*QL*，kW	制热量*QR*，kW	功率，kW	数量
室内机	风管式室内机	FG-2.2	2.2	2.5	0.068	5
	风管式室内机	FG-3.6	3.6	4	0.072	1
	风管式室内机	FG-5.6	5.6	6.3	0.08	2
	风管式室内机	FG-7.1	7.1	8	0.105	7
	双向气流室内机	FP-2-2.8	2.8	3.2	0.09	2
	双向气流室内机	FP-2-3.6	3.6	4	0.08	3
	四向气流室内机	FP-4-5.6	5.6	6.3	0.08	11
	四向气流室内机	FP-4-7.1	7.1	8	0.1	7
室外机	室外机	KT-1	107	119	31.14/30.13	1
	室外机	KT-3	96	106.5	27.6/25.9	1

表5 威海海源公园管理房项目通风系统设备技术参数

设备名称	型号	技术参数	功率，kW	数量
全热交换新风机组	XF-1	新风量：2450 m^3/h 出口静压：200 Pa 焓交换效率：66% 温度交换效率：76%	1.3	1
全热交换新风机组	XF-2	新风量：1000 m^3/h 出口静压：145 Pa 焓交换效率：65% 温度交换效率：76%	0.7	2

续表

设备名称	型号	技术参数	功率，kW	数量
全热交换新风机组	XF-3	新风量：1600 m^3/h 出口静压：210 Pa 焓交换效率：66% 温度交换效率：75%	1.3	1

4 关键产品和材料

该项目外墙和屋面用喷涂聚氨酯硬泡体保温材料由烟台东聚防水保温工程有限公司供应，经检测，密度为40 kg/m^3，导热系数为0.023 W/（m·K），抗压强度为154 kPa。

门窗洞口周边用石墨聚苯板由威海大置塑材有限公司提供，各项指标检测结果为：表观密度19.1 kg/m^3，压缩强度112 kPa，导热系数（平均温度25℃）0.040 W/（m·K），垂直于板面方向的抗拉强度202 kPa（破坏部位位于EPS板内）。

底板保温用挤塑聚苯板由济南福耐斯新型建材有限公司供应，其检测结果为：导热系数（平均温度为25±2℃时）0.029 W/（m·K），压缩强度230 kPa。

外门窗采用威海嘉润木业有限公司提供的铝包木平开铝合金（门）窗系统。测试样窗总面积2.16m^2，开启缝长3.86m，配置真空中空复合玻璃5+（16）+5+（0.15）+5。整窗传热系数检测值为0.98 W/（m^2·K）。三性检测样窗达到抗风压性能8级（P_3=4.50 kPA），气密性能正压8级［q_1=0.41 m^3/（m·h），q_2=0.73 m^3/（m^2·h）］、负压8级［q_1=0.40 m^3/（m·h），q_2=0.71 m^3/（m^2·h）］，水密性能5级（ΔP=500 Pa）。空气声隔声性能属国标GB/T8485-2008第3级（计权隔声量和交通噪声频谱修正量之和R_w+C_{tr}=34dB）。

外窗透明材料由青岛亨达玻璃科技有限公司供应，外门和顶层异型窗透明材料由北京新立基真空玻璃技术有限公司供应。玻璃配置为5-16A+5Low-E+0.15V+5。

门窗洞口密封材料采用Bosig GmbH德国博仕格有限公司供应的Winflex可抹灰型防水雨布，包括室内一侧防水隔汽膜、室外一侧防水透汽膜，预压缩膨胀密封带COMBBAND300（抗暴风雨强度300Pa），以及预压缩膨胀密封带

COMBBAND600（抗暴风雨强度600Pa）。

该项目的空调系统室内机、室外机由广东美的暖通设备有限公司供应，全热回收新风机组由广州沃森环保产业有限公司供应。

表6给出了威海海源公园管理房项目所涉及的关键产品和材料的供应商。

表6　威海海源公园管理房项目关键产品和材料供应商

喷涂聚氨酯硬泡体保温材料	烟台东聚防水保温工程有限公司
石墨聚苯板	威海大置塑材有限公司
挤塑聚苯板	济南福耐斯新型建材有限公司
外门窗	威海嘉润木业有限公司
外门窗玻璃	北京新立基真空玻璃技术有限公司 青岛亨达玻璃科技有限公司
门窗洞口密封材料	Bosig GmbH德国博仕格有限公司
空调系统	广东美的暖通设备有限公司
全热回收新风机组	广州沃森环保产业有限公司

5　建筑能源需求技术指标

为考量建筑的能效水平，进行本次建筑的负荷、能耗计算。负荷、能耗计算的计算对象均为建筑整体，包括地上1~2层和阁楼层。

项目热、冷负荷及需求的计算结果与建筑的运营方式，以及建筑内部的人员、照明、设备直接相关，其对计算结果影响显著。本项目的建筑内部使用情况较为复杂，包括厨房、水吧、餐厅、套房、活动室、办公室、后勤等多种使用功能，且冬季、夏季建筑的使用工况有较大区别。详细的运营时间、人员数量、照明情况、设备散热等参数详见后续表格。

能效分析的室内温度控制条件为：工作日，工作时间（夏季00:00～24:00，冬季05:00～20:00），冬季室内控制温度20℃，夏季室内控制温度26℃；工作日，非工作时间（冬季20:00～05:00），冬季室内控制温度15℃。

建筑能耗计算参数详见表7～表12。

表7　威海海源公园管理房项目计算参数总结

类型	项目	冬季	夏季
环境参数	室内设计温度，℃	20（05:00 ~ 20:00）	26（00:00 ~ 24:00）
		15（20:00 ~ 05:00）	—
	空气调节室外计算温度，℃	−7.7	30.2
	最高/最低室外计算温度，℃	−3.7	29.8
	极端温度，℃	−13.2	38.4
	室外空气密度，kg/m^3	1.298	1.1668
	最大冻土深度，cm	47	—
采暖/制冷期参数	计算日期，mm/dd	11月01日 ~ 04月28日	06月01日 ~ 08月31日
	采暖/制冷计算天数，d	179	92
	计算方式	采暖期连续计算热需求	制冷期连续计算冷需求
新风设备参数	设备工作时间，h	05:00 ~ 20:00	00:00 ~ 24:00
	温度/焓交换效率，%	75（温度交换效率）	65（焓交换效率）
换气参数	通风系统换气次数，h^{-1}	0.33	0.60
	换气体积，m^3	4573.74	4573.74
	小时人流量，次/h	22（05:00 ~ 20:00）	52（05:00 ~ 20:00）
	开启外门进入空气，m^3/次	4.75	4.75
室内散热参数	总人数，人	54（男人27，女人27）	130（男人65，女人65）
	人员室内停留时间	详见后表	详见后表
	人体显热散热量，W	详见后表	详见后表
	人体潜热散热量，W	详见后表	详见后表
	灯光照明时间	05:00 ~ 22:00	05:00 ~ 22:00
	灯光照明密度，W/m^2	详见后表	详见后表
	照明同时使用系数	详见后表	详见后表
	设备散热时间	00:00 ~ 24:00	00:00 ~ 24:00
	设备散热密度，W/m^2	详见后表	详见后表
	设备同时使用系数	详见后表	详见后表

表8 新风设备参数计算

	冬季工况	夏季工况
新风系统运行时间	05:00～20:00	00:00～24:00
新风系统运行小时数	15	24
换气体积，m^3	4573.74	4573.74
人数	54	130
人员密度，人/m^2	0.04	0.11
工作人员每人所需新风量，m^3/h	30	30
换气次数计算值，h^{-1}	0.35	0.85

表9 新风设备平均换气次数计算

运行模式	冬季工况			夏季工况		
	每日运行时间（h/d）	折减系数	换气次数，h^{-1}	每日运行时间（h/d）	折减系数	换气次数，h^{-1}
Maximum	4	1.50	0.53	4	1.50	1.28
Standard	6	1.00	0.35	6	1.00	0.85
Basic	2	0.60	0.21	2	0.60	0.51
Minimum	3	0.30	0.11	12	0.30	0.26
平均换气次数，h^{-1}			0.33			0.60

表10 人员数量及停留时间参数

房间	冬季工况			夏季工况		
	总人数	停留时间	劳动强度	总人数	停留时间	劳动强度
后勤	4	8:00～20:00	轻	4	8:00～20:00	轻
厨房	8	5:00～20:00	重	8	5:00～20:00	重
水吧				6	8:00～20:00	轻
办公室	2	8:00～20:00	轻	2	8:00～20:00	轻
餐厅	40	11:00～13:00，17:00～19:00	轻	98	7:00～9:00，11:00～13:00，17:00～19:00	轻

续表

房间	冬季工况			夏季工况		
	总人数	停留时间	劳动强度	总人数	停留时间	劳动强度
包间				10	11:00～13:00，17:00～19:00	轻
套房				2	18:00～8:00	轻
总计	54			130		
男人数	27			65		
女人数	27			65		

表11　照明参数

房间	照明密度（W/m^2）	面积（m^2）	散热密度（W/m^2）	工作时间（冬季工况）	工作时间（夏季工况）
后勤	9	20.26	0.15	8:00～10:00，16:00～20:00	8:00～10:00，16:00～20:00
厨房	9	145.00	1.05	5:00～10:00，16:00～20:00	5:00～10:00，16:00～20:00
水吧	9	45.00	0.33	8:00～10:00，16:00～20:00	8:00～10:00，16:00～20:00
办公室	9	36.00	0.26	8:00～10:00，16:00～20:00	8:00～10:00，16:00～20:00
餐厅	11	168.93	1.50	7:00～9:00，11:00～13:00，17:00～19:00	7:00～9:00，11:00～13:00，17:00～19:00
包间	11	47.07	0.42	11:00～13:00，17:00～19:00	11:00～13:00，17:00～19:00
接待室	9	54.21	0.39	8:00～10:00，16:00～20:00	8:00～10:00，16:00～20:00
活动室	9	37.71	0.27	8:00～10:00，16:00～20:00	8:00～10:00，16:00～20:00
套房	6	94.80	0.46	18:00～22:00，6:00～8:00	18:00～22:00，6:00～8:00
公共空间	5	588.62	2.38	8:00～10:00，16:00～20:00	8:00～10:00，16:00～20:00

表12　室内设备散热参数

房间	散热密度（W/m²）	面积（m²）	散热密度（W/m²）	工作时间（冬季工况）	工作时间（夏季工况）
厨房	160	145	18.75		7:00 ~ 9:00，11:00 ~ 13:00，17:00 ~ 19:00
水吧	1	45	0.04	8:00 ~ 20:00	8:00 ~ 20:00
办公室	10	36	0.29	8:00 ~ 20:00	8:00 ~ 20:00
套房	1	66	0.05	0:00 ~ 24:00	0:00 ~ 24:00

冬季考虑围护结构传热失热、通风失热以及内部热源得热，分析得到该项目热负荷为13.06 W/m²。夏季考虑围护结构传热得热、辐射得热、通风得热以及内部热源得热，分析得到该项目冷负荷为41.62 W/m²。

采用逐时的热平衡计算方法进行能耗分析，以11月01日至次年04月28日作为采暖计算期（共计179天），该项目的采暖需求为10.97 kWh/（m²·a）。以06月01日至08月31日作为制冷计算期（共计92天），该项目的制冷需求为31.72 kWh/（m²·a）。

表13　威海海源公园管理房项目能源需求技术指标

项目	计算值
热负荷，W/m²	13.06
冷负荷，W/m²	41.62
热需求，kWh/（m²·a）	10.97
冷需求，kWh/（m²·a）	31.72

表14　热负荷分析

失热，W/m²		得热，W/m²	
围护传热	12.37	内部热源	3.22
通风传热	3.92		
失热总计	16.29	得热总计	3.22
热负荷		13.06	

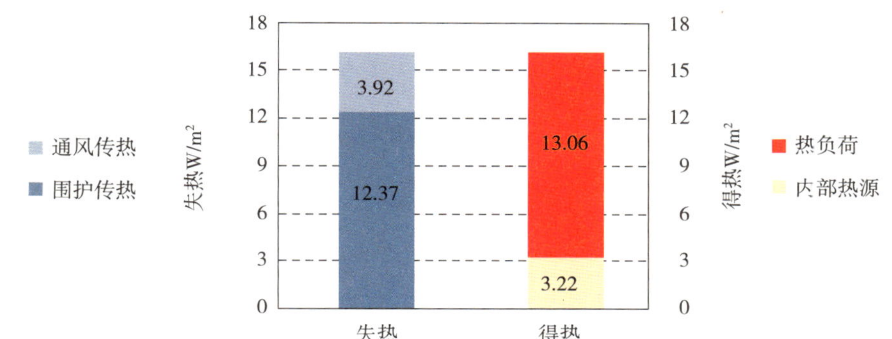

图4　热负荷构成分析图

表15　冷负荷分析

项目	出现时点	组成	计算值
峰值冷负荷	15:00	传热，W/m²	2.72
		辐射，W/m²	11.48
		人体，W/m²	16.66
		灯光，W/m²	1.00
		电热设备，W/m²	8.42
		通风渗透，W/m²	1.34
		得热总计，W/m²	41.62
		冷负荷，W/m²	41.62

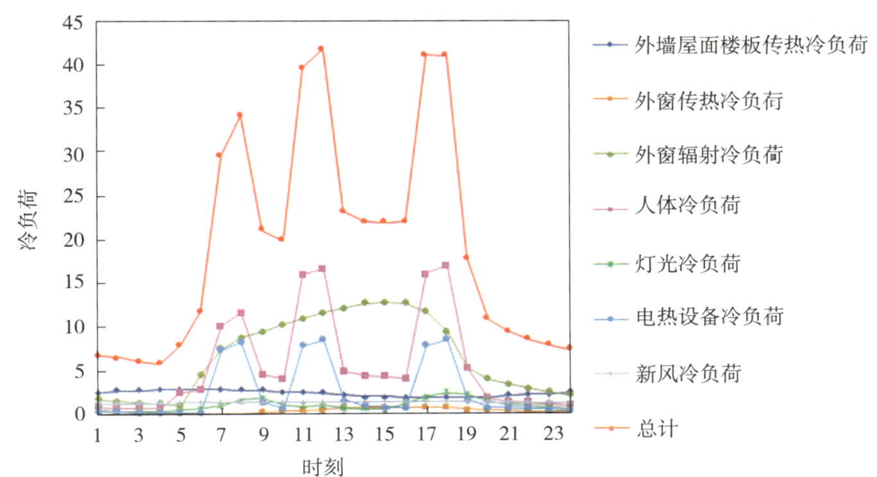

图5　全天冷负荷随时间变化图

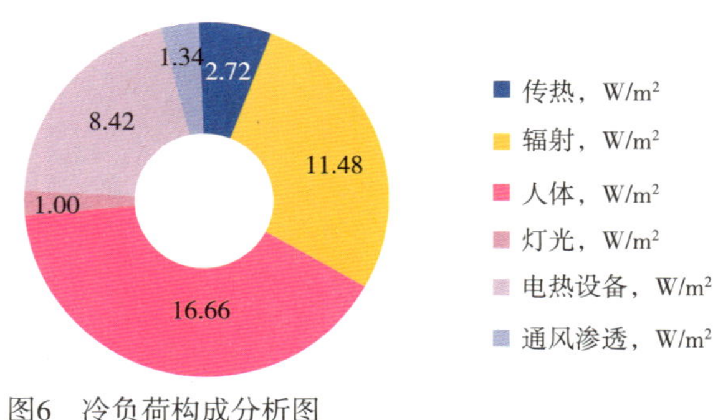

图6　冷负荷构成分析图

表16　采暖期能量得失平衡

失热，kWh/（m²·a）		得热，kWh/（m²·a）	
外墙传热	6.42	辐射	19.74
屋顶传热	4.52	人体	12.15
底板传热	3.63	照明	4.11
外窗传热	9.69	设备	0.46
通风失热	5.72	得热利用率	*52.2%*
失热总计	29.99	得热总计	19.02
热需求		10.97	

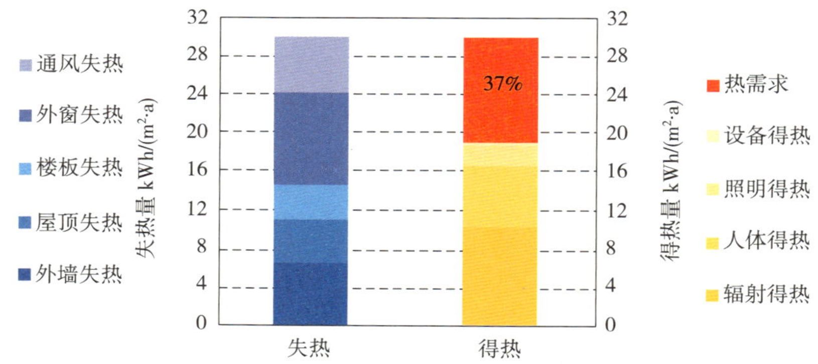

图7　采暖需求构成分析图

表17　制冷期能量得失平衡

得热，kWh/（m²·a）		占比，%
外窗传热得热	–0.75	–2
非透明围护传热	0.82	2

续表

得热，kWh/（m²·a）		占比，%
外窗辐射得热	12.43	36
通风得热	–3.59	–10
人体得热	12.08	35
灯光得热	2.53	7
设备得热	6.46	19
总得热	34.33	100
总散热	–4.34	
散热利用率	60.0%	
冷需求	31.72	

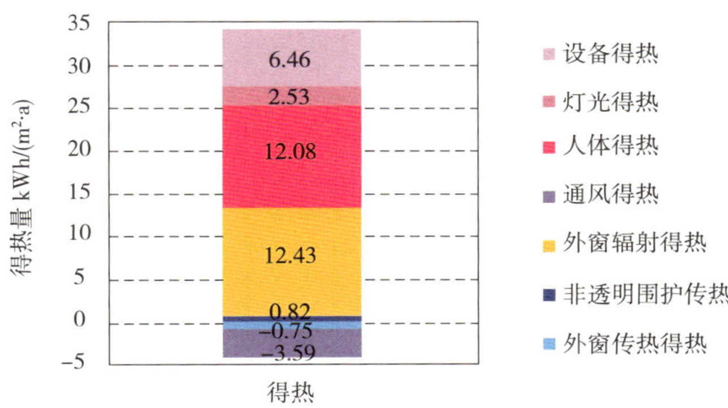

图8　制冷需求构成分析图

将采暖、制冷、通风、照明、电器设备五部分能耗全部考虑在内（本项目无生活热水设施），该项目的总终端能源需求、总一次能源需求，以及总CO_2排放量分别为35.47 kWh/（m²·a）、106.41 kWh/（m²·a）和35.37 kg/（m²·a）。各技术指标具体分析结果详见表18。

表18　威海海源公园管理房项目一次能源需求指标及CO_2排放分析结果

项目	终端能耗，kWh/（m²·a）	一次能源需求，kWh/（m²·a）	CO_2排放量，kg/（m²·a）
采暖	2.86	8.57	2.85
制冷	9.58	28.75	9.56

续表

项目	终端能耗，kWh/（m^2·a）	一次能源需求，kWh/（m^2·a）	CO_2排放量，kg/（m^2·a）
通风	6.51	19.54	6.50
照明	6.34	19.03	6.32
热水	0.00	0.00	0.00
电器	10.17	30.51	10.14
总计	35.47	106.41	35.37

6 气密性检测

2017年3月31日，德国能源署、住房和城乡建设部科技与产业化发展中心对威海海源公园管理房项目的施工质量进行了质量验收。整体施工质量较好，满足中德合作被动式低能耗建筑的要求。

该项目的建筑气密性测试于2017年3月30日由山东建筑科学研究院完成。测试结果为：负压n_{-50}=0.24/h，正压n_{+50}=0.24/h，平均$n_{\pm 50}$=0.24/h，符合被动式低能耗建筑要求。

7 项目质量标识

2017年10月11日，第五届中德合作被动式低能耗建筑技术交流研讨会上，威海海源公园管理房项目获得中德合作高能效建筑—被动式低能耗建筑质量标识。在住房和城乡建设部建筑节能与科技司倪江波副司长的见证下，住房和城乡建设部科技与产业化发展中心俞滨洋主任、文林峰副主任和德国能源署Nicole Pillen女士共同向项目建设单位威海市园林管理局颁发了中德合作高能效建筑—被动式低能耗建筑质量标识。

中德合作高能效建筑—被动式低能耗建筑质量标识

Sino-German Energy-Efficient Buildings: Certificate

德国能源署

颁发日期：2017年10月11日　建筑名称：威海市海源公园管理房　能源需求技术指标
Issued at: 11.10.2017　Project name: Weihai Haiyuan Park Administration Building　Energy demand

建筑信息 Building

主要使用功能 Type of building	办公 Office building
地址 Address	山东省威海市环翠区环海路海源公园内 Huanhai Road, Huancui District, Weihai City, Shandong Province
开发单位 Developer	威海市园林管理局 Weihai Landscape Administration
建造年份 Year of construction	06.2015 - 03.2017
建筑面积/供暖面积 Gross floor area / Total heated area	1360.47 m² / 1237.62 m²
体形系数 Surface/volume ratio	0.26

能效数据 Energy performance (all energy values are calculated with gross floor area)

能效等级 Energy level	
终端能源需求量 Final energy demand	35.47 kWh/(m²a)
一次能源需求总量 Primary energy demand	106.41 kWh/(m²a)
二氧化碳排放量 CO_2 emissions	35.37 kg/(m²a)

A 中德高能效建筑设计标准 Sino-German Energy Efficiency Standard

B 公共建筑节能设计标准 GB 50189-2015 Design Standarc for Energy Efficiency of Public Buildings

C 公共建筑节能设计标准 GB 50189-2005 Design Standard for Energy Efficiency of Public Buildings

D 低于公共建筑节能设计标准 GB 50189-2005 worse than GB Standard

日期 Date

11.10.2017

证书编号 Certificat ID

CN-DE-PP-14-2-2017

负责人签名 Signature

中国住房和城乡建设部
科技与产业化发展中心（CSTC）

负责人签名 Signature

德国能源署（dena）

中德合作高能效建筑—被动式低能耗建筑质量标识

Sino-German Energy-Efficient Buildings: Certificate

颁发日期：2017年10月11日　建筑名称：威海市海源公园管理房

Issued at: 11.10.2017　Project name: Weihai Haiyuan Park Administration Building

综合能效评价
Overall evaluation of energy efficiency

热需求 / **Space heating demand:** 10.97 kWh/(m²a)

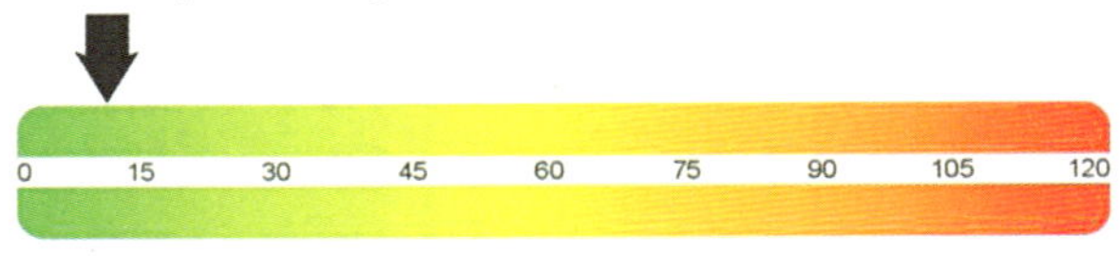

热负荷 / **Space heating load:** 13.06 W/m²

冷需求 / **Space cooling demand:** 31.72 kWh/(m²a)

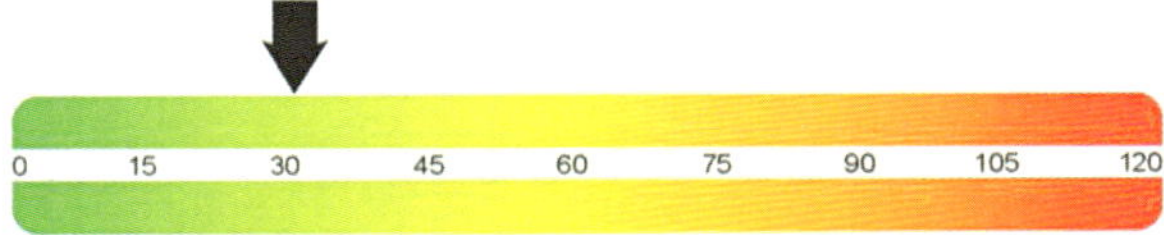

冷负荷 / **Space cooling load:** 41.62 W/m²

一次能源需求总量 / **Primary energy demand:** 106.41 kWh/(m²a)

围护结构
Building envelope

传热系数 / K-Value [W/(m²K)]	
屋顶/顶层楼板 Upper ceiling/roof	0.10
外墙 External wall	0.12
外窗/外门 Window/door (standard)	0.98
底板 Groundplate	0.15
气密性/Airtightness (h^{-1})	
n_{50}	0.24

一次能源需求数据
Primary energy demand [kWh/(m²a)]

供暖需求 Space heating	8.57
制冷需求 Space cooling	28.75
照明需求 Lighting	19.03
通风需求 Ventilation	19.54
办公设备 Office equipment	30.51
生活热水制备 Domestic hot water	0.00
总计 Total	106.41

中德合作高能效建筑—被动式低能耗建筑质量标识

Sino-German Energy-Efficient Buildings: Certificate

颁发日期：2017年10月11日　Issued at: 11.10.2017　建筑名称：威海市海源公园管理房　Project name: Weihai Haiyuan Park Administration Building　2

围护结构 Building enevelope	面积 Area [m²]	传热系数 K-Value [W/(m²K)]	保温层厚度 Thickness [cm]	材料 Material
屋顶/顶层楼板 Roof/upper ceiling	878.60	0.10	25	喷涂聚氨酯/PUR λ=0.023W/(mK)
外墙 External wall	896.14	0.12	20	喷涂聚氨酯/PUR λ=0.023W/(mK)
外窗 Window	164.68	0.98		铝包木型材，三玻中空真空复合玻璃，暖边间隔条 Aluminum-clad wood frame, triple insulated vacuum glazing, thermally isolated edge seals 5+16A+5Low-E+0.15V+5
遮阳 Shading				无活动外遮阳 No active exterior-shading
外门 Door	34.32	0.98		铝包木型材，三玻中空真空复合玻璃，暖边间隔条 Aluminum-clad wood frame, triple insulated vacuum glazing, thermally isolated edge seals 5+16A+5Low-E+0.15V+5
底板 Groundplate	639.57	0.15	20	挤塑聚苯板/XPS λ=0.029W/(mK)

设备工程 Building services	设备 Equipment	能源类型 Energy carrier
供暖设备 Heating	空气源热泵机组 Air source heat pump cogeneration system 多联机空调系统 VRV air conditioning system	周围环境冷、热能/电能 Environmental energy / Electricity
制冷设备 Cooling	空气源热泵机组 Air source heat pump cogeneration system 多联机空调系统 VRV air conditioning system	周围环境冷、热能/电能 Environmental energy / Electricity
生活热水制备 Domestic hot water	无 None	
新风系统 Ventilation	☒ 已安装新风系统/with ventilation system ☒ 有热回收装置/with heat recovery/热回收率/efficiency: 温度交换效率 temperature exchange **75%**/焓交换效率 enthalpy exchange **65%** ☒ 半集中式新风系统/semi-central system	
太阳能设备 Solar thermal system	☐ 太阳能设备集热面积/solar collectors area ☐ 用于制备生活热水/for domestic hot water production ☐ 用于辅助供暖/for auxiliary heating ☒ 光伏发电面积/PV-panel area: 24.32m²	

图9　中德合作高能效建筑—被动式低能耗建筑质量标识

威海海源公园一战华工纪念馆

威海市海源公园项目改造工程于2013年11月1日取得立项批复，为威海市政府投资的公益性项目。威海海源公园一战华工纪念馆由威海市园林管理局开发建设。该项目于2014年成为中德合作被动式低能耗建筑示范项目，同时是山东省首批11个省级被动式超低能耗绿色建筑试点示范项目之一，为住房和城乡建设部国际科技合作项目。

2017年3月31日，该项目通过住房和城乡建设部科技与产业化发展中心（CSTID）及德国能源署（dena）的质量验收。2017年10月11日，第五届中德合作被动式低能耗建筑技术交流研讨会上，获得中德合作高能效建筑—被动式低能耗建筑质量标识。整个项目的设计、建造时间是2015年6月至2017年3月。

1　项目概况

威海一战华工纪念馆位于山东威海海源公园内，在威海市环海路东侧、连林岛路南侧，东侧及南侧紧临黄海，周边主要是休闲疗养和滨海度假酒店，与市区其他滨海公园共同构建出威海独具特色的生态滨海景观廊道。

威海一战华工纪念馆是国内首个被动式低能耗建筑的纪念馆项目。该项目是为纪念一战期间，威海作为山东最大的华工招募集结地和训练出发港而建，目前为全国唯一的一个一战华工纪念馆。项目为清水混凝土建筑，建筑外形酷似一只远航的船，2/3部分嵌于地下，1/3部分面向大海，是集展览、科普、休闲于一体的综合性主题场馆，包括展览厅、放映厅、办公区和公共休息区。纪念馆建成后，大量详实、丰富的史料通过图片、实物等展示方式与市民见面，讲述一战华工的历史。

该建筑为钢筋混凝土剪力墙结构，总建筑面积为2343.9 m^2，基底面积2144.2 m^2，建筑高度4.5 m（室外设计地面至屋面最高点标高），体形系数0.26。建筑抗震设防烈度7度，耐火等级为一级。纪念馆内外装饰均采用清水混凝土。现浇清水混凝土工程质量完美，表面光洁，呈现出船身的木纹效果。屋顶均为种植屋面，局部设置石材汀步。

表1列出了威海一战华工纪念馆项目的主要参建单位。

表1　威海一战华工纪念馆项目主要参建单位

项目名称	威海一战华工纪念馆项目
项目地址	山东省威海市环翠区环海路海源公园内
建设单位	威海市园林管理局
设计单位	同济大学建筑设计研究院（集团）有限公司威海市建筑设计院有限公司
施工单位	威海崮山建筑安装有限公司
咨询单位	住房和城乡建设部科技与产业化发展中心（CSTID）德国能源署（dena）

（a）

（b）

图1　威海海源公园一战华工纪念馆

2　建筑技术方案

2.1　建筑节能规划设计

该项目建筑总平面规划设计的特点是屋顶绿化、半覆土植被绿化，有利于减少冬季散热，同时减少夏季得热；建筑设计充分利用自然通风，过渡季及夏季采用可开启外门窗自然进风，长廊排风口排风；主要房间避开了冬季主导风向（北向、东北向）和夏季最大日射朝向（西向）。建筑体型系数符合《公共建筑节能设计标准》DBJ14-036-2006的规定。

图2　威海一战华工纪念馆建筑节能规划设计（图片来源：威海市建筑设计院）

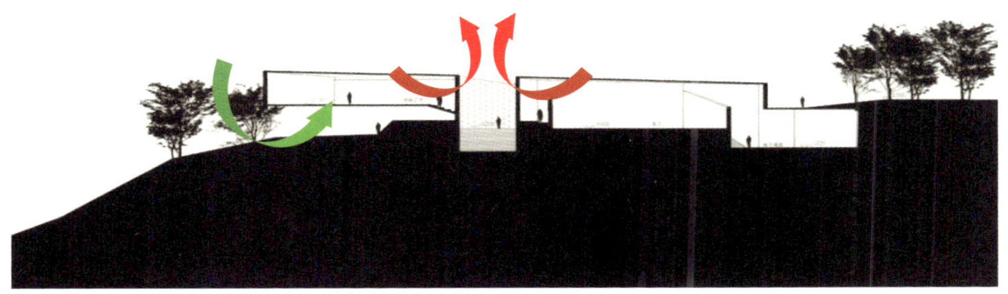

图3　威海一战华工纪念馆自然通风设计（图片来源：威海市建筑设计院）

2.2 外围护结构做法

本项目被动式低能耗建筑区域的建筑面积为1633.5 m²，包括展览馆层、设备层、设备夹层。为了实现地上外墙内、外表面均为素混凝土的立面效果，采取了砌筑两道清水混凝土墙体，内、外两道墙体中间铺设保温层的做法。以内侧300mm厚清水混凝土墙体作为主要结构墙体，在其上外挂式安装外门窗并铺设石墨聚苯板，完成保温层铺装后再浇筑外侧250mm厚清水混凝土墙体。图4为威海海源公园一战华工纪念馆平面图及防火分区图，图中红色线条范围内为该项目的被动式低能耗建筑处理区域。图5、图6为该项目的立面图、剖面图。

图4　威海海源公园一战华工纪念馆平面图

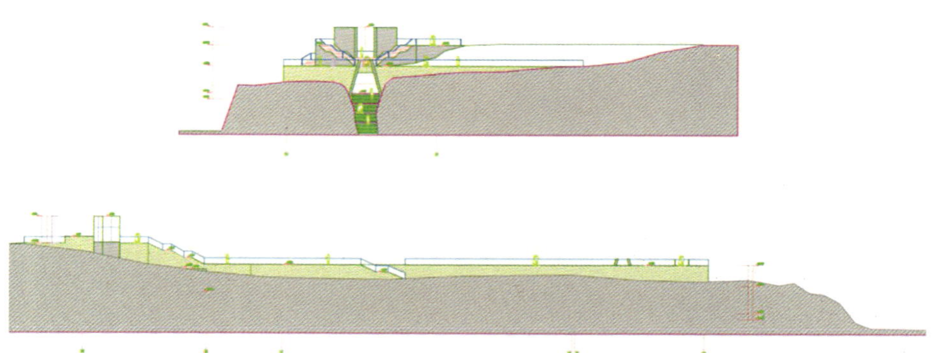

图5　威海海源公园一战华工纪念馆立面图（东立面、南立面）

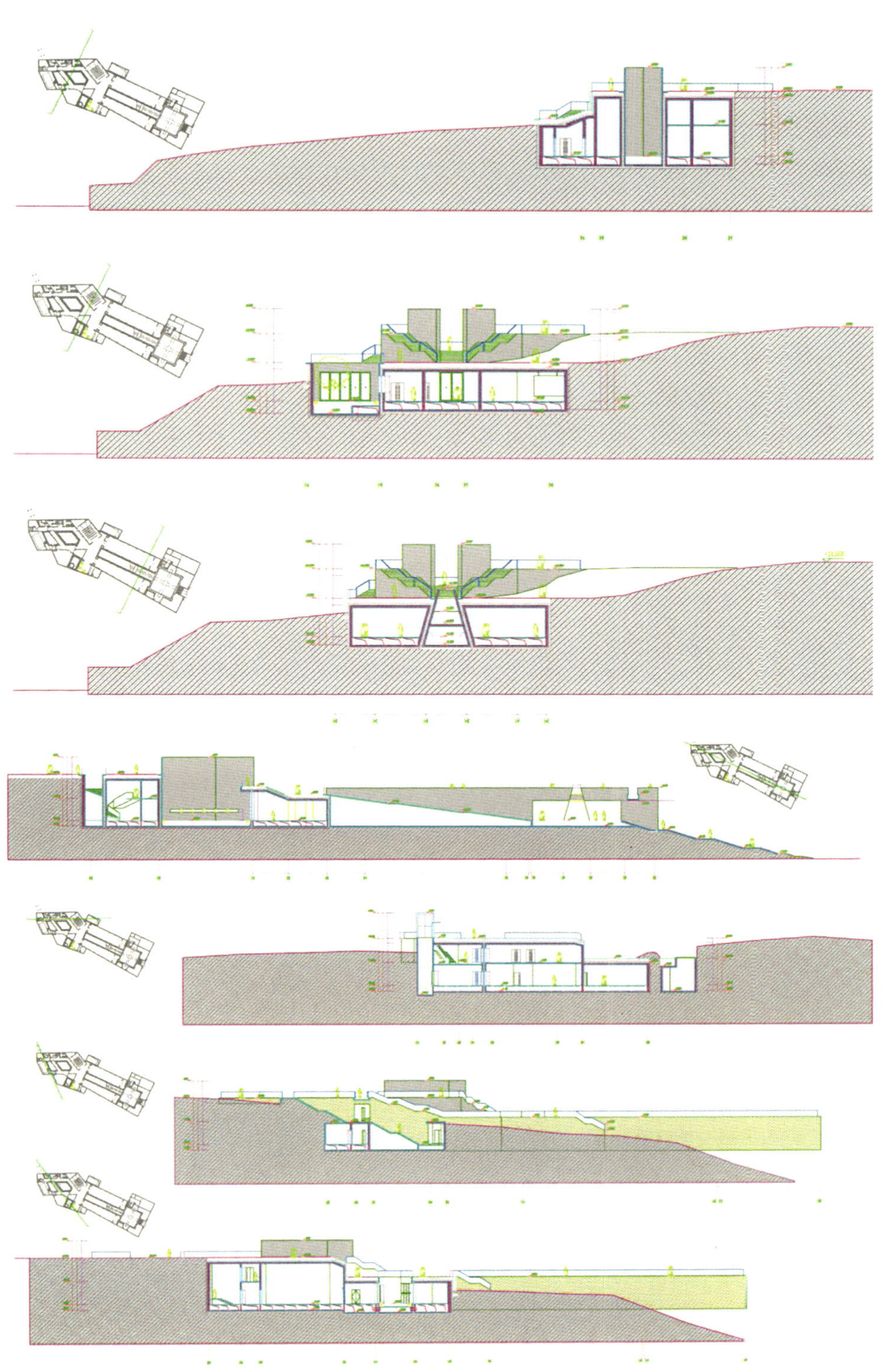

图6　威海海源公园一战华工纪念馆剖面图

具体的外围护结构保温做法为：地上外墙采用220mm厚石墨聚苯板，夹在内、外侧清水混凝土墙体中间；地下外墙采用220mm厚石墨聚苯板；屋面采用350mm厚钢筋混凝土屋面板外粘贴300mm厚挤塑聚苯板保温层，再做屋面地砖及草坪；底板采用200mm厚挤塑聚苯板。地上接触室外空气的外墙、地下接触土壤的外墙、屋面、底板的传热系数分别达到了0.19 W/（m^2·K）、0.18 W/（m^2·K）、0.10 W/（m^2·K）、0.15 W/（m^2·K）。

外门窗采用铝包木型材，透明部分采用三玻中空真空复合玻璃，并配置暖边间隔条，玻璃结构为（5+16A+5Low-E+0.15V+5），整窗传热系数达0.98 W/（m^2·K），玻璃的太阳能总透射比g值为0.522。

图7以及表2、表3给出了该项目外围护结构的主要技术参数。

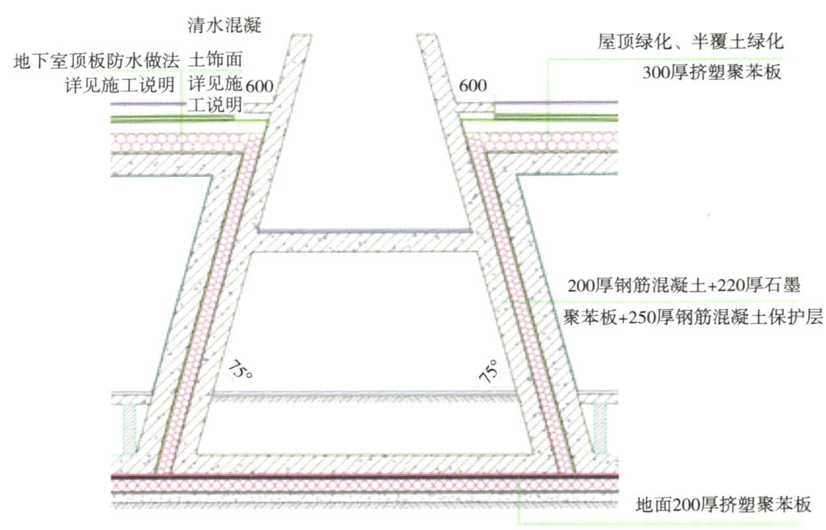

图7　威海一战华工纪念馆项目主要围护结构做法

表2　威海一战华工纪念馆项目非透明外围护结构的主要技术参数

项目	围护类型	朝向	面积，m^2	K，W/（m^2·K）	热惰性指标D	围护材料	太阳辐射吸收系数
北墙	外墙	北	782.59	0.19	6.09	220mm厚石墨聚苯板，λ=0.040 W/（m·K）	0.45
南墙	外墙	南	28.64				
西墙	外墙	西	13.30				
东北墙	外墙	东北	48.35				

续表

项目	围护类型	朝向	面积，m^2	K，W/（$m^2 \cdot K$）	热惰性指标D	围护材料	太阳辐射吸收系数
西南墙	外墙	西南	177.53	0.19	6.09	220mm厚石墨聚苯板，λ=0.040 W/（m·K）	0.45
东南墙	外墙	东南	10.47				
外墙（接触土壤）	地下室外墙	零	1113.06	0.18	6.13	220mm厚石墨聚苯板，λ=0.040 W/（m·K）	—
屋面	屋面	水平	1437.89	0.10	8.89	300mm厚挤塑聚苯板，λ=0.029 W/（m·K）	0.70
底板（接触土壤）	周边地面	零	1419.27	0.15	8.68	200mm厚挤塑聚苯板，λ=0.029 W/（m·K）	—

表3　威海一战华工纪念馆项目透明外围护结构的主要技术参数

名称	朝向	围护类型	个数	总面积，m^2	玻璃/洞口面积比	玻璃面积，m^2	K，W/($m^2 \cdot K$)	g	围护材料	活动遮阳参数		
										类型	遮阳系数	
											夏季	冬季
不带外遮阳窗	北	外窗	1	71.96	0.68	48.93	0.98	0.522	铝包木型材，T5+16A+TL5+0.15V+T5，暖边间隔条	无	—	—
防火门	北	外门	1	6.72	—	—	2（计算值）	—	木质隔热防火门	—	—	—

2.3　气密性措施

在建筑气密性方面，威海一战华工纪念馆是现浇混凝土结构，混凝土自身可视作气密层。在门窗洞口以及管道穿墙洞口等位置，采用防水隔汽膜、防水透汽膜进行密封处理。现场检查门窗洞口、穿墙管道等位置的气密性措施施工质量较好。

图8 门窗洞口以及管道穿墙洞口等位置的气密性处理

3 设备技术方案

该项目采用多联机空调系统作为采暖、制冷设备。通风系统采用了组合式多功能热回收空调以及半集中式全热回收新风机组。本项目无生活热水供应。空调系统室内机、室外机设备技术参数见表4。通风系统设备技术参数见表5。

表4　威海一战华工纪念馆项目空调系统设备技术参数

类别	设备名称	型号	制冷量 QL，kW	制热量QR，kW	功率，kW	数量
室内机	风管式室内机	FG-2.2	2.2	2.5	0.068	5
	四向气流室内机	FP-4-2.8	2.8	3.3	0.080	2
	四向气流室内机	FP-4-3.6	3.6	4.0	0.080	2
	四向气流室内机	FP-4-7.1	7.1	8.0	0.100	7
室外机	室外机	KT-3	22.4	25	5.10/5.48	1
	室外机	KT-4	56	63	16.82/15.90	1

表5　威海一战华工纪念馆项目通风系统设备技术参数

设备名称	型号	技术参数	功率，kW	数量
组合式多功能热回收空调	KT-1	风量：12400 m^3/h 冷量：112.9 kW 热量：119.4 kW 余压：300 Pa	49.1	1
组合式多功能热回收空调	KT-1	风量：13000 m^3/h 冷量：112.9 kW 热量：119.4 kW 余压：400 Pa	49.1	1
全热交换新风机组	XF-1	新风量：400 m^3/h 出口静压：110 Pa 焓交换效率：66% 温度交换效率：77%	0.254	2
全热交换新风机组	XF-2	新风量：500 m^3/h 出口静压：110 Pa 焓交换效率：65% 温度交换效率：76%	0.254	1

4　关键产品和材料

该项目的石墨聚苯板由威海大置塑材有限公司提供，各项指标检测结果为：表观密度19.1 kg/m^3，压缩强度112 kPa，导热系数（平均温度25℃）0.040 W/（m·K），垂直于板面方向的抗拉强度202 kPa（破坏部位位于EPS板内）。

屋面、底板保温用挤塑聚苯板由济南福耐斯新型建材有限公司供应，其检测结果为：导热系数（平均温度为25±2℃时）0.029 W/（m·K），压缩强度230 kPa。

外门窗采用威海嘉润木业有限公司提供的铝包木平开铝合金（门）窗系统。测试样窗总面积2.16m^2，开启缝长3.86m，配置真空中空复合玻璃5+（16）+5+（0.15）+5。整窗传热系数检测值为0.98 W/（m^2·K）。三性检测样窗达到抗风压性能8级（P_3=4.50 kPA），气密性能正压8级［q_1=0.41 m^3/（m·h），q_2=0.73 m^3/（m^2·h）］、负压8级［q_1=0.40 m^3/（m·h），q_2=0.71 m^3/（m^2·h）］，水密性能5级（ΔP=500 Pa）。空气声隔声性能属国标GB/T8485-2008第3级（计权隔声量和交通噪声频谱修正量之和R_w+C_{tr}=34dB）。

外门窗透明材料由烟台东方玻璃有限公司供应，玻璃配置为5+16A+5Low-E+0.15V+5。

门窗洞口密封材料采用Bosig GmbH德国博仕格有限公司供应的Winflex可抹灰型防水雨布，包括室内一侧防水隔汽膜、室外一侧防水透汽膜，预压缩膨胀密封带COMBBAND300（抗暴风雨强度300Pa），以及预压缩膨胀密封带COMBBAND600（抗暴风雨强度600Pa）。

该项目的空调系统室内机、室外机由广东美的暖通设备有限公司供应，组合式多功能热回收空调由南通华信中央空调有限公司供应，全热回收新风机组由广州沃森环保产业有限公司供应。

表6给出了威海一战华工纪念馆项目所涉及的关键产品和材料的供应商。

表6　威海一战华工纪念馆项目关键产品和材料供应商

石墨聚苯板	威海大置塑材有限公司
挤塑聚苯板	济南福耐斯新型建材有限公司
外门窗	威海嘉润木业有限公司
外门窗玻璃	烟台东方玻璃有限公司
门窗洞口密封材料	Bosig GmbH德国博仕格有限公司
空调系统	广东美的暖通设备有限公司
组合式多功能热回收空调	南通华信中央空调有限公司
全热回收新风机组	广州沃森环保产业有限公司

5 建筑能源需求技术指标

本项目热、冷负荷及需求的计算结果与建筑的运营方式，以及建筑内部的人员、照明、设备直接相关，其对计算结果影响显著。本次计算中，所考虑的项目运营情况如下：

（1）整栋建筑的每日运营时间为08:00～18:00；每年的工作日为302天（扣除11天法定节假日，以及每周1天休息日）。

（2）建筑内总人数按150人计算，不同时段的人员在室率详见后表。

（3）建筑内工作人员的新风需求量按30 m^3/（p·h）计算，参观人员的新风需求量按19 m^3/（p·h）计算。

（4）建筑内照明功率密度为6.5W/m^2，工作时段的照明同时使用系数为1。

（5）建筑内用电设备考虑有计算机、打印机、复印机、投影仪、显示屏，其中计算机按办公室工作人员每人1台计算，打印机按院长办公室1台、开放办公室2台计算，复印机按1台计算，投影仪按多媒体放映室2台计算，显示屏按多媒体放映室配置1台10m^2大屏幕显示器计算。用电设备散热密度详见后表。

本项目的温度控制条件为：工作日，工作时间（08:00～18:00），冬季室内控制温度20℃，夏季室内控制温度26℃；工作日，非工作时间（18:00～08:00），冬季室内控制温度15℃，夏季室内不控制温度。

建筑能耗计算参数详见表7～表11。

表7 威海一战华工纪念馆项目计算参数总结

项目		冬季	夏季
环境参数	室内设计温度，℃	20（08:00～18:00）	26（08:00～18:00）
		15（18:00～08:00）	不控制（18:00～08:00）
	空气调节室外计算温度，℃	−7.7	30.2
	最高/最低室外计算温度，℃	−3.7	29.8
	极端温度，℃	−13.2	38.4
	室外空气密度，kg/m^3	1.298	1.1668
	最大冻土深度，cm	47	—

续表

项目		冬季	夏季
采暖/制冷期参数	计算日期，mm/dd	11月01日～04月28日	06月01日～08月31日
	采暖/制冷计算天数，d	179	92
	计算方式	采暖期连续计算热需求	制冷期连续计算冷需求
新风设备参数	设备工作时间，h	08:00～18:00	08:00～18:00
	温度/焓交换效率，%	76（温度交换效率）	65（焓交换效率）
换气参数	通风系统换气次数，h^{-1}	0.57	0.57
	换气体积，m^3	4394.66	4394.66
	小时人流量，次/h	150（08:00～18:00）	150（08:00～18:00）
	开启外门进入空气，m^3/次	4.75	4.75
室内散热参数	总人数，人	150（男人75，女人75）	150（男人75，女人75）
	人员室内停留时间	详见后表	详见后表
	人体显热散热量，W	男：90；女：75.60	男：61；女：51.24
	人体潜热散热量，W	男：46；女：38.64	男：73；女：61.32
	灯光照明时间	08:00～18:00	08:00～18:00
	灯光照明密度，W/m^2	6.5	6.5
	照明同时使用系数	1	1
	设备散热时间	08:00～18:00	08:00～18:00
	设备散热密度，W/m^2	3.27	3.27
	设备同时使用系数	1	1

表8　新风设备参数计算

新风系统运行时间	8:00～18:00
新风系统运行小时数	10
换气体积，m^3	4394.66
人数	149
人员密度，人/m^2	0.09

续表

工作人员每人所需新风量，m^3/h	30
参观人员每人所需新风量，m^3/h	19
换气次数计算值，h^{-1}	0.68

表9 新风设备平均换气次数计算

新风系统运行模式	每日运行时间（h/d）	折减系数	运行换气次数，h^{-1}
Maximum	1	1.20	0.82
Standard	5	1.00	0.68
Basic	3	0.60	0.41
Minimum	1	0.30	0.20
平均换气次数，h^{-1}			0.57

表10 人员数量及停留时间参数

时间段	总人数	在室率	男人数/女人数
08:00 ~ 09:00	150	0.6	45/45
09:00 ~ 10:00	150	1	75/75
10:00 ~ 11:00	150	1.2	90/90
11:00 ~ 12:00	150	1	75/75
12:00 ~ 13:00	150	0.3	22.5/22.5
13:00 ~ 14:00	150	1	75/75
14:00 ~ 15:00	150	1	75/75
15:00 ~ 16:00	150	1	75/75
16:00 ~ 17:00	150	0.6	45/45
17:00 ~ 18:00	150	0.6	45/45

表11 室内设备散热计算表

用电设备	数量	同时使用系数	待机系数	得热系数	工况	功率，W	单位面积得热密度，W/m^2
计算机	10	0.5	0.3	1.0	工作	65	0.14
					待机	25	0.02
显示器	10	0.5	0.3	1.0	工作	70	0.15
					待机	0	0.00

续表

用电设备	数量	同时使用系数	待机系数	得热系数	工况	功率，W	单位面积得热密度，W/m^2
打印机	3	0.4	0.3	1.0	工作	215	0.11
					待机	35	0.01
复印机	1	1.0	0.7	1.0	工作	1100	0.20
					待机	300	0.13
显示屏	10	1.0	0.1	1.0	工作	400	2.20
					待机	0	0.00
投影仪	2	1.0	0.1	1.0	工作	280	0.31
					待机	5	0.00
得热密度总计，W/m^2							3.27

冬季考虑围护结构传热失热、通风失热以及内部热源得热，分析得到该项目热负荷为17.94 W/m^2。夏季考虑围护结构传热得热、辐射得热、通风得热以及内部热源得热，分析得到该项目冷负荷为24.94 W/m^2。

采用逐时的热平衡计算方法进行能耗分析，以11月01日至次年04月28日作为采暖计算期（共计179天），该项目的采暖需求为9.84 kWh/（m^2·a）。以06月01日至08月31日作为制冷计算期（共计92天），该项目的制冷需求为17.75 kWh/（m^2·a）。

表12　威海一战华工纪念馆项目能源需求技术指标

项目	计算值
热负荷，W/m^2	17.94
冷负荷，W/m^2	24.94
热需求，kWh/（m^2·a）	9.84
冷需求，kWh/（m^2·a）	17.75

表13　热负荷分析

失热，W/m^2		得热，W/m^2	
围护传热	14.86	内部热源	5.02
通风传热	8.10		
失热总计	22.96	得热总计	5.02
热负荷		17.94	

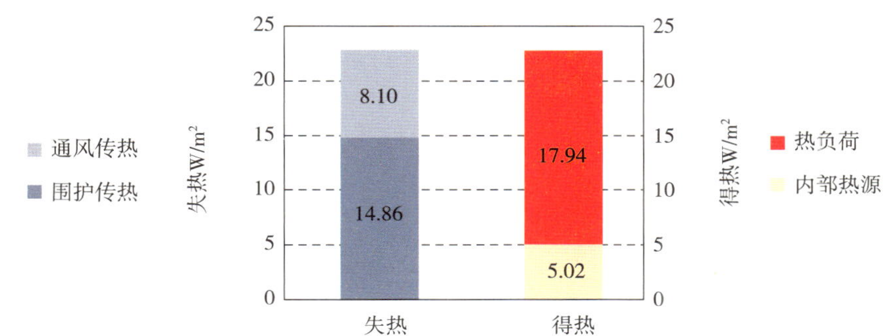

图9 热负荷构成分析图

表14 冷负荷分析

项目	出现时点	组成	计算值
峰值冷负荷	15:00	传热，W/m²	2.73
		辐射，W/m²	2.03
		人体，W/m²	10.51
		灯光，W/m²	5.27
		电热设备，W/m²	3.07
		通风渗透，W/m²	1.33
		得热总计，W/m²	24.94
		冷负荷，W/m²	24.94

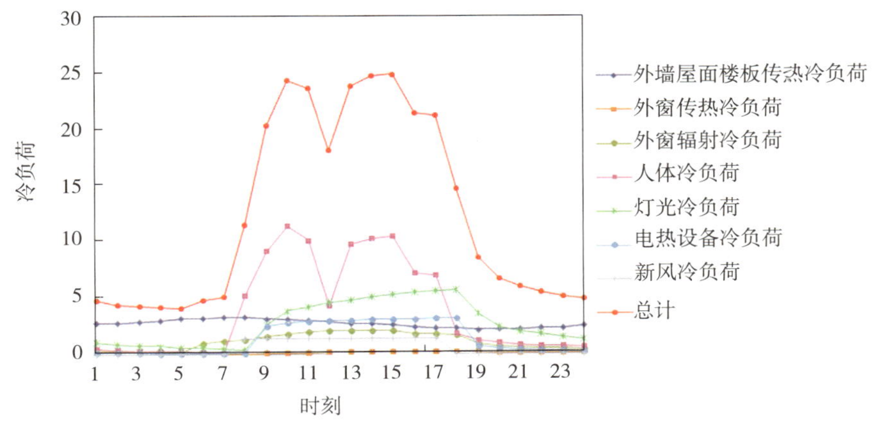

图10 全天冷负荷随时间变化图

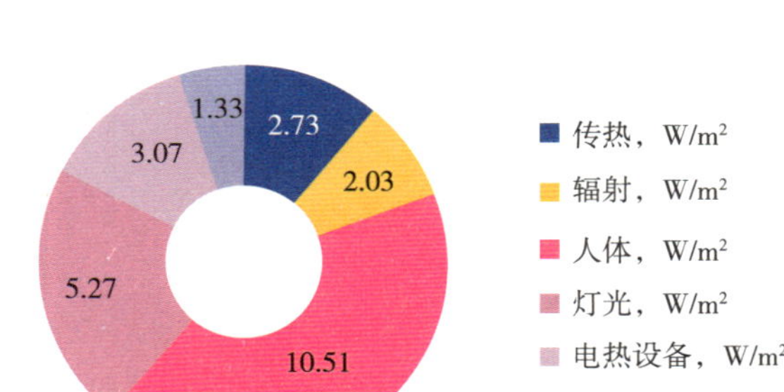

图11　冷负荷构成分析图

表15　采暖期能量得失平衡

失热，kWh/（m²·a）		得热，kWh/（m²·a）	
外墙传热	12.81	辐射	2.74
屋顶传热	5.02	人体	16.96
底板传热	4.70	照明	11.66
外窗传热	2.90	设备	5.85
通风失热	7.56	得热利用率	62.2%
失热总计	32.98	得热总计	23.13
热需求		9.84	

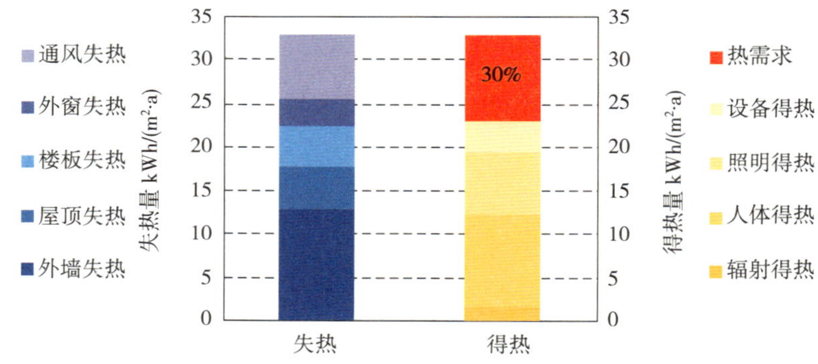

图12　采暖需求构成分析图

表16　制冷期能量得失平衡

得热，kWh/（m²·a）		占比，%
外窗传热得热	−0.03	0
非透明围护传热	1.88	10

续表

得热，kWh/（m²·a）		占比，%
外窗辐射得热	2.26	12
通风得热	-0.48	-3
人体得热	7.83	43
灯光得热	3.85	21
设备得热	2.45	13
总得热	18.27	100
总散热	-0.52	
散热利用率	100.0%	
冷需求	17.75	

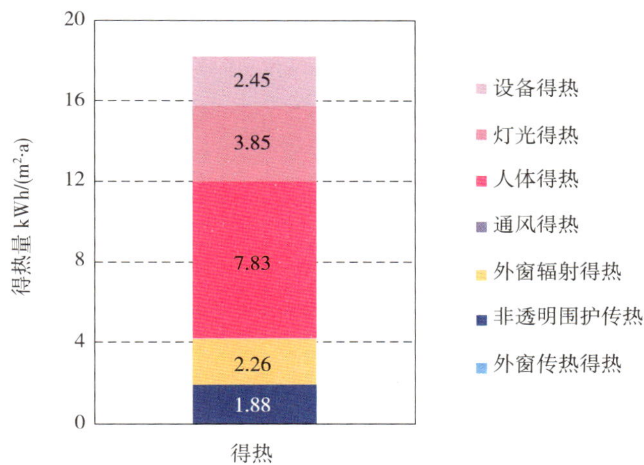

图13　制冷需求构成分析图

将采暖、制冷、通风、照明、电器设备五部分能耗全部考虑在内（本项目无生活热水设施），该项目的总终端能源需求、总一次能源需求，以及总CO_2排放量分别为38.59 kWh/（m²·a）、115.77 kWh/（m²·a）和38.48 kg/（m²·a）。各技术指标具体分析结果详见表17。

表17　威海一战华工纪念馆项目一次能源需求指标及CO_2排放分析结果

项目	终端能耗，kWh/（m²·a）	一次能源需求，kWh/（m²·a）	CO_2排放量，kg/（m²·a）
采暖	2.70	8.09	2.69
制冷	5.62	16.85	5.60

续表

项目	终端能耗，kWh/（m^2·a）	一次能源需求，kWh/（m^2·a）	CO_2排放量，kg/（m^2·a）
通风	2.73	8.20	2.72
照明	17.67	53.00	17.62
热水	0.00	0.00	0.00
电器	9.88	29.63	9.85
总计	38.59	115.77	38.48

6 气密性检测

2017年3月31日，德国能源署、住房和城乡建设部科技与产业化发展中心对威海一战华工纪念馆项目的施工质量进行了质量验收。整体施工质量较好，满足中德合作被动式低能耗建筑的要求。

该项目的建筑气密性测试于2017年3月30日由山东建筑科学研究院完成。测试结果为：负压n_{-50}=0.20/h，正压n_{+50}=0.21/h，平均$n_{\pm 50}$=0.21/h，完全符合被动式低能耗建筑要求。

7 项目质量标识

2017年10月11日，第五届中德合作被动式低能耗建筑技术交流研讨会上，威海市海源公园一战华工纪念馆项目获得中德合作高能效建筑—被动式低能耗建筑质量标识。在住房和城乡建设部建筑节能与科技司倪江波副司长的见证下，住房和城乡建设部科技与产业化发展中心俞滨洋主任、文林峰副主任和德国能源署Nicole Pillen女士共同向项目建设单位威海市园林管理局颁发了威海市海源公园一战华工纪念馆的中德合作高能效建筑—被动式低能耗建筑质量标识。

中德合作高能效建筑—被动式低能耗建筑质量标识

Sino-German Energy-Efficient Buildings: Certificate

颁发日期：2017年10月11日 Issued at: 11.10.2017

建筑名称：威海市海源公园一战华工纪念馆 Project name: Weihai Haiyuan Park Memorial Hall

能源需求技术指标 Energy demand

建筑信息 Building

主要使用功能 Type of building	纪念馆 Memorial hall
地址 Address	山东省威海市环翠区环海路海源公园内 Huanhai Road, Huancui District, Weihai City, Shandong Province
开发单位 Developer	威海市园林管理局 Weihai Landscape Administration
建造年份 Year of construction	06.2015 - 03.2017
建筑面积/供暖面积 Gross floor area / Total heated area	2343.9 m^2 / 1633.5 m^2
体形系数 Surface/volume ratio	0.26

能效数据 Energy performance (all energy values are calculated with gross floor area)

能效等级 Energy level	
终端能源需求量 Final energy demand	38.59 kWh/(m^2a)
一次能源需求总量 Primary energy demand	115.77 kWh/(m^2a)
二氧化碳排放量 CO_2 emissions	38.48 kg/(m^2a)

A 中德高能效建筑设计标准 Sino-German Energy Efficiency Standard

B 公共建筑节能设计标准 GB 50189-2015 Design Standard for Energy Efficiency of Public Buildings

C 公共建筑节能设计标准 GB 50189-2005 Design Standard for Energy Efficiency of Public Buildings

D 低于公共建筑节能设计标准 GB 50189-2005 worse than GB Standard

日期 Date

11.10.2017

证书编号 Certificat ID

CN-DE-PP-14-1-2017

负责人签名 Signature

中国住房和城乡建设部
科技与产业化发展中心（CSTC）

负责人签名 Signature

德国能源署（dena）

中德合作高能效建筑—被动式低能耗建筑质量标识

Sino-German Energy-Efficient Buildings: Certificate

颁发日期： Issued at:	2017年10月11日 11.10.2017	建筑名称： Project name:	威海市海源公园一战华工纪念馆 Weihai Haiyuan Park Memorial Hall

综合能效评价
Overall evaluation of energy efficiency

热需求 / **Space heating demand:** 9.84 kWh/(m²a)

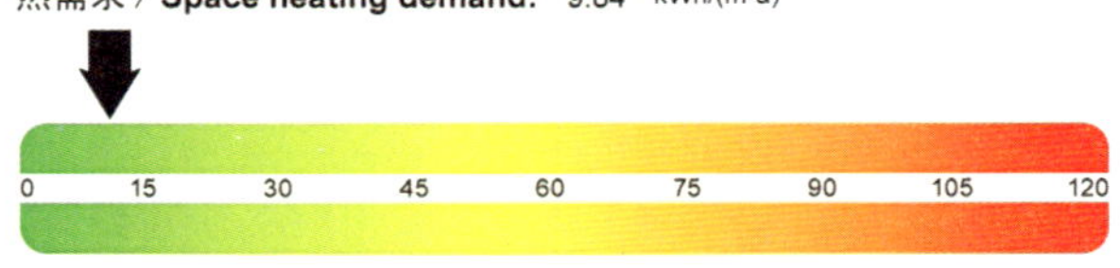

热负荷/ **Space heating load:** 17.94 W/m²

冷需求 / **Space cooling demand:** 17.75 kWh/(m²a)

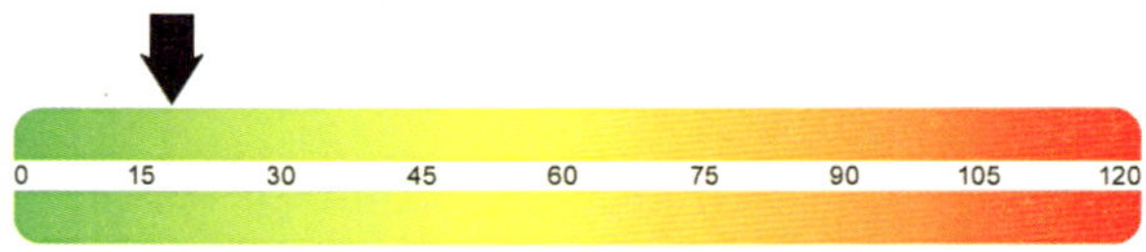

冷负荷/ **Space cooling load:** 24.94 W/m²

一次能源需求总量/ **Primary energy demand:** 115.77 kWh/(m²a)

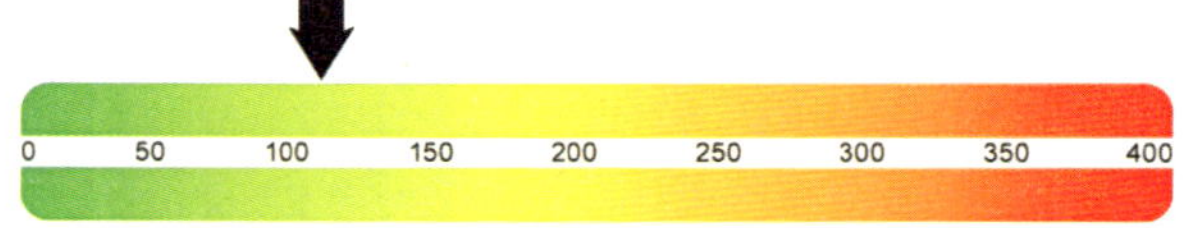

围护结构
Building envelope

传热系数 / K-Value [W/(m²K)]	
屋顶/顶层楼板 Upper ceiling/roof	0.10
地上部分外墙/地下部分外墙 External wall / external basement wall	0.19 / 0.18
外窗/外门 Window/door (standard)	0.98 / 0.98 & 2.00
底板 Bottom floor	0.15
气密性/Airtightness (h⁻¹)	
n_{50}	0.21

一次能源需求数据
Primary energy demand [kWh/(m²a)]

供暖需求 Space heating	8.09
制冷需求 Space cooling	16.85
照明需求 Lighting	53.00
通风需求 Ventilation	8.20
办公设备 Office equipment	29.63
生活热水制备 Domestic hot water	0.00
总计 Total	115.77

中德合作高能效建筑—被动式低能耗建筑质量标识

Sino-German Energy-Efficient Buildings: Certificate

颁发日期：2017年10月11日 Issued at: 11.10.2017　建筑名称：威海市海源公园—战华工纪念馆 Project name: Weihai Haiyuan Park Memorial Hall　2

围护结构 Building enevelope	面积 Area [m²]	传热系数 K-Value [W/(m²K)]	保温层厚度 Thickness [cm]	材料 Material
屋顶/顶层楼板 Roof/upper ceiling	1437.89	0.10	30	挤塑聚苯板/XPS λ=0.029W/(mK)
地上外墙/地下外墙 External wall / external basement wall	1060.88 / 1113.06	0.19 / 0.18	22	石墨聚苯板/EPS λ=0.040W/(mK)
外窗 Window	17.70	0.98		铝包木型材，三玻中空真空复合玻璃，暖边间隔条 Aluminum-clad wood frame, triple nsulated vacuum glazing, thermally isolated edge seals 5+16A+5Low-E+0.15V+5
遮阳 Shading				无活动外遮阳 No active exterior-shading
外门 Door	54.26 / 6.72	0.98 / 2.00（计算值 calculated value）		铝包木型材，三玻中空真空复合玻璃，暖边间隔条 / Aluminum-clad wood frame, triple insulated vacuum glazing, thermally isolated edge seals 5+16A+5Low-E+0.15V+5 / 木质隔热防火门 Wood insulated fire door
底板 Bottom floor	1419.27	0.15	20	挤塑聚苯板/XPS λ=0.029W/(mK)

设备工程 Building services	设备 Equipment	能源类型 Energy carrier
供暖设备 Heating	空气源热泵机组 Air source heat pump cogeneration system 多联机空调系统 VRV air conditioning system	周围环境冷、热能/电能 Environmental energy / Electricity
制冷设备 Cooling	空气源热泵机组 Air source heat pump cogeneration system 多联机空调系统 VRV air conditioning system	周围环境冷、热能/电能 Environmental energy / Electricity
生活热水制备 Domestic hot water	无 None	
新风系统 Ventilation	☒ 已安装新风系统/with ventilation system ☒ 有热回收装置/with heat recovery/热回收率/efficiency: 温度交换效率 temperature exchange **76%**/焓交换效率 enthalpy exchange **65%** ☒ 半集中式新风系统/semi-central system	
太阳能设备 Solar thermal system	□ 太阳能设备集热面积/solar collectors area □ 用于制备生活热水/for domestic hot water production □ 用于辅助供暖/for auxiliary heating □ 光伏发电面积/PV-panel area	

图14　中德合作高能效建筑—被动式低能耗建筑质量标识

各地政策

河北省

河北省住房和城乡建设厅

冀建科〔2017〕12号

关于印发《河北省建筑节能与绿色建筑发展“十三五”规划》的通知

各市（含定州、辛集市）住房和城乡建设局（建设局）、城乡规划局、城管局（公用局、供热办）、住房保障和房产管理局，石家庄、保定市园林局：

《河北省建筑节能与绿色建筑发展“十三五”规划》已经省政府同意，现予印发，请结合实际认真贯彻执行。

河北省住房和城乡建设厅

2017年4月12日

河北省建筑节能与绿色建筑发展“十三五”规划

一、发展现状

（一）“十二五”工作

“十二五”期间，我省以实施国家《民用建筑节能条例》《河北省民用建筑节能条例》、省政府办公厅转发《省发展改革委省住房城乡建设厅〈关于开展绿色建筑行动创建建筑节能省实施意见〉的通知》为主线，以科技进步为支撑，积极推广新技术新材料，建筑节能工作取得重要成就。新建建筑较好地执行了节能标准，居住建筑试点执行75%节能设计标准，既有建筑节能改造超额完成任务，绿色建筑由试点示范到普及快速发展，被动式低能耗建筑取得突破，可再生能源建筑应用比例大幅上升，公共建筑节能监管体系得到完善，圆满完成“十二五”规划各项目标。

1. 新建建筑节能。我省依法加强新建项目规划、设计、施工、验收等阶段的全过程闭合管理，严格执行建筑节能标准，建立健全有效的工作机制和规章制度，不断提高新建建筑节能水平。2015年底，全省城镇节能建筑累计达到4.49亿平方米，比“十一五”末增加2.79亿平方米，节能建筑占全省城镇民用建筑总面积的40.37%，比2010年提高20.83个百分点。

在全国较早实施居住建筑75%节能标准。2014年10月1日起，保定、唐山两市开展居住建筑执行75%节能标准试点。2015年4月17日，颁布河北省《居住建筑节能设计标准（节能75%）》，我省对标准执行做出全面部署，承德、廊坊、秦皇岛等市陆续实施。

被动式低能耗建筑取得零的突破。中德合作秦皇岛“在水一方”住宅小区、省建筑科技研发中心办公楼，分别为我国最早建成的被动式低能耗居住建筑（也是第一座被动式建筑）和公共建筑，开创了我国被动式低能耗建筑的先河，在全国起到示范引领作用。2015年底，全省累计竣工被动式低能耗建筑6万多平方米，在建和设计阶段项目近40万平方米。2015年5月1日起，实施河北省《被动式低能耗居住建筑节能设计标准》，为我国第一部被动式低能耗建筑设计标准。

2. 绿色建筑。我省通过政策支持、示范推动等措施，促进了绿色建筑的发展。认真落实《关于开展绿色建筑行动创建建筑节能省的实施意见》，自2014年起，政府投资建筑、单体建筑面积超过2万平方米的大型公共建筑，以及省会建设的保障性住房，均执行绿色建筑标准。秦皇岛、廊坊、承德等市陆续全面执行绿色建筑标准。“十二五”期间，全省累计获得绿色建筑评价标识188个，建筑面积1917.67万平方米，位居全国先进行列。2015年，新建建筑中绿色建筑占比达到26.7%。

3. 既有居住建筑节能改造。2015年底，累计完成既有居住建筑供热计量及节能改造9766万平方米，占具备改造价值老旧住宅总量的83.6%，其中

“十二五”期间完成6661万平方米，超额完成5000万平方米目标任务，取得良好的社会效益和环境效益。2015年，唐山、承德两市荣获住建部、世界银行、全球环境基金“中国供热改革与建筑节能项目”优秀示范城市称号。

4. 可再生能源建筑应用。“十二五”期间，因地制宜开展太阳能热水、地源热泵等建筑应用，可再生能源建筑应用规模不断扩大。太阳能热水由分散和独立朝着规模化、一体化方向发展，由低层向高层发展。13个国家级可再生能源建筑应用示范市、县（区）取得重要建设成果。2015年底，全省可再生能源建筑应用面积累计达到1.8亿平方米，其中“十二五”期间新增1.08亿平方米（太阳能7560万平方米，地源热泵3240万平方米）。2015年，可再生能源建筑应用面积占新建建筑比例达42%。

5. 公共建筑节能。“十二五”期间，开展了节约型校园建设、公共建筑能耗监测及节能改造，加强了公共建筑节能监管，降低了公共建筑能耗。全省8所高校开展国家级节能监管体系建设项目示范，2015年底有7所通过验收。省级公共建筑能耗监测平台初步实现数据网络传输。7个设区市建成市级中转能耗监测平台，87栋建筑纳入平台监管。累计完成公共建筑节能改造500万平方米，其中“十二五”期间完成400万平方米。

6. 建筑节能新技术和标准体系。“十二五”期间，绿色建筑、被动式低能耗建筑、建筑保温与结构一体化等技术广泛应用，印发《河北省不同地区绿色建筑技术分类适用目录》，颁布《河北省推广、限制和禁止使用建设工程材料设备产品目录》，提高了建筑节能和绿色建筑水平。

累计颁布实施《居住建筑节能设计标准（节能75%）》《绿色建筑评价标准》等50多个标准规程，启动编制了《绿色建筑设计标准》《被动式低能耗建筑施工及验收规程》等多个标准规程，建筑节能与绿色建筑技术标准体系日趋完善，提供了有力的技术支撑。

（二）存在的问题

1. 社会认知度仍需提高。全社会建筑节能和绿色建筑发展的意识尚待增强，建筑节能与绿色建筑应摆上更加重要的位置，能源、资源浪费现象还比较严重。

2. 市场化程度还不够。运用合同能源管理等市场化手段开展建筑节能工作不够深入，政府引导、市场推动发展的体制机制不够健全，节能市场潜力尚未充分发挥。

3. 标准体系尚待完善。建筑运营管理、能耗目标控制、绿色建筑设计及验收等标准尚需完善，农村建筑节能工程标准体系亟待健全。

（三）发展面临的形势

《国民经济和社会发展第十三个五年规划纲要》提出，实施建筑能效提升和绿色建筑全产业链发展计划。《河北省国民经济和社会发展第十三个五年规划纲要》提出，加快建设绿色城市，实施绿色建筑行动计划，推广绿色建材，新建住宅全部执行75%节能设计标准。省委、省政府联合印发的《关于进一步加强城市规划建设管理工作的实施意见》提出，强力推行居住建筑75%节能设计标准，大力发展被动式低能耗建筑，建设正能建筑。

“十三五”是我省建筑行业转型升级的重要时期。开展建筑节能和发展绿色建筑，最大效率利用资源和最低限度影响环境，能够缓解城镇化进程中的资源和环境约束，促进建筑技术革新，推动建筑生产方式变革，实现建筑产业优化升级，拉动节能环保建材和新能源应用，提高城乡建设和新型城镇化发展水平。

二、总体要求

（一）指导思想

牢固树立“创新、协调、绿色、开放、共享”的发展理念，认真贯彻“适用、经济、绿色、美观”的建筑方针，紧紧抓住新型城镇化、京津冀协同发展的战略机遇期，以提升建筑能效水平为主线，大力实施科技创新、管理创新，提高节能标准，提升建筑能源利用效率，优化建筑用能结构，全面提升建筑节能与绿色建筑品质。

（二）发展目标

到2020年，政策法规、技术标准、市场监管、产业支撑等体系不断完善；新建建筑提高节能设计标准；绿色建筑普及发展，品质不断提升；具备改造价值的既有居住建筑供热计量及节能改造比例进一步提高；可再生能源建筑应用范围和规模持续扩大；公共建筑节能监管得到加强；农村建筑节能积极开展。建筑节能总体工作处于全国先进水平。“十三五”期间，新增建筑实现节约标准煤1500万吨左右。

到2020年，城镇既有建筑中节能建筑占比超过50%，其中城镇既有居住建筑中节能建筑所占比例预期达到60%；新建建筑能效水平比2015年提高

20%；居住建筑单位面积平均采暖能耗比2015年预期下降15%；新建城镇居住建筑全面执行75%节能设计标准；建设被动式低能耗建筑100万平方米以上；城镇新建建筑全面执行绿色建筑标准，绿色建筑占城镇新建建筑比例超过50%；城镇公共建筑能耗降低5%；可再生能源建筑应用面积占城镇新增建筑面积超过49%，城镇建筑中可再生能源替代常规能源比例超过9%；经济发达地区及重点区域农村建筑节能取得突破，采取节能措施的比例超过10%。

三、重点任务

（一）实施“建筑能效提升工程”

1. 提升建筑节能标准。在开展试点示范的基础上，全面执行居住建筑75%节能设计标准。同时，实施好公共建筑执行新的节能设计标准工作。在新建建筑设计、施工、验收等环节，加强对贯彻执行节能标准的监管，确保标准执行的质量。

2. 推广被动式低能耗建筑。总结被动式低能耗建筑示范经验，结合我省气候特征和自然条件、人文特色，研发适用的被动式低能耗建筑技术，推动被动式低能耗建筑集中连片建设，条件成熟的率先实现区域规模化发展。建立适合我省特点的被动式低能耗建筑认证体系。开展零能耗建筑和正能建筑试点示范建设。

3. 提升既有建筑能效。筛选符合国家要求的既有居住建筑改造项目，列入建筑节能规划及年度改造计划。鼓励开展既有居住建筑节能综合改造和绿色化改造，鼓励按照高标准进行节能改造，探索被动式低能耗节能改造。量化节能改造效果评估，确保改造质量和效果。

（二）全面推进绿色建筑发展

1. 扩大规模，提升品质。全面执行绿色建筑标准。各市（含定州、辛集市）创建一批20万平方米以上、各县（市）创建一批10万平方米以上高星级绿色建筑品牌小区。获得绿色建筑评价标识项目中二星级及以上项目比例超过80%，并提高获得运行标识项目所占比例。建立第三方评价机制，完善评价监督制度。

2. 开展施工图审查。将民用建筑执行绿色建筑标准纳入工程建设管理程序。编制实施《绿色建筑施工图设计审查要点》，对绿色建筑项目进行施工图审查。严格设计变更管理，未经原审查机构审查、复审的设计，不得作为施工、监理和验收的依据。

3．强化绿色施工和运营管理。建筑施工阶段严格执行绿色标准，加强施工现场节电、节水以及污水、泥浆、扬尘、噪声污染排放管理，实现施工过程绿色化。提升运行管理水平，降低建筑运行能耗。实现由传统模式向绿色物业管理转变，引入能源托管、高能耗设备专业化管理模式。

（三）规模化开展可再生能源建筑应用

1．开展项目后评估。组织开展可再生能源建筑应用示范市、县验收工作，搞好可再生能源建筑应用示范实践总结及后评估，提高系统集成、工程咨询、运行管理等方面的能力，为可再生能源建筑应用提供借鉴。

2．因地制宜积极推进。大力推进太阳能综合利用，高层建筑加快发展太阳能热水应用，城镇新增太阳能建筑应用面积8000万平方米以上。推广热泵系统建筑应用，在适宜发展浅层地能的地区，优先发展地埋管地源热泵系统。除严寒以外地区，积极推广空气源热泵技术。新增浅层地热能及空气能等建筑应用面积2000万平方米以上。鼓励具备条件的建筑工程应用太阳能光伏系统。

3．抓好张家口可再生能源建筑应用。积极支持张家口可再生能源示范区建设工作。在城乡普及太阳能热利用，规模化推广太阳能热水系统。推进应用风能、太阳能等可再生能源进行绿色采暖。在地热资源丰富的赤城、阳原、怀来等县，配合有关部门抓好地热供暖示范项目建设。

（四）加强公共建筑节能监管

1．扩大公共建筑节能监测监管范围。全面完成住建部要求的公共建筑能耗监测平台建设任务，逐步将所有重点用能建筑和政府办公建筑、大型公共建筑纳入能耗监测平台。推动建设节约型学校（医院）、智慧能源体系建设试点，使单位水耗、电耗强度持续下降，组织实施绿色校园、医院示范建设。逐步启动旅游、商业、交通、文化、体育等领域节约型公共建筑、公共机构建设。

2．研究并逐步实施公共建筑能耗限额制度。在充分开展调研的基础上，总结不同类型公共建筑单位面积能耗特点，出台公共建筑能耗限额，建立能耗限额和超能耗加价制度。对于大型公共建筑项目，研究建立节能标准执行全过程的节能调适及后评估制度。强化公共建筑节能运行管理，最大限度地实现能源和资源节约。

3．开展公共建筑节能审计和改造。研究制定公共建筑节能审计办法，选取典型国家机关办公建筑和大型公共建筑进行能源审计，将审计结果作为节能改造的依据。推动高校、医院、科研院所等重点公共建筑和公共机构率先开展节能改造或绿色改造示范，完成公共建筑节能改造面积330万平方米以上。

（五）推进农村建筑节能

1．推广新型节能结构体系。开展新型节能结构体系试点示范，推动建筑保温与结构一体化、装配式建筑等新型结构体系在农村建筑中的应用。

2．开展节能改造。结合“美丽乡村”建设，加大农村危房改造建筑节能示范力度，扩大农村建筑节能示范地域及数量，覆盖到每个县。开展农村建筑节能改造示范，带动农村建筑节能改造工作。

3．推广新能源和新型建材。开展被动式太阳房试点，推广太阳能、地源热泵、空气源热泵及相互结合采暖和太阳能热水系统，鼓励新能源、可再生能源在农村建筑中的应用。开展新型建材下乡行动，促进新型建材在村镇建设中的应用。

（六）大力发展建筑节能新技术，推广新材料

1．发展新技术。以实现高质量的建筑节能，推动城市绿色、低碳、生态发展为目标，研究高性能建筑围护结构材料、建筑功能型材料等关键技术，推广建筑能效提升、既有建筑绿色化改造、区域能源系统优化配置、可再生能源建筑应用和绿色施工等技术体系及成套产品装备。引导设计、施工等单位采用建筑节能新技术。

2．推广新材料、新产品。实施建筑全产业链绿色供给行动，到2020年，城镇新建建筑中新型建材应用率达到80%，绿色建材应用率超过40%。开展绿色建材评价工作。及时修订相关工程建设标准，引导设计、施工单位采用新材料和新产品。推广节能门窗、高性能混凝土、高强度钢筋等，减少粉尘污染，延长建筑使用寿命。

3．加快科技创新。加快建立以企业为主体、市场为导向、产学研用相结合的技术创新体系。加快相关技术研究与科技成果转化。引导和支持高等院校与企业加强合作，建设绿色建筑、被动式低能耗建筑、建筑产业现代化、建筑保温与结构一体化技术及相关设备、部品研究、推广基地，打造聚集全

省相关大专院校、科研单位，以及设计、施工单位为一体的科技人才平台。

四、保障措施

（一）加强组织领导

加强对建筑节能和绿色建筑工作的领导，将其纳入国民经济和社会发展规划及年度工作计划，摆上重要工作日程。根据建筑节能与绿色建筑发展目标和重点任务，建立统一部署、分工负责、协调配合的工作机制，扎实推进各项工作。完善目标考核责任制，定期开展督导检查，及时解决工作中出现的问题。

（二）完善法规政策和标准体系

开展《河北省民用建筑节能条例》实施效果评估，制定我省《绿色建筑发展条例》，依法加强建筑节能与绿色建筑管理。及时调整完善各项激励政策，包括财政补贴、减免城市建设配套费等政策措施。编制我省《建筑节能工程施工质量验收规范》《绿色建筑工程施工验收规范》《被动式低能耗公共建筑节能设计标准》《绿色建筑设计标准》等标准规程。

（三）强化全过程监管

从规划、设计、施工到运行管理阶段，对新建建筑实施严格监管，进一步完善建筑全过程能效监管体系。进行区域能源规划，严格执行节能标准，大力提升施工阶段建筑节能标准执行质量，落实行政审批责任制和问责制。加强对物业公司的管理，通过宣传培训等手段，实现建筑运行管理节能。

（四）推进市场化进程

积极探索基于市场的建筑节能商业模式。运用合同能源管理等市场化方式开展可再生能源建筑应用、公共建筑节能监管、既有建筑节能改造等。采取“建设—运营—服务”为一体的能源管理模式，鼓励采用PPP模式推进建筑节能。

（五）增强技术支撑能力

鼓励科研单位、企业联合成立技术中心，加大科技攻关力度，加快产学研用一体化步伐。支持重大共性关键技术、产品、设备的研发及产业化推广。支持产品、设备性能检测机构，建筑应用效果检测评估机构等公共服务平台建设。加大技术研发及产业化支持力度，扶持产业做强做优。构建以能耗目标为导向的建筑节能技术支撑体系。加强建筑节能与绿色建筑管理制度、技术研究，提升建筑节能管理水平。

（六）加大宣传教育力度

充分发挥社会团体作用，通过各种媒体和展会、公益广告、交流研讨、典型案例、现场体验等载体和方式，向全社会大力宣传建筑节能与绿色建筑政策法规、科普知识、目标任务，让各主体和公众知晓相关责任、义务，自觉参与到建筑节能与绿色建筑工作中来，更好地推进工作的开展。

石家庄市人民政府文件

石政规〔2018〕3号

石家庄市人民政府关于加快推进被动式超低能耗建筑发展的实施意见

各县（市、区）人民政府，高新区、循环化工园区和综合保税区管委会，市政府有关部门：

为打造低碳石家庄，实现绿色崛起，高标准推进我市建筑节能工作，不断提升广大人民群众的住房品质，根据国家、省有关要求，结合我市实际，现就加快推进被动式超低能耗建筑（以下简称被动房）发展提出如下意见。

一、总体要求

（一）指导思想

以新型城镇化需求为牵引，牢固树立新发展理念，加快"转型发展、绿色发展、创新发展、率先发展"，在新建建筑中大力推进被动房建设。

（二）发展目标

1. 2018年，全市全面启动被动房试点工作。

2. 到2020年，全市累计开工建设被动房不低于100万平方米；桥西区、裕华区、新华区、长安区、高新区、正定县（含新区）累计开工建设被动房各不低于10万平方米；鹿泉区、栾城区、藁城区累计开工建设被动房各不低于5万平方米；其他各县（市）新开工建设被动房各不低于1万平方米。

二、工作重点

（一）加强被动房建设监管。自此文件下发之日起，桥西区、裕华区、新华区、长安区、鹿泉区、栾城区、藁城区、高新区、正定县（含新区）对出让、划拨地块在100亩（含）以上或总建筑面积在20万平方米（含）以上的项目，在规划条件中明确必须建设一栋以上被动房，开工建设被动房面积不低于总建筑面积的10%；根据节能和环保工作需要，可在桥西区、新华区、裕华区、长安区、高新区、正定县（含新区）选择部分项目，整体采用被动式超低能耗方式建设（作为出让条件，在土地出让时予以明确），以起到示范引领作用。在项目审批和备案环节，对未按要求建设被动房的，规划、住建、审批部门不予办理规划审批、节能备案和施工许可。

各级建设行政主管部门要充分发挥综合管理作用，同步协调立项、规划、土地出让、设计、施工、监理、质量监督等各个环节，明确责任，加强监管，认真做好建筑节能审查备案、材料复检、过程监管、专项验收等闭合管理工作，确保被动房建设落实到位。被动房建筑设计文件应符合《建筑工程设计文件编著深度规定》，并编制设计专篇。强化建筑节能施工监督管理，严控建筑节能设计变更，防止通过施工图变更，随意降低建筑节能质量。严管建筑节能检测机构，严禁检测单位超资质、超范围或出具虚假建筑节能检测报告。严格专项验收，对达不到被动房设计标准的，不得出具验收合格报告。严格项目建设、设计、监理、施工等机构的主体责任。切实落实被动房节能信息公示制度。

（二）推广应用高效节能门窗。新建民用建筑工程要根据国家、省发布的《建设工程材料设备绿色节能产品推广目录》，选用高效节能门窗、低辐射镀膜玻璃、节能环保漆等绿色建材产品。门窗企业要从材料采购源头做好管控，保证门窗企业使用合格材料（如铝型材、玻璃、密封胶、胶条、五金等），生产合格达标产品。

（三）大力发展绿色建材产业。依托国家、省、市科研院所和知名高校，特别是充分发挥建筑节能新型绿色建材基地和研发机构的作用，大力发展绿色建材产业。对绿色、节能的新兴建材产业项目和企业，以节能优先的原则，在政策、资金等方面给予倾斜，使其迅速发展壮大，带动、提升全市绿色建材产业，在我市快速形成新兴产业集群。

（四）不断提升建筑节能软实力。着力增强建筑节能领域研发、检测和实验能力。培育被动房及配套部品生产企业。建设全国一流水平的检测实验中心，全面提升建筑节能技术水平，切实为建筑节能新材料研发和新兴产业崛起提供强有力的科技支撑。

三、政策支持

（一）给予用地支持。对按照被动房标准要求建设的项目，优先保障用地。

（二）在容积率上给予支持。在办理规划审批（或验收）时，对于采用被动房方式建设的项目，按其建设被动房的地上建筑面积9%给予奖励，不计入项目容积率。奖励的不计入容积率面积，不再增收土地价款及城建配套费用。

（三）优化办事流程。为被动房项目报建手续开辟绿色通道。对主动采用被动房方式建造的单体建筑，投入开发建设资金达到工程建设总投资的25%以上和施工进度达到主体动工（已取得《建筑工程施工许可证》），可办理《商品房预售许可证》；被动房建筑在办理商品房价格备案时，可上浮30%。

（四）给予差别热费（居民）和热力贴费（非居民）减免。支持优先采用清洁能源作为被动房补充供热方式。不参加集中供热的免收差别热费（居民）和热力贴费（非居民）；参加集中供热的差别热费（居民）和热力贴费（非居民）按20%收取，用户实行计量收费。

（五）给予财政补贴。对符合被动房节能标准的建筑项目，竣工后经专家评定，达到被动房建设标准，由市财政给予补贴。2018—2019年开工建设（已取得《建筑工程施工许可证》时间为准）的，每平方米补贴200元，单个项目不超过300万元；2020年开工建设（已取得《建筑工程施工许可证》时间为准）的，每平方米补贴100元，单个项目不超过200万元。政府投资项目，增量成本部分可计入投资预算。

四、保障措施

（一）加强组织领导。市政府成立以主管副市长为组长，主管副秘书长为副组长，市住建局、市发改委、市国土局、市规划局、市财政局、市科技局、市国税局、市地税局、市环保局、市审批局、市金融办等部门主要负责同志为成员的领导小组，负责统筹规划、组织协调、整体推进全市被动房工作。领导小组下设办公室，办公室设在市住建局，负责推进被动房建设日常工作，办公室主任由市住建局主要负责同志兼任。各县（市、区）也要成立相应领导机构，切实加强组织领导，确保这项工作的顺利开展。

（二）明确职责分工。各有关部门要严格按照市政府确定的被动房发展目标，认真履行职责，确保工作落实到位。住建部门负责推进被动房的统筹协调工作并抓好落实。发改部门负责审核产业政策。行政审批部门负责立项阶段的审批、核准、备案、施工许可及预售许可等工作。国土部门负责保障被动房项目用地。规划部门负责在规划审批环节源头把关（同时征求同级住建部门关于民用建筑节能强制性标准的相关意见）。财政、税务部门负责落实财税优惠政策。供热单位负责落实相关补贴和费用减免。其他有关部门按照各自职责，大力支持被动房建设。

（三）完善论证机制。由市领导小组办公室会同相关部门组建被动式超低能耗建筑专家委员会。被动式超低能耗建筑专家委员负责参与研究和制定被动式超低能耗建筑相关政策、发展规划以及重大科技项目选题论证；试点项目评估、新技术和新工艺论证、部品论证、住宅性能认定等被动式超低能耗建筑相关技术服务指导工作。专家委员会论证意见作为项目享受各项优惠激励政策的主要依据。

（四）抓好专业培训。加大对工程技术人员、施工人员在被动房设计、施工、监理、验收等方面的培训，不断提升业务水平，为被动房的长远发展打下坚实的技术和人才基础。

（五）加大宣传报道。通过报纸、电视、电台和网络等媒体，大力宣传被动房的重要意义，引导企业和市民树立良好的节能意识和消费观念，提高社会各界对被动房的认知度。

附件：推进被动式超低能耗建筑（被动房）工作目标责任分解表

石家庄市人民政府

2018年2月14日

（此件公开发布）

附件

推进被动式超低能耗建筑（被动房）工作目标责任分解表

序号	内容	责任单位
1	2018年，全市全面启动被动房试点。	各县（市、区）政府
2	自文件下发之日起，桥西区、裕华区、新华区、长安区，总建筑面积在20万平方米（含）以上项目，在建设项目规划条件中明确必须建设一栋以上被动房，开工建设被动房面积不低于总建筑面积10%，并在规划审批环节予以明确（同时征求同级住建部门关于民用建筑节能强制性标准的相关意见）。根据节能和环保工作需要，可在桥西区、新华区、裕华区、长安区、高新区、正定县（含新区）选择部分项目，整体采用被动式超低能耗方式建设（作为出让条件，在土地出让时予以明确），以起到示范引领作用。	市规划局
3	自文件下发之日起，桥西区、裕华区、新华区、长安区，出让或划拨地块在100亩（含）以上的，在建设项目规划条件中明确必须建设一栋以上被动房，开工建设被动房面积不低于总建筑面积10%，并在土地出让或划拨决定环节予以明确；根据节能和环保工作需要，选择部分项目，监体采用被动式超低能耗方式建设（作为出让条件，在土地出让时予以明确），以起到示范引领作用。对采用被动房方式建设的建筑，奖励的不计入容积率面积，不再增收土地价款及城建配套费用。	市国土局
4	自文件下发之日起，鹿泉区、栾城区、藁城区、高新区、正定县（含新区）出让或划拨地块在100亩（含）以上的或总建筑面积在20万平方米（含）以上项目，在建设项目规划条件中明确必须建设一栋以上被动房，开工建设被动房面积不低于总建筑面积10%，并在土地出让、划拨决定以及规划审批环节予以明确。对采用被动房方式建设的建筑，奖励的不计入容积率面积，不再增收土地价款及城建配套费用。	鹿泉区政府 栾城区政府 藁城区政府 高新区管委会 正定县政府
5	到2020年，桥西区、裕华区、新华区、长安区、高新区、正定县（含新区）累计开工建设被动房各不低于10万平方米；鹿泉区、栾城区、藁城区累计开工建设被动房各不低于5万平方米；其他各县（市）新开工建设被动房各不低于1万平方米。	县（市、区）政府

续表

序号	内容	责任单位
6	对符合被动房节能标准的建筑，竣工后经专家评定，达到被动房建设标准，由市财政给予补贴。2018—2019年开工建设（已取得《建筑工程施工许可证》时间为准）的，每平方米补贴200元，单个项目不超过300万元；2020年开工建设（已取得《建筑工程施工许可证》时间为准）的，每平方米补贴100元，单个项目不超过200万元。	市财政局
7	在容积率上给予支持。在办理规划审批（或验收）时，对于采用被动房方式建设的项目，按其建设被动房的地上建筑面积9%给予奖励，不计入项目容积率。奖励的不计入容积率面积，不再增收土地价款及城建配套费用。	市规划局 市住建局 县（市、区）政府
8	对主动采用被动房方式建造的单体建筑，投入开发建设资金达到工程建设总投资的25%以上和施工进度达到主体动工（已取得《建筑工程施工许可证》），可办理《商品房预售许可证》。	市审批局 市住建局 县（市、区）政府
9	被动房建筑在办理商品房价格备案时，可上浮30%。	市发改委 市住建局 县（市、区）政府

石家庄市推进被动式超低能耗建筑工作领导小组办公室
石家庄市装配式建筑发展领导小组办公室 文件

石低能耗办〔2018〕6号

石家庄市推进被动式超低能耗建筑工作领导小组办公室
石家庄市装配式建筑发展领导小组办公室
关于被动房和装配式建筑有关工作的通知

各县（市、区）人民政府，高新区、循环化工园区和综合保税区管委会，市直有关部门：

石家庄市人民政府《关于加快推进被动式超低能耗建筑发展的实施意见》（石政规〔2018〕3号）和《关于大力发展装配式建筑的实施意见》（石政规〔2018〕5号）发布实施以来，取得了良好的效果。为进一步促进我市被动式超低能耗建筑（以下简称被动房）和装配式建筑统筹协调发展，现就有关事项通知如下：

一、在整个地块（含代建项目）全部工程项目按照装配式建筑建设的，可不建设被动房；在整个地块（含代建项目）全部工程项目按照被动房建设的，可不建设装配式建筑。未全部建设装配式建筑的，须按石政规〔2018〕3号文件要求建设被动房；未全部建设被动房的，须按石政规〔2018〕5号文件要求建设装配式建筑。

二、发改、国土、规划、住建、行政审批、城管、财政等部门要认真贯彻落实市政府石政规〔2018〕3号、石政规〔2018〕5号文件精神，结合各自职责，加强协调配合，做好对被动房和装配式建筑的监管和服务工作，严格把关，及时落实相关优惠政策，共同促进我市被动房和装配式建筑健康有序发展。

石家庄市推进被动式超低能耗建筑工作领导小组办公室

石家庄市装配式建筑发展领导小组办公室

2018年6月11日

石家庄市推进被动式超低能耗建筑工作领导小组办公室　2018年6月12日印发

石家庄市住房和城乡建设局
石家庄市发展和改革委员会
石家庄市城市管理委员会
石家庄市国土资源局 文件
石家庄市城乡规划局
石家庄市财政局
石家庄市行政审批局

石住建办〔2018〕108号

关于落实被动式超低能耗建筑优惠政策工作的通知

为积极响应国家、省关于大力提高建筑节能标准的相关要求，不断提升广大人民群众的住房品质，2018年2月，市政府印发了《关于加快推进被动式超低能耗建筑发展的实施意见》（石政规〔2018〕3号）。为进一步促进我市被动式超低能耗建筑（以下简称“被动房”）发展，现就落实优惠政策有关事项通知如下：

一、对桥西区、裕华区、新华区、长安区、鹿泉区、栾城区、藁城区、高新区、正定县（含新区）出让、划拨地块在100亩（含）以上或总建筑面积在20万平方米（含）以上的项目，在规划条件中明确必须建设一栋以上被动房，开工建设被动房面积不低于地上总建筑面积的10%。建设被动房优先保障用地，作为供地条件，在土地供应时予以明确。（规划局、国土局分别负责）

出让、划拨地块在100亩以下或总建筑面积在20万平方米以下，或在石政规〔2018〕3号文件发布之前取得土地的项目，建设单位主动申请建设被动房的，不再变更土地出让合同及规划条件，可享受石政规〔2018〕3号文件中规定的优惠政策。

二、申请单位向住建局提出申请建设被动房并做出承诺，住建局出具同意建设被动房的认定函后，规划局对采用被动房方式建设的建筑，在规划总平面图及建设工程规划许可证中予以注明，落实其地上建筑面积9%不计入容积率的奖励政策，施工图审查阶段严格按照规划注明的被动房要求和被动房设计标准予以把关，未达到被动房设计要求的不予通过施工图审查，不得办理施工许可。（住建局、规划局、行政审批局分别负责）

三、取得施工图设计文件审查合格书后，建设单位提出申请，组织专家对设计阶段是否达到被动房标准进行评审。（市住建局负责）

四、依据专家评审意见和市推进被动房工作领导小组办公室通知，享受价格备案上浮和提前办理《商品房预售许可证》优惠政策。[发改委（局）、行政审批局、住建局分别负责]

五、被动房奖励的不计入容积率面积不超过地上建筑面积的9%，不再增收土地价款及城建配套费用。（国土局、财政局分别负责）

六、被动房竣工后，建设单位提出申请，组织专家进行评审。（市住建局负责）

七、依据竣工后专家评审意见和市推进被动房工作领导小组办公室通知，减免差别热费（居民）、热力贴费（非居民）和享受财政补贴政策。[城管委（局）、财政局、住建局分别负责]

八、截至2018年6月30日前，对已取得建设工程规划许可证未办理预售许可证的项目，建设单位主动申请建设被动房的，住建局出具同意建设被动房的认定函后，在满足规划要求的前提下，按石政规[2018)]3号文件中规定的优惠政策，规划局重新办理建设工程规划许可。2018年7月1日后，不再受理已取得建设工程规划许可证的项目变更。建设单位主动要求建设被动房的，可享受石政规[2018]3号文件中规定的除容积率奖励外的其他优惠政策。[规划局、住建局、国土局、财政局、发改委（局）分别负责]

九、对享受优惠政策的被动房项目，政府各有关部门要按照石政规[2018]3号文件要求严格把关。在项目审批和备案环节，对未按要求建设被动房的，规划、住建、审批部门不予办理规划审批、节能备案和施工许可。对达不到被动房标准要求的，由住建局下发整改通知书，责令并督促建设单

位予以整改，不按要求整改的，不予办理竣工验收备案。（各职能部门分别负责）

石家庄市住房和城乡建设局
石家庄市发展和改革委员会
石家庄市城市管理委员会
石家庄市国土资源局
石家庄市城乡规划局
石家庄市财政局
石家庄市行政审批局
2018年5月25日

主送：各县（市、区）住建局、发改局、城管局、国土局、规划局、财政局、行政审批局，各勘察设计、房地产开发、建筑施工、监理、施工图设计文件审查单位。

石家庄市住房和城乡建设局办公室　　2018年5月28日印发

张家口市住房和城乡建设局文件

张住建科字〔2018〕3号

张家口市关于做好装配式和被动式超低能耗建筑推进工作的通知

各有关科室、各有关单位

为深入落实《张家口市人民政府关于推进建筑产业现代化大力发展装配式建筑的实施意见》（张政字［2017］29号）的要求，形成工作的合力，按照《张家口市人民政府办公室关于印发张家口市人民政府2018年重点工作目标任务分解方案的通知》（张政办字［2018］19号）工作部署以及2018年我局中心工作任务分解，结合实际，现将做好装配式和被动式超低能耗建筑推进工作有关事项通知如下：

一、指导思想

以习近平新时代中国特色社会主义思想为指导，全面落实新时代、新担当、新作为的总体要求，深入学习和把握国家及省、市关于推进装配式和被动式超低能耗建筑的政策精神，充分认识发展装配式和被动式超低能耗筑对于推进我市绿色城镇体系建设实现质量强市、绿色发展的现实意义，积极适应新形势、新任务、新标准、新要求，统筹协调，合力推进。

二、组织领导

成立装配式和被动式超低能耗建筑推进工作领导小组，组长由局长担任，副组长由各分管副局长、调研员、总工程师担任，各有关科室及单位主要负责人为成员。办公室设在节能办，主任由孙洪波同志兼任，常务副主任由周金生同志兼任，副主任由节能办主任担任。

三、目标任务

全面贯彻党中央、国务院和省委省政府、市委市政府的要求，按照积极引导、试点示范、科技引领、合力推进、城乡一体、规模发展、创先创优的原则和步骤，以主城区和环首都各县为重点区域，通过建立多部门协同推进工作机制，快速建立完善的监管和服务体系，聚力推动我市建筑工程建设方式的转变和建筑产业转型升级，推进我市城乡建筑技术水平和工程质量的提升。在着力培育一批设计、施工、部品部件规模化生产企业、具备现代装配建造技术水平的工程总承包企业以及与之相适应的专业化技能建设队伍的同时，至2022年，实现我市装配式建筑占新建建筑面积的比例达到30%和被动式低能耗绿色建筑规模化发展的目标。

四、工作职责

1. 积极引导全市房地产开发项目全面采用装配武建筑，推广被动式超低能耗建筑。（房地产科负责）

2. 积极推进装配式建筑和被动式超低能耗建筑科技发展，充分发挥我市工程设计审图和检测行业人才优势，针对技术需求，协助开展必要的技术学习、交流、研讨，提出合理化建议。对装配式建筑和被动式超低能耗建筑按照省科技示范项目和企业工法要求优先申报。（科技科负责）

3. 主动做好与财政局、规划局、国土资源局、行政审批局等有关部门的对接与协调工作，为装配式和被动式超低能耗项目享受优惠政策的落实提供支持与服务。（财务科、节能办、房产交易中心负责）

4. 推动并有效落实棚户区改造项目中装配式建筑或被动式超低能耗建筑项目的实施。（住房保障科负责）

5. 在城乡建设项目中，积极推进装配式建筑建设和规模化发展工作。（城镇化办公室、村镇科负责）

6. 培育适应建筑产业现代化和装配式建筑发展需求的工程总承包企业，探索符合国家政策要求和我市实际并具有行业引领作用的装配式建筑项目管理模式，做好装配式和被动式超低能耗建筑项目工程监理和竣工验收备案工作。（建工科负责）

7. 严格执行有关规范标准、强化全过程监管，全面做好装配式和被动式超低能耗建筑工程施工过程中质量和安全监督工作。（质监站、安监站负责）

8. 做好装配式和被动式超低能耗建筑项目造价管理工作。（造价站负责）

9. 抓好装配式建筑产业基地建设、平台搭建与行业引导工作，推广建筑节能新材料在装配式建筑和被动式超低能耗建筑中的应用，负责装配式和被动式超低能耗建筑项目咨询服务、技术认定工作。（节能办负责）

10. 加大宣传力度，增强社会认知，在督导各成员科室、单位推进措施报备和分阶段工作的落实的同时，及时总结和宣扬好经验、好做法。（督查科负责）

五、工作要求

1. 装配式和被动式超低能耗建筑推进工作领导小组根据国家、省、市有关大力推动装配式和被动式超低能耗建筑的决策部署以及局中心工作安排，按照国家和省市的政策与要求统一部署、统筹协调各成员单位的推进工作。领导小组办公室按照工作节点要求，拟制推进规划、工作方案和具体实施计划，指导并督促各成员单位抓好落实。

2. 各成员单位要提高思想认识，加强政策理论和业务学习，充分发挥工作的积极性、主动性、创造性，树立全局意识、服务意识、责任意识和创新意识，积极做好工作的沟通协调，善于结合工作职责建立行之有效的推进措施，全力支持并合力推动装配式和被动式超低能耗建筑项目建设发展，按照职责积极做好各县（区）推进工作的指导和监督。

3. 各责任科室、单位要吃透各级政府的政策要求和有关规范、标准，结合实际认真研究制定本部门具体推进措施，制定方案，压实责任，落实到人。具体推进措施形成书面材料并于本文件印发后5日内交督查科汇总后报装配式和被动式超低能耗建筑推进工作领导小组。

张家口市住房和城乡建设局

2018年6月22日

保定市人民政府

保政函〔2018〕54号

保定市人民政府关于推进被动式超低能耗绿色建筑发展的实施意见（试行）

各县（市、区）人民政府、开发区管委会，市政府有关部门：

随着京津冀协同发展的深入，为打造低碳保定，大力推进生态文明建设，提升城市环境质量、人民生活品质及建筑能效水平，根据国家、省有关要求，结合我市实际，现就加快推进被动式超低能耗绿色建筑（以下简称超低能耗建筑）发展提出如下意见。

一、总体要求

坚持示范引领、标准先行。围绕重点领域，聚焦关键环节，通过实施一批示范工程，制定和完善超低能耗建筑系列标准，实现超低能耗建筑向标准化、规模化、系列化方向发展。

坚持属地管理、产业联动。各县（市、区）政府、开发区管委会加强组织领导，协调相关部门，实施目标管理，鼓励和引导科研单位、材料设备生产厂家、房地产开发企业、物业及能源管理单位等积极参与，培育超低能耗建筑市场健康、有序发展。

二、主要任务

（一）加强超低能耗建筑技术研究和集成创新，增强自主保障能力。鼓励开展超低能耗建筑相关技术和产品的研发，开展一批新技术、新材料、新设备、新工艺研究项目，通过资源整合、开放共享，不断提升自主创新能力，增强自主保障能力，降低建设成本，逐渐形成超低能耗建筑发展的全产业链体系。

（二）执行国家和省级超低能耗建筑相关标准，制定适合保定气候区特点的技术标准指南。认真执行住房和城乡建设部《被动式超低能耗绿色建筑技术导则（试行）（居住建筑）》、河北省《被动式低能耗居住建筑节能设计标准》DB13（J）/T177-2015、河北省《被动式超低能耗建筑施工及验收规程》DB13（J）/T238-2017。编制保定市超低能耗建筑相关设计、材料应用技术指南和施工技术规程、超低能耗建筑工程设计、施工图集，形成完善的超低能耗建筑设计施工标准体系。

三、配套政策

一是给予用地支持。国土资源部门在拟定宗地供地方案前，就项目是否实施超低能耗建筑征求住建部门意见，对应采用超低能耗建筑方式建设的项目，超低能耗建筑建设方式作为土地出让的前置条件，在出让方案中明确；应确定当年超低能耗建筑用地供应量，到2019年，超低能耗建筑用地面积不少于当年建设供地面积总量的10%，到2020年应不少于20%。

二是明确非计容面积。对于采用超低能耗建筑方式建设的项目，规划、国土、住建等部门涉及容积率计算时，对其建设超低能耗建筑的地上建筑面积9%不计入项目容积率。非计容面积不计征城市基础设施配套费、不再增收土地价款。

三是创新举措、优化办事流程。为超低能耗建筑项目报建手续开辟绿色通道。对采用超低能耗建筑方式建造的单体建筑，投入开发建设资金达到工程建设总投资25%以上和施工进度达到正负零的，可办理《商品房预售许可证》；超低能耗建筑在办理商品房价格备案时，房地产企业应持行业主管部门核准的超低能耗建筑认定书（或相关文件）到价格主管部门进行商品房价格备案。莲池区、竞秀区、高新区商品房备案价格可上浮30%；其他县（市、区）、开发区依据本地实际情况，自行制定出备案价格调整幅度。

四是争取财政资金支持。对超低能耗建筑项目，市建设主管部门按河北省住房和城乡建设厅有关建筑节能专项资金管理文件，支持并配合项目建设单位申请省超低能耗建筑示范补助资金。新建项目每平方米补助100元、单体项目最高不超过300万元。各地政府及财政、住建部门，要支持超低能耗建筑项目建设单位向省财政厅申请免征城市基础设施配套费。

五是鼓励未开工项目改建超低能耗建筑。已取得土地、规划等手续，尚未开工建设的项目，改建超低能耗建筑的，同等享受相关优惠政策，有关部门配合办理变更手续。

六是鼓励农村建设超低能耗建筑。各县（市、区）政府、开发区管委会在条件成熟的情况下，鼓励农村建设超低能耗建筑样板房，以发挥引领示范作用，各地可自行制定奖励（鼓励）政策。

七是鼓励开展装配式超低能耗建筑高品质绿色示范项目。可享受装配式建筑和超低能耗建筑相关政策。

四、加强监管

各县（市、区）、开发区确定整体项目采用超低能耗方式建设时，应将建设方式作为土地出让条件予以明确。在项目审批和备案环节，对未按超低能耗建筑行业主管部门要求落实建设的，规划、住建、审批部门不予办理规划审批、节能备案和施工许可。

各级建设行政主管部门要充分发挥综合管理职能，同步协调立项、规划、土地出让、设计、施工、监理、质量监督等各环节，明确责任，加强监管，实施超低能耗建筑建设全过程监管，严格落实施工图纸设计审查备案、施工全过程检查、节能产品及工程检测、超低能耗建筑专项验收等制度。鼓励引入国际国内超低能耗建筑权威认证机构参与事前事中与事后的监督认证。对达不到超低能耗建筑设计标准的，不得出具验收合格报告，确保超低能耗建筑的相关技术标准和要求落实到位。

对竣工验收气密性不达标的项目要严肃追责。监理和质监人员在过程监管中，没有发现问题或发现问题没及时责令停工整改的，要追究法律责任；取消开发建设单位享受的超低能耗建筑所有优惠政策，开发单位要补缴和退还财政奖励资金、赔偿购房群众损失，承担相应法律责任。

五、保障措施

（一）加强组织领导。市政府成立以主管副市长为组长，主管副秘书长、市住建局局长为副组长，市发改委、市国土局、市规划局、市财政局、市行政审批局、国网保定供电公司等部门主要负责同志为成员的领导小组，负责统筹规划、组织协调、整体推进全市超低能耗建筑工作。领导小组下设办公室，办公室设在市住建局，负责推进超低能耗建筑建设的日常工作，办公室主任由市住建局局长兼任。各县（市、区）、开发区也要成立相应领导机构，切实加强组织领导，确保此项工作的顺利开展。

（二）明确职责分工。各有关部门要严格按照市政府确定的发展目标，认真履行职责，确保落实到位。住建部门负责超低能耗建筑的统筹协调并抓好落实；发改部门负责价格备案审核；国土部门负责超低能耗建筑项目供地；规划部门负责在规划审批阶段做好相关配合工作，在建设工程规划许可证核发时一并进行设计方案审查；供电公司负责超低能耗建筑小区用电保障；行政审批部门负责立项阶段的审批、核准、备案、施工许可及预售许可等工作；财政部门负责落实超低能耗建筑的奖励资金政策。其他有关部门按各自职责，大力支持超低能耗建筑建设工作。

（三）完善论证机制。由市领导小组办公室会同相关部门组建超低能耗建筑专家委员会。专家委员负责参与研究和制定超低能耗建筑相关政策、发展规划以及重大科技项目选题论证、试点项目评估、新技术和新工艺论证、部品论证等超低能耗建筑相关技术服务指导工作。专家委员会论证意见作为项目享受各项优惠政策的主要依据。

（四）加强技术培训。建设部门负责相关人才培养的规划，在技术和人才方面为超低能耗建筑的长远发展打下坚实基础。从事超低能耗建筑设计、施工、监理、验收等方面的工程管理和施工技术人员，应通过参加国家权威机构组织的超低能耗建筑技术培训，不断提升业务水平，确保工程质量。

（五）广泛深入宣传。通过多种渠道，积极宣传超低能耗建筑特点优势、法律法规、政策措施、典型案例和先进经验，增强公众对超低能耗建筑和相关技术、产品的认知和接受度，在全社会营造推广超低能耗建筑的良好氛围。

本意见自颁布之日起实施，各地可根据本地实际制定实施方案。

保定市人民政府

2018年6月9日

保定市人民政府办公厅　　2018年6月11日印发

衡水市住房和城乡建设局

关于加快推进被动式超低能耗建筑发展的实施意见（试行）

各县市、区住建局，市直有关单位：

为打造低碳衡水，实现绿色崛起，高标准推进我市建筑节能工作，不断提升广大人民群众的住房品质，根据国家、省有关要求，结合我市实际，现就加快推进被动式超低能耗建筑（以下简称被动房）发展提出如下意见。

一、总体要求

（一）指导思想

以新型城镇化需求为牵引，牢固树立新发展理念，加快“转型发展、绿色发展、创新发展、率先发展”，在新建建筑中大力推进被动房建设。

（二）发展目标

1. 2018年，全市全面启动被动房试点工作。

2. 到2020年，全市累计开工建设被动房不低于5万平方米；冀州区累计开工建设被动房不低于1万平方米。

二、工作重点

（一）加强被动房建设监管。

自此文件下发之日起，主城区总建筑面积在10万平方米（含）以上的项目，开工建设被动房面积不低于总建筑面积的10%；根据节能和环保工作需要，可在主城区内选择部分项目，整体采用被动房方式建设，以起到示范引领作用。

各级建设行政主管部门要充分发挥综合管理作用，同步协调设计、施工、监理、质量监督等各个环节，明确责任，加强监督，认真做好建筑图纸审查备案、材料复检、过程监督、专项验收等闭合管理工作，确保被动房建设落实到位。

被动房建筑设计文件应符合《建筑工程设计文件编著深度规定》，并编制设计专篇。强化建筑节能施工监督管理，严控建筑节能设计变更，防止通过施工图变更，随意降低建筑节能质量。

严管建筑节能检测机构，严禁检测单位超资质、超范围或出具虚假建筑节能检测报告。严格专项验收，对达不到被动房设计标准的，不得出具验收合格报告。严格项目建设、设计、监理施工等机构的主体责任。切实落实被动房节能信息公示制度。

（二）推广应用节能门窗。

新建民用建筑工程要根据国家、省发布的《建设工程材料设备绿色节能产品推广目录》，选用高效节能门窗、低辐射镀膜玻璃、节能环保漆等绿色建材产品。门窗企业要从材料采购源头做好管控，保证门窗企业使用合格材料（如铝型材、玻璃、五金等），生产合格达标产品。

（三）大力发展绿色建材产业。

依托国家、省、市科研院和知名高校，特别是充分发挥建筑节能新型绿色建材基地和研发机构的作用，大力发展绿色建材产业。对绿色、节能的新兴建材产业项目和企业，以节能优先的原则，使其迅速发展壮大，带动、提升全市绿色建材产业，在我市快速形成新兴产业集群。

（四）抓好专业培训。

加大对工程技术人员、施工人员在被动房设计、施工、监理、验收等方面的培训，不断提升业务水平，为被动房的长远发展打下坚实的技术和人才基础。

（五）加大宣传力度。

通过网络媒体大力宣传被动房的重要意义，引导企业和市民树立良好的节能意识和消费观念，提高社会各界对被动房的认知度。

衡水市住房和城乡建设局

2018年3月27日

江苏省

中共海门市委文件

海委发〔2017〕5号

中共海门市委　海门市人民政府
关于促进建筑业转型升级加快推进建筑产业现代化的若干意见（试行）

为积极应对建筑业发展新形势，全面提升我市建筑业发展新水平，根据《国务院办公厅关于大力发展装配式建筑的指导意见》（国办发[2016]71号）、住房和城乡建设部《关于推进建筑业发展和改革的若干意见》（建市[2014]92号）、省政府《关于加快推进建筑产业现代化促进建筑产业转型升级的意见》（苏政发[2014]111号）等文件精神，现就促进我市建筑业转型升级，加快推进建筑产业现代化提出如下若干意见：

一、鼓励建筑企业入驻我市现代建筑产业园区

1．在海门经济技术开发区规划建设“海门市现代建筑产业园区”，以现有建筑产业基地为依托，构建以建筑产业化、产业集群化、技术集成化、低碳节能化、全产业链化为发展方向，吸引大中小建筑企业共同参与，形成规模建筑经济。

2．鼓励市内外建筑企业入驻园区设立总部，以实际到账注册资本、营业收入、实际入库税金三大指标作为评分依据，实际到账注册资本在1000万元以上的得10分，营业收入在5000万元以上的得20分，年实际入库税金3000万元以上的得30分，年实际入库税金每增加2000万元得分再增加10分。三大指标综合得分在60分以上（含60分）的奖励200万元；60分以上的每增加10

分，增加奖励200万元；达到100分（含100分）的奖励1000万元；100分以上的每增加10分，增加奖励300万元；最高奖励限额3000万元。

3. 鼓励市内外建筑产业现代化生产企业和以设计、生产、施工为一体的建筑总承包企业入驻园区，以实际到账注册资本、营业收入、实际入库税金三大指标作为评分依据，实际到账注册资本在1000万元以上的得10分，营业收入在5000万元以上的得20分，年实际入库税金2000万元以上的得30分，年实际入库税金每增加1000万元得分再增加10分。三大指标综合得分在60分以上（含60分）的奖励100万元；60分以上的每增加10分，增加奖励100万元；达到100分（含100分）的奖励500万元；100分以上的每增加10分，增加奖励200万元；最高奖励限额2000万元。

4. 鼓励市内外研发培训、规划设计、招标代理、工程监理等生产性建筑服务业企业入驻园区，对年营业收入1000万元（含）以上的企业，按照年营业收入的5‰给予一次性奖励，最高奖励限额100万元。

5. 鼓励市内外“互联网+建筑业”电商平台企业入驻园区，自入驻起三年内给予入驻企业租用办公用房租金50%的补助。对建立并实际投入一年以上的电子商务平台，平台入网企业达200家且平台网上业务营业收入超过5000万元的，按照平台投资额的20%给予一次性奖励，最高奖励限额50万元。

6. 我市凡未入驻现代建筑产业园区的建筑企业不在本政策奖励范围之内。上述奖励资金按市政府与开发区财力分成比例分级负担。

二、鼓励在我市城市规划区内建设高品质地标项目

1. 凡承建我市高品质地标项目的市内建筑企业，对承建的该地标项目获得“鲁班奖”的，给予施工总承包单位一次性奖励80万元。

2. 对承建的该地标项目获得“国家优质工程奖”的，给予施工总承包单位一次性奖励50万元。

3. 对承建的该地标项目获得“土木工程詹天佑奖”的，给予施工总承包单位一次性奖励30万元。

4. 对承建的该地标项目获得“国家级（专业）优质工程奖（中国钢结构金奖、中国安装之星、全国装饰奖等）”的，给予相应的专业施工单位一

次性奖励20万元。

三、鼓励建筑企业加快提档升级

1．凡注册在我市的、当年资质晋升为总承包特级资质的建筑企业，给予一次性奖励50万元。

2．凡注册在我市的、当年资质晋升为施工总承包一级资质（含住建部审批的部分专业承包一级）的建筑企业，给予一次性奖励20万元。

3．凡注册在我市的、当年资质晋升为省住建厅审批的其他专业承包一级的建筑企业，给予一次性奖励10万元。

四、鼓励建筑企业“走出去”发展

1．凡注册在我市的获“中华人民共和国对外承包工程资格证书”并实际签约承包境外工程的建筑企业，给予一次性奖励人民币5万元。

2．凡注册在我市的、独立签约且完成合同额在500万美元以上的奖励人民币5万元，500–1000万美元的奖励人民币10万元，在1000万美元以上的奖励人民币15万元，在3000万美元以上的奖励人民币20万元。

3．鼓励建筑企业做大境外工程总量，凡注册在我市、独立签约承揽境外承包工程，履约后完成年度营业额超过1亿美元以上的，给予企业一次性奖励50万元。

4．鼓励建筑企业承揽“一带一路”工程项目，凡注册在我市、独立签约，已开工实施的单个项目年度营业额达到2000万美元的，每个项目给予一次性补助10万元。

五、鼓励建筑企业大力推进科技创新

1．凡注册在我市的、被新认定为国家级工程技术研究中心的建筑企业，给予一次性奖励50万元。

2．凡注册在我市的、被新认定为省级工程技术研究中心的建筑企业，给予一次性奖励10万元。

3. 凡注册在我市的、成功获批国家高新技术企业的建筑企业，给予一次性奖励10万元。

4. 大力推进我市建筑产业现代化发展，我市国有资金新建的公共建筑采用装配式建筑技术的比例不低于50%，且建筑装配率应达到50%以上。

5. 推进采用BIM等建筑信息模型技术，提升我市建筑管理水平。对列入建筑产业现代化示范项目，并采用BIM等建筑信息模型技术的项目按设计、施工、运营、维护的深度奖励10-30元/平方米，最高奖励限额100万元。

6. 凡注册在我市的、被国家授予“国家住宅产业化基地”称号的企业，给予一次性奖励200万元。

六、鼓励建筑企业积极争创名牌

1. 支持我市建筑企业喊响“海门建造”品牌。支持建筑企业以核心技术和核心产品为依托，创立企业特色品牌，并积极申报“中国驰名商标”、“江苏省名牌”、“江苏省著名商标”，对获得行政认定“驰名商标”的，给予企业一次性奖励60万元；对获得“国家商标战略实施示范企业”的，给予企业一次性奖励40万元。

2. 对获得中国质量奖的建筑企业，给予企业一次性奖励60万元；对获得中国质量奖提名奖、江苏省质量奖或市长质量奖的建筑企业，给予企业一次性奖励30万元。

3. 对获得“鲁班奖”、“国家优质工程奖”、“土木工程詹天佑奖”的注册在我市的建筑企业，分别给予一次性奖励60万元、40万元和20万元。对获得“国家级（专业）优质工程奖（中国钢结构金奖、中国安装之星、全国装饰奖等）”的注册在我市的建筑企业，分别给予一次性奖励20万元。

七、鼓励建筑企业吸引高层次人才

1. 对建筑企业引进人才在我市自主申报国家“千人计划”专家入选的，给予企业一次性奖励100万元。

2. 对注册在我市的建筑企业引进或培育的高层次人才，符合《关于“创业海门523”人才计划的实施意见》等政策规定的，可享受相关人才政策，对创业创新领军人才（团队），根据评审意见，给予最高500万元资金资助。

八、鼓励建筑企业积极争先创优

1. 评比对象：凡注册在我市的、具有独立法人资格和健全财务管理制度并以一般计税方式缴纳税款的建筑企业均可参加我市建筑企业争先考核奖励评比。

2. 评分依据：以营业收入、实际入库税金、计税方式、异地建筑项目回海缴纳税金、建筑劳务派遣企业市外项目入库税金等五大指标作为评分依据。上述税金指增值税及其附征税费。

3. 评比办法：建筑企业当年实际营业收入达到2000万元以上的，得10分；建筑企业当年实际入库税金达到100万元以上的，得10分；建筑企业跨地区项目采用一般计税方式缴纳的，得10分；异地建筑项目回海缴纳税金达到50万元的，得30分，每增加50万元加10分；在海门市注册成立的建筑劳务派遣企业市外项目入库税金达到10万元以上的，得10分。

4. 奖励办法：对五大指标综合得分60分以上的建筑企业按得分情况给予分档奖励。具体是：得分达到60分（含）的，奖励10万元；得分达到60分以上的每增加10分，增加奖励10万元；最高奖励限额3000万元。

九、加大对建筑企业金融支持力度

1. 充分发挥海门市中小企业互助合作基金、海门市金信担保公司的金融支持作用，切实解决我市建筑企业融资难、融资贵及联保互保风险问题。

2. 探索设立建筑企业融资担保基金和应急转贷基金。充分发挥建筑行业协会作用，统筹使用财政引导资金支持建筑企业融资，设立不少于2亿元规模的建筑企业融资担保基金和不少于1亿元规模的建筑企业应急转贷基金，加大对我市建筑企业金融支持力度。

十、鼓励建筑企业加快开拓资本市场

1. 支持注册在我市的建筑企业在主板IPO上市，企业成功上市后给予一次性奖励250万元。

2．鼓励建筑企业参加其他各种形式的上市，对实现买“壳”上市并将上市公司的注册地迁至我市、在我市纳税的，给予一次性奖励50万元。

3．支持注册在我市的建筑企业申请境外上市，对已成功向境外相关交易所申请上市的，给予一次性奖励120万元。

4．支持注册在我市的建筑企业在“新三板”等场外市场挂牌上市，企业挂牌成功后给予一次性奖励50万元。

上述奖项针对同一项目就高奖励，不重复进行奖励。本文件自2017年1月起开始执行。

附件：海门市促进建筑业加快转型升级奖励政策明细表

附件：

海门市促进建筑业加快转型升级奖励政策明细表

序号	政策项目	奖励对象	奖励条件	奖励标准	备注
1	鼓励建筑企业入驻我市现代建筑产业园区	市内外建筑企业	入驻园区设立总部，实际到账注册资本在1000万元以上的得10分，营业收入在5000万元以上的得20分，年实际入库税金3000万元以上的得30分，年实际入库税金每增加2000万元得分再增加10分	综合得分在60分以上（含60分）的奖励200万元；60分以上每增加10分，增加奖励200万元；达到100分（含100分）的奖励1000万元；100分以上每增加10分，增加奖励300万元；最高奖励限额3000万元	
		市内外建筑产业现代化生产企业和以设计、生产、施工为一体的建筑总承包企业	入驻园区，实际到账注册资本在1000万元以上的得10分，营业收入在5000万元以上的得20分，年实际入库税金2000万元以上的得30分，年实际入库税金每增加1000万元得分再增加10分	综合得分在60分以上（含60分）的奖励100万元；60分以上每增加10分，增加奖励100万元；达到100分（含100分）的奖励500万元；100分以上每增加10分，增加奖励200万元；最高奖励限额2000万元	
		市内外研发培训、规划设计、招标代理、工程监理等生产性建筑服务业企业	入驻园区，年营业收入1000万元（含）以上	按照年营业收入的5‰给予一次性奖励，最高奖励限额100万元	
		市内外“互联网+建筑业”电商平台企业	入驻园区，自入驻起三年内	补助租用办公用房租金50%	
			实际投入一年以上，入网企业达200家且平台网上业务营业收入超过5000万元	按照平台投资额的20%给予一次性奖励，最高奖励限额50万元	

续表

序号	政策项目	奖励对象	奖励条件	奖励标准	备注
2	鼓励在我市城市规划区范围内建设高品质地标项目	市内建筑企业	在我市承建的地标项目获得“鲁班奖”的	一次性奖励施工总承包单位80万元	
			在我市承建的地标项目获得“国家优质工程奖”的	一次性奖励施工总承包单位50万元	
			在我市承建的地标项目获得“土木工程詹天佑奖”的	一次性奖励施工总承包单位30万元	
			在我市承建的地标项目获得“国家级（专业）优质工程奖（中国钢结构金奖、中国安装之星、全国装饰奖等）”的	一次性奖励专业施工单位20万元	
3	鼓励建筑企业加快提档升级	注册在我市的建筑企业	资质晋升为总承包特级资质	一次性奖励50万元	
			资质晋升为施工总承包一级资质（含住建部审批的部分专业承包一级）	一次性奖励20万元	
			资质晋升为省住建厅审批的其他专业承包一级资质	一次性奖励10万元	
4	鼓励建筑企业“走出去”发展	注册在我市的建筑企业	获“中华人民共和国对外承包工程资格证书”并实际签约承包境外工程	一次性奖励5万元	
			独立签约且完成合同额在500万美元以上	奖励人民币5万元	
			独立签约且完成合同额在500–1000万美元以上	奖励人民币10万元	
			独立签约且完成合同额在1000万美元以上	奖励人民币15万元	
			独立签约且完成合同额在3000万美元以上	奖励人民币20万元	

续表

序号	政策项目	奖励对象	奖励条件	奖励标准	备注
4	鼓励建筑企业“走出去”发展	注册在我市的建筑企业	独立签约承揽境外承包工程履约后完成年度营业额超过1亿美元以上的	一次性奖励人民币50万元	
			独立签约承揽“一带一路”工程项目，对已开工实施的单个项目年度营业额达到2000万美元的	每个项目一次性补助10万元	
5	鼓励建筑企业大力推进科技创新	注册在我市的建筑企业	被新认定为国家级工程技术研究中心	一次性奖励50万元	
			被新认定为省级工程技术研究中心	一次性奖励10万元	
			获批国家高新技术企业	一次性奖励10万元	
			列入建筑产业现代化示范项目，并采用BIM等建筑信息模型技术的项目	按设计、施工、运营、维护的深度奖励10–30元/平方米，最高限额100万元	
			被授予“国家住宅产业化基地”称号	一次性奖励200万元	
6	鼓励建筑企业积极争创名牌	注册在我市的建筑企业	获得行政认定“驰名商标”、“国家商标战略实施示范企业”	分别一次性奖励60万元、40万元	
			获得中国质量奖	一次性奖励60万元	
			获得中国质量奖提名奖、江苏省质量奖或市长质量奖	一次性奖励30万元	
			获得“鲁班奖”、“国家优质工程奖”、“土木工程詹天佑奖”	分别一次性奖励60万元、40万元和20万元	
			获得“国家级（专业）优质工程奖（中国钢结构金奖、中国安装之星、全国装饰奖等）”	一次性奖励20万元	

续表

序号	政策项目	奖励对象	奖励条件	奖励标准	备注
7	鼓励建筑企业吸引高层次人才	注册在我市的建筑企业	引进人才自主申报“千人计划”入选	奖励100万元	
			引进或培育的高层次人才，符合《创业海门523人才实施意见》等政策规定的	按照文件享受相关奖励政策	
		创业创新领军人才（团队）	根据评审意见	给予最高500万元项目资金资助	
8	鼓励建筑企业积极争先创优	注册在我市的、具有独立法人资格和健全财务管理制度并以一般计税方式缴纳税款的建筑企业	当年实际营业收入达到2000万元以上的，得10分；当年实际入库税金达到100万元以上的，得10分；跨地区项目采用一般计税方式缴纳的，得10分；异地建筑项目回海缴纳税金达到50万元的，得30分，每增加50万元加10分；在海门市注册成立的建筑劳务派遣企业市外项目入库税金达到10万元以上的，得10分	得分达到60分（含）的，奖励10万元；得分达到60分以上的每增加10分，增加奖励10万元；最高奖励限额3000万元	
9	加大对建筑企业金融扶持力度	金融支持	充分发挥海门市中小企业互助合作基金、海门市金信担保公司的资金支持作用	过桥资金、金融担保支持	
			设立不少于2亿元规模的建筑企业融资担保基金和不少于1亿元规模的建筑企业应急转贷基金		

续表

序号	政策项目	奖励对象	奖励条件	奖励标准	备注
10	鼓励建筑企业加快开拓资本市场	注册在我市的建筑企业	在主板IPO上市	一次性奖励250万元	
			实现买“壳”上市并将上市公司的注册地迁至我市、在我市纳税	一次性奖励50万元	
			成功向境外相关交易所申请上市	一次性奖励120万元	
			在“新三板”等场外市场挂牌上市	一次性奖励50万元	

发：各区、镇党（工）委、政府（管委会），市委各部委办局，市各委办局，市各人民团体和直属单位，各垂直管理部门（单位）。

送：市人大常委会、市政协，市纪委，市法院、市检察院，市人武部。

中共海门市委办公室　　　2017年2月3日印发

江苏省住房和城乡建设厅
江　苏　省　财　政　厅　文件

苏建科〔2018〕212号

省住房和城乡建设厅　省财政厅关于组织申报2018年度省级节能减排（建筑节能和建筑产业现代化）奖补资金项目的通知

各市县建设局（委）、财政局，省有关单位：

为贯彻落实《江苏省绿色建筑发展条例》、《省政府关于促进建筑业改革发展的意见》（苏政发〔2017〕151号）、《江苏建造2025行动纲要》等文件要求，推动我省以建筑节能、绿色建筑、装配式建筑为基础的相关工作进一步提升，现将申报2018年度省级节能减排（建筑节能和建筑产业现代化）奖补资金项目有关事项通知如下：

一、重点支持方向

重点对绿色建筑运行标识项目、超低能耗（被动式）建筑项目、装配式建筑项目、建筑信息模型（BIM）技术应用项目进行支持。

二、申报要求

（一）项目应符合《2018年度省级节能减排（建筑节能和建筑产业现代化）奖补资金项目申报指南》（附件1）的要求。

（二）签订《省级财政专项资金项目申报信用承诺书》（附件2）。

（三）各地建设、财政主管部门要按照本通知要求，挖掘梳理具有特点、符合条件的项目，积极组织开展申报工作，并承担属地管理的职责。

三、申报材料及程序

（一）项目申报。项目采取网上申报和纸质材料报送并行的方式。申报单位在网上填报完成后，打印由系统生成的申请表、实施方案，连同相关附件证明材料装订成册，一式四份。

网上申报网址：http://jscin.jiangsu.gov.cn信息系统—专题管理类—江苏省住房城乡建设专项资金监管系统

（二）市、县审查。设区市、县（市）建设主管部门会同财政部门做好辖区内项目收集工作，并对申报项目可行性、真实性进行实地察验、对申报材料完整性进行核查，及时通过申报系统审核，将项目申报材料汇总后（格式见附件3），正式行文向省住房城乡建设厅、省财政厅推荐申报。

（三）省级评审。省住房城乡建设厅和省财政厅组织专家对申报材料进行审查，形成奖补方案公示后，对奖补项目予以批复下达。

（四）材料提交。纸质申报材料请以邮寄方式提交，截止时间为2018年5月31日（周四），以邮戳为准，不受理现场报送。申报材料不合要求或逾期者不予受理。

四、邮寄地址及联系方式

（一）纸质申报材料请寄至：南京市江东北路287号银城广场B座404室，邮编：210036，联系电话：025-51868146。

（二）申报指南咨询电话：

1. 绿色建筑运行标识项目、超低能耗（被动式）建筑项目：025-51868675、51868871；

2. 装配式建筑项目：025-51868578；

3. 建筑信息模型（BIM）技术集成应用项目：025-51868844。

（三）网上申报技术咨询电话：025-51868280；

附件：1. 2018年度省级节能减排（绿色建筑和建筑产业现代化）奖补资金项目申报指南

2. 省级财政专项资金项目申报信用承诺书

3. 项目申报汇总表

江苏省住房和城乡建设厅

江苏省财政厅

2018年5月4日

（此件公开发布）

附件1

2018年度省级节能减排（建筑节能和建筑产业现代化）奖补资金项目申报指南

为规范2018年度省级节能减排（建筑节能和建筑产业现代化）奖补资金项目申报工作，特制定本申报指南。

一、申报要求

（一）申报主体为项目建设单位，或经建设单位同意的技术支撑应用单位。

（二）实施期不超过2年，其中绿色建筑运行标识项目采用以奖代补方式。

（三）已享受国家或省相关专项资金支持的项目不得重复申报；已承担国家或省级建筑节能示范项目但未达到实施进度要求的项目单位不得申报。

二、重点支持方向

（一）绿色建筑运行标识项目

项目已获得绿色建筑运行标识，重点支持科教文卫建筑、纪念性建筑、交通枢纽建筑等公共建筑，以及既有建筑绿色化改造和装配式建筑项目。

（二）超低能耗（被动式）建筑项目

已完成立项手续，并通过建筑施工图设计审查。按照“被动优先、主动优化”原则，集成应用被动式绿色建筑技术，综合建筑节能率85%以上。公共建筑应安装建筑能耗分项计量装置，并向省或市建筑能耗监测中心上传能耗数据。

（三）装配式建筑项目

申报项目应为装配式住宅建筑或公共建筑。混凝土结构建筑单体预制装配率不低于50%，钢结构、木结构建筑预制装配率不低于60%，须采用建筑全装修。装配式混凝土结构、钢结构的住宅建筑规模不低于20000平方米，公共建筑规模不低于5000平方米，木结构建筑不低于1000平方米。优先支持技术上有重大创新的项目。

（四）建筑信息模型（BIM）技术集成应用项目

申报项目建筑面积5000平方米及以上，在设计、施工、运营阶段集成应用BIM技术并取得良好效果。

附件2

省级财政专项资金项目申报信用承诺书

<table>
<tr><td>项目申报单位</td><td colspan="2"></td><td colspan="2">组织机构代码</td><td colspan="2"></td></tr>
<tr><td>项目名称</td><td colspan="2"></td><td colspan="2">申报依据</td><td colspan="2"></td></tr>
<tr><td>项目总投资额或执行额</td><td colspan="2">万元</td><td colspan="2">申请财政资金</td><td colspan="2">万元</td></tr>
<tr><td>项目所在地</td><td></td><td>项目责任人</td><td colspan="2"></td><td>联系电话</td><td></td></tr>
<tr><td colspan="7">项目申报单位承诺：
1．本单位近三年信用状况良好，无严重失信行为。
2．申报的所有材料均依据相关项目申报要求，据实提供。
3．专项资金获批后将按规定使用。
4．如违背以上承诺，愿意承担相关责任，同意有关主管部门将相关失信信息记入公共信用信息系统。严重失信的，同意在相关政府门户网站公开。

项目申报责任人（签名）

单位负责人（签名）　（公章）

日期：</td></tr>
</table>

附件3

项目申报汇总表

申报城市：____________

序号	项目类型	项目名称	申报单位	同类推荐排序

注：1．“项目类型”填写代码 A1-绿色建筑运行标识；A2-超低能耗（被动式）建筑；A3-装配式建筑；A4-建筑信息模型（BIM）技术集成应用。

2．“同类项目排序”指同一代码类型中的项目排序。

江苏省人民政府文件

苏政发〔2017〕151号

省政府关于促进建筑业改革发展的意见

各市、县（市、区）人民政府，省各委办厅局，省各直属单位：

建筑业是我省的支柱产业、优势产业和富民产业。经过多年快速发展，我省建筑业综合实力不断增强，产业规模不断扩大，营商环境不断优化，各项指标位居全国前列。但也要看到，我省建筑业产业结构不够合理、新型建造方式有待普及、工程建设组织方式相对落后、工程质量安全水平亟需提高、管理体制机制不相适应等问题仍然不同程度地存在。当前和今后一个时期，我省建筑业改革发展，要坚持以习近平新时代中国特色社会主义思想为指引，贯彻落实党的十九大精神，牢固树立和自觉践行新发展理念，深化建筑业“放管服”改革，推动装配式建筑、绿色建筑、智慧建筑、全装修成品住房等加快发展，提高工程质量安全水平，完善监管体制机制，培育优势骨干企业，提升“江苏建造”品牌的含金量和影响力，为建设“强富美高”新江苏提供有力支撑。根据《国务院办公厅关于促进建筑业持续健康发展的意见》（国办发〔2017〕19号）精神，按照住房城乡建设部关于在我省开展建筑业改革综合试点的要求，现提出如下意见。

一、完善企业资质资格管理

简化工程建设企业资质类别和等级设置，减少不必要的资质认定。试行调整施工总承包二级及以下资质和专业承包资质标准。取消劳务企业资质，实行专业作业企业备案管理制度。具有建设工程监理、造价咨询、招标代理其中一项资质的企业申请其他两项乙级及以下资质时，只需满足国家注册人员数量的要求。新设立的施工企业资质证书与安全生产许可证书同时申请、同时审批。扩大承接业务范围，对信誉良好、具有相关专业技术能力、能够提供足额担保的企业，允许其在资质类别内承接高一等级资质相应的业务；具有市政公用、公路、水利水电、港口与航道工程其中一项资质的一级及以上施工总承包企业，能够提供足额担保且项目负责人具有相应业绩的，可以跨专业承接其他三项同等级资质相应的业务。取得施工总承包资质的企业，可以承接总承包资质覆盖范围内的专业承包工程。加强与资质资格管理改革相适应的配套制度建设，强化事中事后监管。建立个人执业保险制度，鼓励建筑师、监理工程师、造价工程师等执业注册人员采用个人或合伙的方式成立执业事务所承接业务，并依法承担相应权责。

二、优化建筑产业结构

大力扶持高等级资质企业做大做强，重点培育一批市政公用、公路、水利水电、港口与航道工程等特级资质企业；支持大型企业跨地区、跨行业兼并收购，培育一批更具核心竞争力和品牌影响力的知名企业。鼓励中小型企业走专业化、精细化发展道路，培育一批经营特色明显、科技含量较高、市场前景广阔的专业企业。改变我省建筑业企业以房屋建筑为主的市场结构，支持建筑业企业进入基础设施领域，各地政府要在年度建设项目计划中，明确一定数量的重大基础设施建设项目和标段，鼓励骨干建筑业企业采用联合体投标方式参与轨道交通、桥梁隧道、综合管廊、海绵城市等重大基础设施建设。各地在城市轨道交通建设中，要积极开展省内建筑业企业参与试点工作。促进企业多元化经营，引导建筑业企业延长产业链、提升价值链、提高竞争力，推进大中型企业向上下游延伸和产业多元化拓展，在投融资、设计咨询、工程建设、建筑部品部件生产、运营维护等领域开展全方位、一体化服务，逐步实现由建造建筑产品向开发、经营建筑产品延伸。支持民营建筑业企业采用PPP模式进入城镇供水、污水垃圾处理、燃气、公共交通等领域开展“建营一体化”业务，不得违规对民营建筑业企业设置附加条件和歧视性条款。至2020年，培育产值超100亿元的企业50家，产值超1000亿元的企业实现零突破，10家以上省内建筑施工企业以总承包方式进入轨道交通建设领域。

三、促进建筑产业工人职业化

改革建筑用工制度，推进建筑劳务企业向具有稳定劳动关系的专业化作业企业转型。健全职业技能培训，突出企业培训主体责任，大力弘扬工匠精神，不断提升职业能力和素质，将符合条件的建筑产业工人技能培训纳入现有职业技能培训、鉴定补贴范围，对涉及质量安全的岗位严格执行先培训后上岗。拓宽职业技能多元化评价方式，建立健全鉴定体系，支持有条件的企业自主培训、自主评价。健全完善与建筑业相适应的社会保险缴费方式，大力推进建筑施工单位参加工伤保险。全面推行建筑工人实名制和信息化管理，统筹搭建互联互通的建筑工人管理信息服务平台，引导人力资源向市场需求有序转移、劳动报酬向紧缺高标准高技能岗位转移。

四、推广装配式建筑

加快完善装配式建筑技术标准体系、市场推广体系、质量监管体系和监测评价体系。在大力发展装配式混凝土建筑的同时，积极推广装配式钢结构建筑和装配式木结构建筑，积极探索农村装配式低层住房建设。着力培育装配式建筑市场需求，政府投资项目率先实现装配式建造，明确通过土地出让的建设项目装配式建筑比例要求。积极推动装配式建筑产业园区、示范基地和项目建设，形成规模化的装配式建筑产业链。对装配式建筑预制部品部件生产企业，纳入工程建设监管范围，符合政策规定的可申请享受新型墙体材料增值税税收优惠；取得新型墙体材料认定证书的，可申请节能减排专项引导资金资助。至2020年，全省装配式建筑占新建建筑面积比例达30%。

五、加强数字建造技术应用

加快推进建筑信息模型（BIM）技术在规划、勘察、设计、施工和运营维护全过程的集成应用，实现工程建设项目全生命周期数据共享和信息化管理，为项目方案优化和科学决策提供依据，促进建筑业提质增效。制定我省推进BIM技术应用指导意见，建立BIM技术推广应用长效机制。加快编制BIM技术审批、交付、验收、评价等技术标准，完善技术标准体系。制定BIM技术服务费用标准，并在3年内作为不可竞争费用计入工程总投资和工程造价。选择一批代表性项目进行BIM技术应用试点示范，形成可推广的经验和方法。推广数字建造中传感器、物联网、动态监控等关键技术使用，推进数字建造标准和技术体系建设。至2020年，全省建筑、市政甲级设计单位以及一级以上施工企业掌握并实施BIM技术一体化集成应用，以国有资金投资为主的新立项公共建筑、市政工程集成应用BIM的比例达90%。

六、扩大全装修成品住房比例

大力推进住房设计、施工和装修一体化，推广标准化、模块化和干法作业的装配化装修，促进整体厨卫、轻质隔墙等材料、产品和设备管线集成化技术应用，实现房屋交付时套内所有功能空间的固定面铺装或涂饰、管线及终端安装、门窗、厨房和卫生间基本设施配备等全部完成，并具备使用功能。倡导菜单式装修，满足消费者个性化需求。装修成本部分在住房价格监测体系中单独计算。至2020年，设区市新建商品房全装修比例达到50%以上，装配式住宅建筑和政府投资新建的公共租赁住房全部实现成品住房交付。

七、实施“绿色建筑+”工程

推动绿色建筑品质提升和高星级绿色建筑规模化发展，探索构建具有江苏特点的绿色建筑评价标识制度，促进装配式建筑、被动式建筑、BIM、智能智慧等技术与绿色建筑深度融合，实施一批被动式建筑项目，推进绿色建筑向深层次发展。制定江苏省绿色生态规划建设标准，推动高星级绿色建筑和被动式建筑规模化发展，同步推动绿色交通、绿色照明、海绵城市、智慧城市、地下空间综合利用、区域能源供应等节约型城乡建设集中集成示范，探索协调发展、绿色发展的生态城市建设道路。加强建筑工地扬尘、噪声等污染控制，深入推进绿色建造。探索建立既有建筑节能改造市场化推进机制，强化绿色建筑运行管理，提升建筑能效。进一步加大建筑节能专项资金支持力度，强化示范引领。高星级绿色建筑与被动式建筑增量成本在住房价格监测体系中单独计算。至2020年，新建民用建筑全面实施75%节能标准，实现建筑能效提升20%；全省新增绿色建筑5亿平方米，其中二星级及以上绿色建筑占城镇新建建筑比例的50%。

八、推行工程总承包

在全面推行施工总承包的基础上，加快推行工程总承包模式，鼓励综合实力强的大型设计和施工总承包企业开展工程总承包业务。加快建立适应工程总承包发展的招投标、工程计价和工程管理配套制度。除以暂估价形式包含在工程总承包范围内且依法必须招标的项目外，工程总承包单位可以直接发包总承包合同中涵盖的其他专业业务。采用固定总价合同的工程总承包项目，在计价结算和审计时，重点对约定的变更调整部分和暂估价部分进行审核。各地每年都要明确不少于20%的国有资金投资占主导的项目实施工程总承包。装配式建筑原则上应全部采用工程总承包模式。至2020年，全省培育工程总承包骨干企业100家。

九、培育全过程工程咨询服务

整合工程建设所需的投资咨询、工程设计、招标代理、造价咨询、工程监理、项目管理等业务，促进咨询企业提供全过程、一体化服务。引导和支持建设单位将全过程工程咨询服务委托给具有全部资质、综合实力强的一家企业或一个联合体；或委托给一家具有相关资质的企业，并由该企业将不在本单位资质业务范围内的业务分包给其他具有相应资质的企业。各地每年要落实一批有影响力、有示范作用的全过程工程咨询项目。在民用建筑项目中，充分发挥建筑师的主导作用，探索实施建筑师负责制。至2020年，全省培育具有全过程工程咨询能力的骨干企业100家。

十、加快政府投资工程集中组织建设

推动政府投资工程由使用单位自行组织建设，向由政府组建的专业机构及专业建设平台集中组织建设转变，实现“投资、建设、监管、使用”相互分离，不断提高项目管理的专业化水平和财政资金的投资效益。至2018年，全省政府投资工程全面实行集中组织建设。

十一、调整工程建设项目招投标范围

全部使用非国有资金或非国有资金占控股或主导地位的工程建设项目（涉及国防、国家安全等除外），建设单位可以自主决定采用招标发包或直接发包、是否进入有形市场进行交易。招投标监管部门要创新监管方式，明确监管重点，重点加强对国有资金投资项目的招投标监管。国有企业投资的经营性建设工程项目，建设单位控股或被控股的企业依法能够提供设计、施工、材料设备和咨询服务的，建设单位可以将项目的设计、施工、材料设备和咨询服务直接发包给控股企业或被控股企业。

十二、改革工程招投标评定制度和提高工作效率

建筑方案设计项目、工程总承包项目、政府集中建设的大型或技术复杂项目，实行“评定分离”制度。实行经评审的最低投标价法评标的项目，中标人除需提供正常履约担保外，还需提供差额部分的履约担保。实行综合评标法的项目必须实行商务标、技术标、信用标“三合一”评标。因严重失信被列入限制准入“黑名单”的企业不得参加投标。探索建立价格预警干预机制，改变以价格为决定因素的招标和采购管理模式，实施技术、质量、品牌、价格等多因素的综合评估，引导企业由“拼价格”向“拼质量”转变。提高工程招投标效率，中小型工程且技术标不参与评审的工程，发招标文件至开标时间不少于10日（设计招标除外）；采用合理价随机法的工程，发招标文件至开标时间不少于7日。扩大招投标信息公开度，实行网上受理异议和投诉。组建省级资深评标专家库，建立招投标重大法律、技术问题专家评议制度。

十三、健全建筑设计发包制度

推行建筑设计方案招标、设计团队招标等符合设计特点的招标方式。采用建筑设计方案招标的，建设单位应与中标单位依据有关规定签订包括方案设计、初步设计和施工图设计阶段的工程设计合同，确需另择设计单位承担初步设计、施工图设计的，应当在招标公告或者投标邀请书中明确，并支付中标单位方案设计费，金额不宜低于该项目总设计费的30%。采用设计团队招标的，应着重考虑投标人的能力、业绩、信誉及设计构思等。评标标准中确需设置投标报价的，其所占权重不应超过10%。对城市重要地段、重要景观地区的建筑工程，建筑功能有特殊要求的公共建筑和省重要大型工程，经所在地县级以上人民政府研究同意，可以采用邀请招标方式发包，也可直接发包给以建筑专业院士、住房城乡建设部或省级人民政府命名的设计大师为主创设计师的设计单位。完善建筑设计方案竞选制度，建设单位可采用竞选方式确定设计方案。鼓励建筑工程实行设计总包，按照合同约定或者经建设单位同意，设计单位可将建筑工程非主体部分设计直接分包。

十四、建立全过程工程质量控制和评价制度

探索建立工程质量性能评价指标体系及应用办法，加强工程质量过程控制，实施过程量化评估机制，工程结束后向社会公布量化结果。将一段时限内的量化累积评分与政府招投标和评奖、奖励挂钩，引导建筑业企业自觉提高工程质量。建立建设工程质量检测综合报告制度，进一步落实检测质量责任。建立建筑材料认证、评价、信息公开等制度，完善全过程工程质量追踪、定位、维护和责任追溯机制。强化对工程项目建设各环节文件资料以及电子文件的归集管理，确保建设工程档案真实、完整和准确，为落实建设工程质量责任终身制以及保障工程设施运营维护提供依据。

十五、强化工程质量安全监管

全面落实各方主体质量安全责任，强化建设单位的首要责任和勘察、设

计、施工单位的主体责任，严格落实项目负责人的质量安全责任，企业法定代表人对质量安全负第一责任，规划设计、图纸审查、施工许可、批后监管等应以安全为前提，加强源头管控。完善施工现场和建筑市场联动监管机制。充分发挥工程质量安全监督机构的政府监督职能，重点加强涉及公共安全的工程地基基础、主体结构等部位和竣工验收等环节的监督检查。加强工程质量安全监督执法检查，加大抽查抽测力度，推行“双随机、一公开”检查方式。各地可采取政府购买服务方式，委托第三方机构实施工程质量安全管理。强化质量安全监督队伍建设，加强对监督机构和人员的履职能力、履职情况的考核，结果纳入政府质量工作考核。监督机构履行职能所需经费由同级财政预算全额保障。

十六、推行工程担保和保险制度

建立以银行保函、专业担保公司担保或综合保险为主的投标担保、工程款支付担保、承包履约担保、建筑工人工资担保和质量保修担保制度。主管部门和建设单位不得以任何理由拒绝以银行保函、专业担保公司或综合保险方式提供的担保。推行工程履约“双担保”制度，施工单位提交履约担保的，建设单位应同时提交工程款支付担保。对房地产开发项目实行工程质量保险制度，将保险费用列入工程造价。提交工程质量保修担保或工程质量保险的工程项目，不再预留工程质量保证金。

十七、规范工程价款结算

根据工程品质标准和等级建立优质优价制度，鼓励企业创建优质工程，建设单位与施工企业签订合同时，可明确获得市级优质工程以上奖项的项目按不高于建安工程费1%计取按质论价费用。改革人工单价形成机制，逐步与市场用工价格接轨，将社会保险费、公积金等纳入预算人工工资单价，配套调整人工消耗量。规范招标文件中的预付款、进度款支付比例、节点以及风险条款，预付款应不低于合同总价的10%。政府投资工程项目严禁要求建筑业企业带资承包。承发包双方应当在期中支付时完成已完工程量和变更签证的价款审核、确认和支付工作。严格执行发包人与承包人完成竣工结算核对并签字确认的时间，工程竣工结算报告金额1亿元以下的，不超过90天；金额1亿元以上的，不超过180天；核对时间超出规定期限时，按合同约定从超出之日起计付银行同期贷款利息。审计机关应依法加强对以政府投资为主的工程建设项目的审计监督，建设单位不得以未完成审计作为延期工程款结算、拖欠工程款的理由。工程竣工验收时，工程款应预留质保金后根据期中计量结果支付到位。未完成竣工结算的项目，有关部门不予办理产权登记。

十八、深化建筑市场“放管服”改革

以重点工业生产建设项目为对象，推广“预审代办制”经验，构建预审服务制度，帮助建设单位实现技术方案和许可要件的同步准备；通过纳入承诺制度和工程综合咨询制度，强化建设单位和技术咨询单位遵从规划条件以及强制性标准规范的责任意识。着力实施“多图联审”和省级“不再审图”。建立建设工程施工许可阶段并联审批制度，通过优化和再造审批流程，共享和关联前置条件，合并和清理审批环节，减少和压缩审批时间，全面实行施工许可无纸化申报、“不见面审批”和电子证书制度。进一步完善权责清单，理清管理边界和职责内容，整合执法力量，完善执法衔接机制，实现住房和城乡建设领域行政处罚权的集中行使，从重视事前审批转向加强事中事后监管。完善全省建筑市场监管和诚信信息一体化平台建设，加快构建以信用管理为核心的新型市场监管机制，将各类失信行为纳入信用记录，对外公开披露，实施联合惩戒，并按照“互联网+政务服务”的建设要求，实现与江苏政务服务网、投资在线审批平台、市场监管信息平台、公共信用信息平台等相关系统的互联互通和信息共享，形成守信受奖、失信受惩、一处失信、处处受限的机制。

十九、支持企业“走出去”发展

支持建筑业企业跟踪国外特别是“一带一路”沿线国家的投资热点，围绕重点区域、重点专业领域和重点工程项目实施“走出去”战略。鼓励企业联合国内大型外向型建筑业企业，或与项目所在国企业通过股份合作、项目合作、组建联合体等方式，共同承包国外大中型项目。大力推动境外承包工程项目建营一体化，形成智力、技术、资金、装备、管理、标准和劳动力联动输出。定期举办国内外江苏建筑业企业推介活动，扩大“江苏建造”品牌影响。建立我省建筑业企业在国际建筑市场活动信息数据平台。对国外承包项目合同额、贷款额超过一定数量的，纳入商务发展专项资金支持范围。至2020年，国际市场营业额力争比“十二五”末翻一番。

二十、加大政策扶持力度

研究出台政策措施，着力培育一批勘察设计大师、优秀建造师和项目管理领军人才。积极推进校企合作，引导和鼓励高校毕业生到建筑行业一线从业。加大对建筑科技创新支持力度，对取得发明专利、建筑工法，参与编制国家、行业和地方标准的企业，开辟绿色通道，优先评选省级以上企业技术中心。鼓励符合条件的设计、咨询等企业申报高新技术企业，对建筑业企业发生的研发费用，按规定执行所得税税前加计扣除政策。对经认定为高新技术企业的建筑业企业发生的职工教育经费支出，不超过工资薪金总额8%的部分，准予在计算企业所得税应纳税所得额时扣除，超过部分准予在以后纳税年度结转扣除。根据相关部门提供的综合研发奖励资金支持条件和建筑业企业研发投入情况，省级财政给予5%—10%的普惠性奖励。强化标准对建筑业科技创新的引领作用，对涉及质量安全、环保节能的工程建设地方标准，其编制经费由省级相关专项资金予以保障。鼓励企业规范工资薪金、劳务报酬等所得项目核算，依法准确全员全额扣缴明细申报，对无法准确进行全员全额扣缴明细申报的异地施工企业，按工程价款的一定比例核定征收。加大金融支持力度，充分发挥智慧建筑基金、“一带一路”投资基金等政府投资基金的作用，引导社会资本进入建筑业重点领域和关键环节。鼓励政策性银行支持建筑业企业“走出去”，着力解决我省对外承包工程项目中存在的开立保函风险专项资金困难等问题。各金融机构应对建筑业企业采取差别化授信政策，对行业中经营状况好、信誉佳的企业可通过开展施工合同融资贷款、应收账款融资贷款等业务给予信贷支持。支持符合“江苏建造2025”发展战略等条件的建筑业企业，利用多层次资本市场上市、挂牌及债券发行等方式直接融资。

各地要高度重视建筑业改革和发展工作，结合实际研究制定深化建筑业改革、支持建筑业发展的配套政策。省有关部门和各设区市要建立建筑业改革和发展综合考核指标体系，每年发布包括建筑业、工程质量安全、市场运行、结构优化、转型发展、营商环境等内容的评价报告，发挥好行业协会在规范市场秩序、促进企业诚信经营等方面的积极作用和建筑强市、建筑强县的示范引领作用。

江苏省人民政府

2017年11月24日

山东省

青岛市城乡建设委员会文件

青建办字〔2017〕19号

青岛市城乡建设委员会
关于发布《青岛市被动式低能耗建筑节能设计导则（试行）》的通知

各区（市）建设主管部门，各有关单位：

为贯彻落实住房城乡建设部《被动式超低能耗绿色建筑技术导则（试行）（居住建筑）》的有关要求，加大被动式超低能耗建筑的推广应用力度，结合我市具体情况，市城乡建设委组织编制了《青岛市被动式低能耗建筑节能设计导则（试行）》（以下简称导则）。经专家评审通过，现予以发布，自2017年4月1日起施行。

该导则由青岛市建筑节能与墙体材料革新办公室负责解释。

青岛市城乡建设委员会

2017年3月20日

青岛市城乡建设委员会　　2017年3月20日印发

山东省财政厅
山东省住房和城乡建设厅 文件

鲁财建〔2018〕21号

关于印发山东省省级建筑节能与绿色建筑发展专项资金管理办法的通知

各市财政局、住房城乡建委（建设局），有关市市政公用（城管）局，县级现代预算管理制度改革试点县（市、区）财政局、住房城乡建委（建设局），省直有关部门：

为进一步加强和规范省级建筑节能与绿色建筑发展专项资金管理，我们对《山东省省级建筑节能与绿色建筑发展专项资金管理办法》（鲁财建〔2016〕102号）进行了修订，现印发给你们，请认真贯彻执行。

山东省财政厅
山东省住房和城乡建设厅
2018年3月31日

山东省省级建筑节能与绿色建筑发展专项资金管理办法

第一条　为推动我省建筑节能与绿色建筑深入发展，加强和规范省级建筑节能与绿色建筑发展专项资金管理，充分发挥财政资金的激励引导作用，切实提高资金使用效益，根据《山东省民用建筑节能条例》及《中共山东省委　山东省人民政府关于加快推进生态文明建设的实施方案》（鲁发

〔2016〕11号）、《山东省人民政府关于大力推进绿色建筑行动的实施意见》（鲁政发〔2013〕10号）、《山东省人民政府关于印发“十三五”节能减排综合工作方案的通知》（鲁政发〔2017〕15号）、《山东省人民政府办公厅关于贯彻国办发〔2016〕71号文件大力发展装配式建筑的实施意见》（鲁政办发〔2017〕28号）等法规和文件精神，制定本办法。

第二条　省级建筑节能与绿色建筑发展专项资金（以下简称专项资金），是指为贯彻落实省委、省政府确定的重点任务及工作目标，由省级财政预算安排，专项用于支持发展绿色建筑与装配式建筑、开展建筑节能改造等各项工作的资金。

第三条　专项资金安排按照“公开公正、突出重点、政府引导、以奖促建”的原则，实行专款专用、专项管理，鼓励和引导社会资金投入，并接受社会监督。

第四条　专项资金支持方向和分配方式：

（一）绿色建筑示范资金，主要支持绿色生态示范城区（城镇）、绿色智慧住区、绿色建筑评价标识项目等。资金按照绿色生态示范城区（城镇）、绿色智慧住区数量，以及绿色建筑评价标识建设面积、补助上限等因素切块分配到各市。

（二）装配式建筑示范资金，主要支持装配式建筑示范城市（县、区）、装配式建筑产业基地、装配式建筑施工教育实训基地、装配式建筑示范工程等。资金按照装配式建筑示范城市（县、区）数量、装配式建筑产业基地（教育实训基地）数量、装配式建筑示范工程建设面积、补助上限等因素切块分配到各市。

（三）建筑节能示范资金，主要支持建筑能效提升城市、超低能耗建筑、建筑节能（绿色化）改造项目、建筑能耗监测系统等。资金按照建筑能效提升城市数量、建筑能耗监测系统监测面积以及超低能耗建筑、建筑节能（绿色化）改造项目建设面积、补助上限等因素切块分配到各市。

（四）配套能力建设资金，主要支持绿色建筑与装配式建筑、建筑节能相关法规政策制定、标准编制、重大课题研究、关键技术研发、宣传培训活动等。资金根据年度任务及工作需要，综合考虑项目内容、难易程度、成果数量等因素，主要通过政府购买服务，以项目补助的方式分配。

（五）省委、省政府部署的其他关于建筑节能和绿色建筑发展等方面的重点工作资金，主要参照上述四项，选取合适的方式进行分配。

第五条　专项资金使用范围：

（一）支持绿色建筑示范的资金，主要用于制定绿色生态规划体系、发展绿色建筑项目、实施绿色建筑能效监测、开展绿色建筑技术研发推广等。

（二）支持装配式建筑示范的资金，主要用于发展装配式建筑项目、培育装配式建筑产业、开展新技术产品研发推广等。

（三）支持建筑节能示范的资金，主要用于支持建筑节能改造、能耗监测系统运行维护等。

第六条　专项资金由各级财政部门、住房城乡建设部门按照职责分工进行管理。

省财政厅负责专项资金管理的牵头组织和协调工作；组织专项资金预算编制和预算绩效管理；会同省住房城乡建设厅在规定时限内下达专项资金；督促市县财政部门加强专项资金管理等。

省住房城乡建设厅负责编制和申报专项资金预算需求；及时向省财政厅提出专项资金分配建议；具体实施专项资金预算绩效管理；督促市县住房城乡建设部门加强对专项资金支持项目的实施管理和监督指导等。

市县财政部门、住房城乡建设部门要加强协调配合，在规定时间内拨付专项资金，项目示范类资金要尽快落实到具体项目；对资金使用情况和项目进展情况进行动态管理和跟踪问效，确保资金安全高效使用、项目按时完成；资金分配结果、绩效目标等要及时报上级财政、住房城乡建设部门备案。

第七条　专项资金申报单位对提供的申报材料真实性负责。专项资金项目承担单位是项目实施和资金使用的责任主体，对资金使用的合规性、有效性负责，并主动接受和配合项目绩效评价、检查、审计等工作。

第八条　省财政厅、省住房城乡建设厅将组织对专项资金进行绩效评价，绩效评价结果将作为安排下一年度资金的重要参考因素。对未达到绩效目标的示范区域和示范项目，省级将采取取消示范资格、追回已拨付资金或不再续拨后续资金等方式处理。

第九条　资金支付按照国库集中支付制度有关规定执行。支出属于政府采购范围的，按照政府采购有关法律制度规定执行。结转和结余资金，按照财政存量资金有关管理规定处理。

第十条　各级财政部门、住房城乡建设部门要按照山东省省级财政专项资金信息公开有关要求和职责分工，将分配结果和绩效评价情况予以公开，接受社会监督。

第十一条　对经审计机构认定存在骗取、截留、挤占、挪用专项资金等行为的部门、单位（含个人），依照《中华人民共和国预算法》和《财政违法行为处罚处分条例》（国务院令第427号）等有关规定进行严肃处理，并列入财政专项资金管理领域信用负面清单，在两个年度内取消专项资金申请资格。构成犯罪的，移交司法机关处理。

第十二条　本办法由省财政厅、省住房城乡建设厅负责解释。

第十三条　本办法自2018年5月1日起施行，有效期至2021年4月30日。省财政厅、省住房城乡建设厅《关于印发〈山东省省级建筑节能与绿色建筑发展专项资金管理办法〉的通知》（鲁财建〔2016〕102号）同时废止。

河南省

郑州市人民政府文件

郑政文〔2018〕95号

郑州市人民政府
关于印发郑州市清洁取暖试点城市示范
项目资金奖补政策的通知

各县（市、区）人民政府，市人民政府各部门，各有关单位：

现将《郑州市清洁取暖试点城市示范项目资金奖补政策》印发给你们，请认真贯彻执行。

郑州市人民政府

2018年4月24日

郑州市清洁取暖试点城市示范项目资金奖补政策

为有序推进全市清洁取暖试点城市建设工作，促进项目加快建设，发挥项目示范带动作用，加强清洁取暖试点城市建设奖补资金管理，根据《财政部住房和城乡建设部环境保护部国家能源局关于2017年北方地区冬季清洁取暖试点城市实施方案备案的通知》（财建〔2017〕580号）、《郑州市人民政府关于印发郑州市清洁取暖试点城市建设工作方案（2017—2020年）的通知》（郑政文〔2018〕92号）和《郑州市人民政府关于印发郑州市清洁取暖试点城市建设项目和资金管理办法的通知》（郑政〔2018〕25号）的精神，结合我市实际，特制定本奖补政策。

一、奖补范围

本奖补政策适用于2017年5月至2020年4月，被列入我市清洁取暖试点城市建设计划的项目。具体包括热源清洁化改造工程、热力管网工程、燃气管网采暖工程、采暖分户计量改造工程、建筑节能改造工程、超低能耗建筑工程、可再生能源采暖工程、多能互补采暖工程等项目。

二、奖补原则

1. 以企业投资为主、政府奖补资金引导为辅。
2. 优先支持列入清洁取暖试点城市实施方案的建设项目。
3. 优先支持地方配套资金已落实的项目。
4. 优先支持前期工作完成且具备开工条件的项目。

三、奖补标准

1. 纳入市政集中供热系统的热源清洁化改造、集中供热能力提升工程及其配套热力管网工程、配套燃气管网采暖工程等建设项目，依据建设项目总投资的评估金额10%给予奖补，最高不超过5000万元。

2. 实施区域集中供热的可再生能源采暖、多能互补采暖等清洁能源采暖工程项目，鼓励项目业主按照合同能源管理模式或PPP模式开展项目建设，依据建设项目的评估可供热面积，按照40元/平方米给予奖补，且单个项目不超过5000万元和项目总投资的30%。

3. 集中供热没有覆盖的城区、县城及农村继续实施“电代煤”“气代煤”清洁取暖工程，按照市政府既有文件确定的奖补标准执行。

4. 新建建筑项目强制性执行新建建筑节能标准，鼓励项目业主建设超低能耗建筑示范项目，对超低能耗建筑示范项目依据项目确认年度，依次按照500元/平方米、400元/平方米、300元/平方米三个档次进行奖补，且单个项目分别不超过1500万元、1200万元和1000万元（可同时享受市级其他支持政策）。

5. 实施既有建筑节能改造工程，居住建筑节能改造项目按照120元/平方米进行奖补，公共建筑节能改造项目按照40元/平方米进行奖补、农村既有建筑节能改造项目按照1万元/户进行奖补。

6. 鼓励实施天然气分布式能源站等清洁能源供暖工程，按照建设项目装机容量每千瓦1000元进行奖补，且单个项目不超过3000万元和项目总投资的10%。

四、资金管理

1. 严格落实郑政〔2018〕25号相关规定，奖补性资金全额用于项目建设或项目银行贷款贴息。

2. 严格落实专户管理、专款专用、单独核算制度，任何单位和个人不得以任何理由、任何形式挤占、截留和挪用。

3. 在项目开工前根据项目资金申请报告确定的建设规模预拨财政补助类项目支持资金，在项目竣工验收合格后按照实际规模予以清算。以奖代补类项目竣工验收通过后按照清洁取暖效果给予适当支持。

4. 对于虚报、冒领等不当手段套取奖补资金的项目单位，追回奖补资金，取消该单位项目申报资格。对违规行为情节严重的，按照《财政违法行为处罚处分条例》（国务院令第427号）的相关规定进行处理。

主办：市发展改革委　　　　　　　　督办：市政府办公厅二处

抄送：市委各部门，郑州警备区。

市人大常委会办公厅，市政协办公厅，市法院，市检察院。

郑州市人民政府办公厅　　　　　　　　2018年4月24日印发

开封市冬季清洁取暖专项工作组办公室

汴取暖办〔2018〕3号

关于印发《开封市清洁取暖示范项目奖补资金管理办法》的通知

各县、区人民政府，市直各单位，各相关企业：

为推进我市冬季清洁取暖示范项目顺利实施，《开封市清洁取暖示范项目奖补资金管理办法》已经开封市冬季清洁取暖专项工作组研究同意，现印发给你们，请遵照执行。

开封市冬季清洁取暖专项工作组办公室

2018年3月18日

开封市清洁取暖示范项目奖补资金管理办法

第一条　为保证北方地区冬季清洁取暖试点城市示范效果，提高财政奖励资金使用的规范性、安全性和有效性，确保各项工作顺利实施，根据财政专项转移支付绩效管理相关规定和《开封市冬季清洁取暖实施方案》，制定本办法。

第二条　清洁取暖改造奖补资金（以下简称“奖补资金”）是由中央财政奖补资金和省市、县（区）等财政预算安排组成，专项用于清洁取暖改造的财政性资金。

第三条　奖补资金坚持专款专用、注重绩效的原则。

第四条　对列入示范的热源端清洁化改造，主要为行政区域内热电联产、热泵、燃气锅炉、电锅炉、分散式电（燃气）、太阳能、生物质等取暖项目，用户端建筑能效提升项目，均可享受冬季清洁取暖改造奖补。

第五条　奖补标准

用户端建筑能效提升项目，财政奖补140元/平方米，中央财政、市、县（区）按申报方案确定的比例承担。

被动式超低能耗绿色建筑示范项目，财政奖补1000元/平方米。

空气源热泵、地源热泵、深层地热、太阳能等可再生能源取暖项目，财政给予一定的奖补。

对评为清洁取暖优质项目的给予一次性奖补。

第六条　清洁取暖工程列入清洁取暖示范项目后，奖补资金先行拨付40%，项目通过竣工验收后，拨付剩余55%，剩余5%待上级部门绩效评价后再予拨付；市冬季清洁取暖专项工作组办公室对示范项目进行全程监管。

第七条　市财政局根据市清洁取暖建设工作领导小组确定的清洁取暖改造任务，对奖补资金实行先预拨、后清算的管理方式。

第八条　市冬季清洁取暖专项工作组办公室严格按照各类工程规范标准组织竣工验收，根据验收结果制定奖补资金清算方案并送市财政局。

第九条　市财政局根据市冬季清洁取暖专项工作组办公室提供的奖补资金清算方案清算奖补资金。

第十条　市冬季清洁取暖专项工作组办公室按照政府信息公开有关规定和谁主管谁公开的原则，健全完善奖补资金信息公开机制，自觉接受社会监督。市财政局把信息公开情况作为奖补资金预算安排和绩效评价的重要依据。

第十一条　市冬季清洁取暖专项工作组办公室对奖补资金建立健全内部控制制度，规范完善项目的立项、申报、验收和绩效管理等相关档案资料。

第十二条　奖补资金年度预算执行完毕后，市冬季清洁取暖专项工作组办公室应按照规定组织第三方绩效自评，并将绩效自评报告报财政局。市财政局根据情况组织绩效评价。

第十三条　市冬季清洁取暖专项工作组办公室对奖补资金使用情况和项目进展情况进行监督检查。

第十四条　奖补资金要专款专用，不得擅自变更资金用途。

第十五条　对奖补资金申报、使用和管理过程中出现的违法违纪违规行为，按照《财政违法行为处罚处分条例》（国务院令第427号）等规定处理。

第十六条　本办法自发布之日起实施。

第十七条　本办法由市财政局负责解释。

开封市人民政府法制办公室

关于征求《开封市人民政府关于加快建筑业转型发展的实施意见（征求意见稿）》意见的公告

为进一步拓宽公众参与政府决策的渠道，广泛听取社会各方面的意见，提高政府决策质量，推进科学决策、民主决策，现将市政府正在研究制定的《开封市人民政府关于加快建筑业转型发展的实施意见（征求意见稿）》公开征求意见。欢迎有关单位和各界人士在2018年5月11日以前通过以下方式提出意见和建议：

（一）登录“中国・开封公众信息网”，在网站首页“通知公告”栏中点击打开征求意见文稿；

（二）将意见和建议电子档发至fgk304@163.com；

（三）将意见和建议通过信函邮寄至开封市人民政府法制办公室，邮编475004。

开封市人民政府法制办公室

2018年5月4日

开封市人民政府关于加快建筑业转型发展的实施意见（征求意见稿）

建筑业是我市国民经济的重要组成部分，在促进经济发展、推动城乡建设、增加劳动就业、带动关联产业等方面，发挥着重要作用。为深入贯彻党的十九大精神，落实《国务院办公厅关于促进建筑业持续健康发展的意见》（国办发〔2017〕19号）、《河南省人民政府办公厅关于印发河南省建筑业转型发展行动计划（2017—2020年）的通知》（豫政办（2017）152号）及《河南省人民政府办公厅关于印发河南省大力推进装配式建筑发展实施意见》（豫政办（2017）153号）要求，加快推进我市建筑业转型，进一步做大做强我市建筑业，推动我市向建筑强市迈进，结合我市实际，提出以下意见。

一、指导思想

坚持以党的十九大精神为指导，深入贯彻省委省政府全力打好转型发展攻坚战的要求，以推进转型升级为主线，综合运用政策引导，项目带动、产业支撑、市场培育、资金激励等手段，进一步深化建筑业“放管服”改革，创新体制机制，优化发展环境，积极培育建筑业龙头企业，全面提升行业综合竞争力，促进全市建筑业持续健康发展。

二、发展目标

到2020年，全市建筑业总产值力争突破500亿元，年增长率保持在10%以上，建筑业对拉动我市国民经济增长的作用更加明显，建筑企业实力显著增强，产业结构更加合理，服务经济社会发展的能力进一步增强。建筑业特级资质企业达3家、一级资质企业达30家，60%以上的建筑业经济总量集中在特级、一级资质企业。到2020年底，全市装配式建筑占新建建筑面积的比达到30%，其中保障性住房、政府和国有企业投资项目达到50%以上，力争到2025年底全市装配式建筑占新建建筑面积的比达到50%，其中保障性住房、政府和国有企业投资项目原则上达到100%。

三、工作任务

（一）以优化建筑业产业结构为导向，推动建筑业企业转型升级、融合发展

1. 培育发展龙头骨干企业。坚持扶优扶强原则，培育发展一批综合实力强、资产规模大、社会信誉好的大型建筑企业或企业集团。重点培育扶持

中国化学工程第十一建设有限公司、河南四建股份有限公司、河南天元网架股份有限公司等省住房和城乡建设厅公布的重点培育建筑类企业。支持一级、二级施工总承包企业加快转型升级，引导在行业内处于领先发展水平的建筑业企业升级为具有特级资质的总承包企业。

2. 支持企业联合经营，促进行业协同发展。支持本市建筑业企业通过企业兼并、重组、合作等方式，强强联合，向大型建筑企业集团发展。支持本市建筑业企业与中央、外省市大型建筑业企业组建联合体，参与重大工程项目施工，联合体享受本地骨干企业优惠政策。鼓励投资咨询、勘察、设计、监理、招标代理、造价等企业采取联合经营、并购重组等方式向全过程工程咨询企业转型，打响我市建筑业的优质品牌。

3. 扶持专业承包企业。支持各类社会经济组织和个人组建中小型建筑业企业，鼓励装饰装修从业人员申办建筑装饰装修工程专业承包资质企业，引导中、小企业向特色专业企业发展，培育一批特色专业资质承包企业，支持施工专业承包企业做专做精。

4. 推动建筑业劳务体系转型发展。坚持政府引导，企业主导原则，大力发展专业作业企业。充分发挥企业在建筑工人组织化、技能培训等方面的主体作用，逐步建立施工承包企业自有建筑工人为骨干，专业作业企业自有建筑工人为主体的多元化用工方式。鼓励施工总承包、专业承包企业培育以特种作业工种、高技能建筑工人为主的自有建筑工人队伍。促进建筑业农民工向技术工人转型，逐步实现建筑工人管理公司化、专业化，推动建筑工人向专业化、产业化转变。

5. 全面敞开企业资质办理渠道。鼓励房屋建筑、市政、交通、水利，电力、通信等建筑业企业跨行业申报资质，扩大企业从业范围，全面拓展业务，住建、交通、水利、电力等部门要破除行业壁垒，取消行业封锁，不得向本行业外企业设置“特别门槛”，支持具备资质条件的企业跨行业承接工程，实现建筑业企业资质在各专业行业互通、互信、互认。

6. 坚持“走出去”战略，积极拓展外埠市场。支持建筑业企业跟踪市外投资热点，围绕重点区域、重点专业领域和重点工程项目“走出去”发展，拓展市场空间。支持建筑业企业利用自身优势，与市外知名承包商组成联合体，共同承揽市外大型工程项目。要通过多种方式和渠道推介我市建筑业企业参与市场竞争，为开拓外地建筑市场提供优质服务。

（二）大力发展装配式建筑，加快市场应用

1. 积极推进建筑产业现代化园区建设。培育扶持一批创新能力强、产业特色鲜明、产业关联度高、带动能力强，集设计、生产、施工于一体的综合性龙头企业进驻，打造装配式建筑产业基地，鼓励装配式建筑产业链上相关企业整合资源，融合协调发展。实施“引进来”战略，围绕装配式建筑产业上下游产业链招大引强，引进境内外装配式建筑或建筑部品部件生产龙头企业进入我市，鼓励我市有实力的企业与境内外企业合作，提升装配式建筑设计施工能力和部品部件生产能力。

2. 增强产业配套能力。深入推进装配式建筑全产业链信息化应用，提升信息化管理水平，依托信息技术提升研发设计、开发经营、生产施工和管理维护水平。鼓励企业加大建筑信息管理（BIM）技术、信息系统等的研发、应用和推广力度，实现管理网络化及全流程集成创新；提高标准化设计水平，鼓励和引导设计单位提高装配式建筑设计能力，在设计中应优先选用标准化、通用化、模数化的部品部件，加强对部品部件生产、施工安装、装配式装修的全过程指导和服务。

3. 大力推广装配式建筑，加快市场应用。2018年起，总建筑面积5万平方米以上的新建保障性住房项目，以及政府和国有企业投资的总建筑面积2万平方米以上的新建（扩建）学校、医院、养老建筑等项目应采用装配式建筑技术建设；总建筑面积10万平方米以上的新建商品住房项目应采用装配式建筑技术建设；全市装配式建筑占新建建筑的面积比例不低于10%，保障性住房项目以及政府和国有企业投资项目实施装配式建筑的面积比例不低于30%，并逐年提高装配式建筑比例。

（三）推动建筑业创新和科技进步、提高新技术应用水平

1. 鼓励企业科技创新。以企业为主体、项目为载体，以节能环保为导向，大力推进应用新技术、新材料、新工艺、新设备，提高技术装备水平和机械化施工能力，支持企业积极开发专利技术和信息化应用项目。

2. 提高企业自主创新能力。鼓励企业与高等院校、科研单位合作，开展超高层和超大型等复杂条件下施工技术、装配式建筑、智能建筑、建筑垃圾资源化利用等研究。鼓励企业建立国家级、省级工程研究中心、重点实验室和企业技术中心等研发平台，编制工程建设标准和工法，开发自主专利技术。支持骨干企业建立装配式建筑技术研发中心、实验室和新型研发机构，

组建产业技术创新联盟，开展部品部件、关键技术、成套技术的标准化研究，及时将研究成果转化应用。

3. 加快推进建筑业信息化进程。积极实施“互联网+”战略，深入推进建筑产业和行业企业信息化应用示范工程，充分应用现代信息技术提升研发设计、开发经营、生产施工和管理维护水平。鼓励企业加大建筑信息模型（BIM）技术、智能化技术和信息系统等研发、应用和推广力度，推行设计标准化、生产工厂化、管理网络化及全流程集成创新，全面提高建筑行业企业运营效率和管理能力。2020年，全市一级以上总承包企业全部实现信息化管理，绿色公共建筑、绿色生态示范小区和国有投资的大中型建筑全部采用BIM技术，设计、施工、房地产开发、咨询服务、建筑运行维护等企业基本掌握BIM技术。凡应用BIM技术的工程项目，可优先申报绿色建筑或勘察设计、施工等创杯夺优奖项。

4. 大力推广绿色建筑。提高新建建筑能效水平，实施既有建筑节能改造，扩大绿色建筑规模，推广新型绿色建材。新建（居住）建筑全面执行“65+”节能设计标准，逐步实施75%节能标准，鼓励建设超低能耗或近零能耗被动式建筑。支持发展高星级绿色建筑，大型公共建筑、公共机构办公建筑和政府投资的其他公共建筑，应按照二星级及以上绿色建筑标准建设。将绿色建筑发展规划的相关要求纳入控制性详细规划，并在建设用地规划设计条件中明确绿色建筑等级和技术指标。开展绿色低能耗、被动式超低能耗、绿色农房建筑试点示范，提升建筑品质。

5. 创新工程建设标准。研究修订房屋建筑和市政工程建设、建筑节能、绿色建筑等地方标准，建立健全结构科学、覆盖全面、及时先进的标准体系。严格落实《河南省成品住宅设计标准》，2018年起新建商品住宅全部按照成品房设计建设。完善市场决定工程造价的机制，建立工程定额全面和局部修订相结合的动态调整机制。强化标准定额实施监督指导，建立全面、公平、有效的标准监督检查机制。

6. 创新工程建设项目组织方式。积极推进项目管理由FIDIC、DBB等传统模式向工程总承包EPC模式和全过程工程咨询服务转变。各级政府投资或主导工程、装配式建筑，原则上实行工程总承包和全过程工程咨询服务，鼓励非政府投资工程实行工程总承包和全过程工程咨询服务。市发展改革，财政，住房城乡建设、审计等部门要研究建立适应工程总承包和全过程工程咨询服务模式的工程招标、监管和结算制度。建设单位可在项目可行性研究、方案设计或初步设计完成后，以工程估算或工程概算为控制指标，以限额设计为控制手段，组织开展工程总承包招标工作。

7. 推进建筑业“产学研”合作发展。引导企业通过战略合作、校企合作、技术转让、技术参股等方式，加快建立以市场为导向、产学研相结合的技术创新体系，打造有效助推建筑业转型升级的“产学研”合作平台。支持建筑企业参加高新技术企业认定，按照《国务院关于加快科技服务业发展的若干意见》国发（〔2014〕49号）要求，对认定为高新技术企业的，减按15%的税率征收企业所得税。对建筑企业开发新技术、新产品、新工艺的研发费用，符合国家政策规定的，可以享受加计扣除政策。

8. 创新建筑市场管理手段。贯彻落实“放管服”改革要求，大力推广“互联网+政务服务”。坚持弱化企业资质、强化个人执业资格的改革方向，以工程建设项目为依托，强化以企业和个人履约监管为核心的事中事后监管。逐步构建资质许可、信用约束、经济制衡相结合的管理制度。全面推进电子化审批，逐步推行市级管辖权限内建筑企业电子资质资格证书，通过信息化手段提高行政审批效率和监管效能。

（四）强化人才支撑，建设高素质人才队伍，维护建筑工人合法权益

1. 建设高素质管理人才队伍。健全建筑业人才培养和引进机制，充分依托我市的教育资源，着力培养和造就适应建我市筑业发展需要的企业家队伍、经营管理人才队伍、专业技术人才和高技能人才队伍。对引进符合相关人才政策的高层次人才，可按规定享受各类优惠补贴、住房、子女就学等方面的优惠政策，从事施工作业的外来务工人员，符合规定的，纳入城镇住房保障范围。支持具备条件的大型建筑业企业组建初、中级专业技术资格评审委员会，授予相应专业技术资格评审权。对有突出贡献的优秀企业家和技术经济管理人才，在推荐授予劳动模范、先进工作者荣誉称号等方面予以优先。鼓励建筑业企业与职业技术院校合作，培养适应专业岗位需求的高技能人才。

2. 培养高技能工人队伍。大力发展以作业为主的建筑业专业企业，实施公司化、专业化管理。加快研究适合装配式建筑发展的用工管理制度，培养部品部件企业生产工人、现场安装技术工人，形成规模化、专业化的装配式建筑技能人才队伍。全面开展建筑业技术工人培训和职业技能鉴定工作，

制定施工现场技能工人基本配备标准，发布各技能等级和工种的人工成本信息，引导企业将工人收入与技术水平挂钩，形成重视技能、崇尚技能的良好氛围，促进建筑业农民工向技术工人转型。

3. 加快推进建筑劳务实名制。全面推行建筑工人实名制管理，利用信息化手段建立建筑工人实名制管理平台，完善职业身份登记制度，记录工人身份信息、培训情况、职业技能、从业记录等信息。及时采集企业现场实名制管理数据，将实名制管理与企业诚信体系、市场准入、评优评先、欠薪处理等相结合，到2020年基本实现全覆盖。健全工人工资支付保障制度，依法按月足额发放工人工资，将拖欠工资的企业列入黑名单，采取限制市场准入等措施。落实建筑施工单位参加社会保险，改善建筑工人作业和生活环境，提升职业健康水平，保障建筑工人稳定就业。

（五）规范市场秩序，营造公平、有序的竞争环境

1. 完善建筑市场信用体系。建立统一的建筑业企业、人员和项目信息管理系统，加大工程项目信息公开力度，完善信用信息采集、报送、发布、查询制度，实现建筑市场信用信息互通、互认、互用。建立信用奖惩机制，健全完善我市建筑企业信用评价应用体系，开展信用评价工作，建立开封市建筑市场诚信建设“红黑榜”发布制度，按照“守信激励、失信惩戒”的原则，将“红黑榜”发布结果作为市场准入、资质资格管理、评先评优等的重要依据，充分发挥“红黑榜”发布制度在行业管理中的作用。开展建筑企业信用等级评定，对评为“AAA”信用等级的建筑业企业实施信用激励，优先列入政府投资项目预选承包商名录库，并在以银行保函形式缴纳投标保证金、履约保证金、质量保证金和农民工工资保障金时按法定最低标准缴纳。

2. 加强招投标管理，规范建设工程招投标行为。完善综合评标和合理低价评标办法，提倡优质优价、优质优先，坚决遏制和打击围标串标、转包、挂靠和低于成本价报价等违法违规行为。建立政府投资项目和重点工程投标预选企业名录，支持列入名录的企业优先参与市内政府投资项目和重点工程投标活动。同等条件下在标段划分和入围条件等方面优先考虑本地建筑企业，鼓励本地建筑企业积极参与投标，严禁在招标条件中设置排他性限制条款。尽快实现招标投标交易全过程电子化，推行网上异地评标。

3. 强化建筑市场和施工现场“两场”联动。加大执法力度，严厉打击违法发包、转包、违法分包、挂靠、借用资质以及在招标投标、施工许可、

质量安全、合同履约、工程款结算与支付、劳务费用支付等过程中各种违法违规行为，为企业发展创造良好的市场环境。

（六）积极发展建筑业总部经济，推进企业合作共赢

支持中国（河南）自由贸易试验区开封片区和有条件的县（区）建立建筑企业总部基地。坚持“政府搭台、企业唱戏”的原则，以诚信守法为前提、以合作共赢为主题，科学推进全市建筑产业战略联盟建设，进一步巩固和扩大以大型骨干企业为龙头，勘察设计企业、建筑施工企业、建材生产企业、金融服务机构、科研院校等共同参与的产业发展合作平台。围绕资源整合、优势互补，共建共享，鼓励和推动央企与本市企业、本地企业与外地企业、房地产开发企业与建筑企业的合作与重组。研究制定优惠扶持政策，吸引央企、省内外大型优势企业在我市行政区域内设立总部或成立子公司，积极发展建筑业总部经济，促进我市建筑业做大做强做优。

四、支持政策

（一）优化资质资格管理

积极开展试点，简化工程建设企业资质等级设置，探索建立对信用良好、具有相关专业技术能力、可足额担保的企业在其资质类别内放宽承揽业务范围限制的政策。支持具备条件的大型骨干建筑业企业组建初、中级专业技术资格评审委员会和职业技能培训及鉴定机构，授予相应专业技术资格评审权和技能培训鉴定资格。

（二）加大装配式建筑扶持力度

全市各级政府、政府各部门要按照《开封市人民政府关于大力推进装配式建筑发展的意见（试行）》文件要求，按照职责分工全面落实装配式建筑的扶持政策，市装配式建筑推进领导小组要做好我市装配式建筑发展规划、政策引导和宣传工作，建立装配式建筑目标考核制度，并将年度考核结果作为综合绩效考核评估的重要内容。

（三）实施积极的金融扶持政策

积极推动银企合作，鼓励各级金融机构对符合条件的本市建筑业企业在授信额度、质押融资、贷款发放、保函业务等方面给予支持。鼓励在我市开展担保业务的专业担保公司为符合条件的施工企业贷款、发展、工程项目投

标、履约、尾付款如约偿付等提供担保。支持建筑企业以建筑材料、工程设备、在建工程和应收账款、股权、商标权、专利权等作为抵押或质押物，为贷款融资或融资租赁业务提供担保。

（四）切实减轻建筑业企业负担

1. 降低制度性交易成本。对使用非国有资金的工程建设项目依法需招标的，项目业主可自主选择招标方式（公开、邀请）。除依法依规设立的投标保证金、履约保证金、工程质量保证金、农民工工资保证金外，建筑企业在工程建设中无需缴纳其他任何保证金。工程质量保证金预留比例上限由工程价款结算总额的5%降为3%，缺陷责任期最长不超过2年。鼓励建筑企业采用银行保函、工程担保、工程保证保险等多种方式作为各类工程履约保证，相关单位不得拒绝建筑企业以保函等方式替代现金缴纳保证金。治理规范各类涉企评比达标表彰活动，禁止违规设置名目向企业摊派或收费。

2. 加强工程款结算管理，建立约束机制。逐步推行预算价、中标价、结算价按规定公开制度；严格执行基本建设财务管理规定的竣工决算编制时间，坚决遏制不及时进行竣工财务决算的行为；国有资金投资项目，财政评审单位要按规定时间及时进行项目概（预）算的评审。推进工程造价改革，建立定额人工费调整机制和补充定额发布机制，完善建筑工程造价信息发布系统，提高信息发布质量，满足市场需要。

3. 完善农民工工资保证金制度。探索建立差异化的农民工工资保证金缴纳制度，企业缴存农民工工资保证金额度与企业有无发生拖欠农民工工资行为及企业诚信情况挂钩。对诚信情况良好，连续2年未发生拖欠行为的，可降低缴存比例，降幅不低于50%，对连续3年未发生拖欠行为的，可免于缴存农民工工资保证金。

（五）实施创新创优奖励

对绿色装配式建筑项目，按照省绿色建筑资金奖励标准予以奖补；对获得省级绿色装配式建筑生产基地的项目，纳入节能环保重大技术装备产业化示范工程予以支持。对取得特级总承包施工资质或获得国家级工程质量奖的在本市注册的建筑业企业，由市政府应给予不低于50万元的奖励。对获得鲁班奖、中州杯奖的项目设计、施工、监理企业参加建设工程投标时享受加分奖励，项目负责人不受学历、资历、论文数量等限制，可破格申报参评相应专业高级技术资格。将BIM技术应用列入《河南省绿色建筑评价标准》创新指标加分项目，具有BIM技术应用能力的企业在评标中予以加分，应用BIM技术的项目优先申报中州杯奖、菊花杯等奖项。

（六）实施信用激励

对评为“AAA”信用等级的建筑企业，新开工项目工伤保险费率由1‰调至0.8‰，连续两年以上未发生工伤事故的下调至0.4‰。对评为“B”信用等级的建筑企业或因企业过错造成群众或农民工围堵政府、堵塞交通等影响社会稳定事件的建筑企业，不享受本意见中的优惠政策。

（七）优化社会环境

公安部门要采取有效措施，坚决打击强装、强卸、强卖建筑材料及阻挠正常施工、扰乱企业合法经营等违法行为，为企业发展创造良好的社会环境。

（八）加强建筑业统计工作

统计部门要进一步加强建筑业企业统计基础工作，强化建筑业经济运行监测分析，定期发布建筑业发展的主要经济指标，为我市建筑业转型发展提供及时、科学、有效的统计数据。

五、保障措施

（一）加强组织领导。成立开封市促进建筑业持续健康发展工作领导小组，组长由市长担任，常务副组长由常务副市长担任，副组长由主管城建副市长担任，成员包括市政府分管副秘书长、城乡建设、发展改革、财政、公安、统计、人社、工信、国土资源、规划、住房保障、国税、地税、交通、水务等部门主要领导。领导小组下设办公室，办公室设在开封市住房和城乡建设局，市住房城乡建局局长兼任办公室主任。各县（区）应成立相应的领导机构，结合本辖区实际制订扶持政策，做好辖区内建筑企业的支持和服务工作。

（二）完善工作机制。推进各级政府相关部门之间、政企之间、银企之间的合作机制，建立多方联席会议制度，加强沟通、协调、服务。坚持寓服务于监管，大力推行“互联网+建筑业”信息化管理，不断完善监管体制机制，全面提升服务监管水平。

（三）深化行政改革。进一步深化建筑业“放管服”改革，切实转变政府职能，提高行政效能，建设法治政府和服务型政府；推进建筑业供给侧结构性改革，破解阻碍建筑业发展的瓶颈，建立统一开放的建筑市场秩序，创造良好的建筑业发展环境。

（四）营造良好氛围。各级各部门要充分利用各种媒介平台，加大对建筑业转型升级发展的宣传力度，争取社会各界的支持和推动。要加强舆论引导，全面宣传建筑业在国民经济发展中的基础支撑作用，为推动建筑业快速发展营造良好的舆论氛围。

河南省人民政府办公厅

豫政办〔2017〕152号

关于印发河南省建筑业转型发展行动计划（2017—2020年）的通知

各省辖市、省直管县（市）人民政府，省人民政府有关部门：

《河南省建筑业转型发展行动计划（2017—2020年）》已经省政府同意，现印发给你们，请认真贯彻执行。

河南省人民政府办公厅

2017年12月7日

河南省建筑业转型发展行动计划（2017—2020年）

为深入贯彻落实党的十九大精神和《中共河南省委河南省人民政府印发〈关于打好转型发展攻坚战的实施方案〉的通知》（豫发〔2017〕18号）要求，加快推进建筑业转型发展，特制定本方案。

一、总体要求

建筑业是我省传统优势产业和富民强省的支柱产业。近年来，全省建筑业年增加值占GDP（地区生产总值）比重达5.7%以上，年上缴税收占地方税收的14%左右，从业人员占全社会从业人员的10%左右，对拉动经济增长、扩大劳动就业、增加财税收入、带动关联产业发展、改变城乡面貌贡献突出。随着工程建设领域投融资体制、建造方式、组织方式加速变革，我省建筑业发展遇到瓶颈，建造方式传统落后、产业结构有待优化、市场主体活力不够、政策保障力度不足等问题凸显，迫切需要以“创新、协调、绿色、开放、共享”发展理念为指导，以全面推动行业转型升级为主题，以转变建筑业生产方式、革新项目组织方式、改革劳务用工方式、调整优化产业结构、深化企业产权制度改革、强化创新驱动为主要路径，加快推动建筑业从规模扩张向质量效益提升转型，从产业链中低端向中高端跨越，切实提升我省建筑业整体竞争力，推动我省由建筑大省向建筑强省转变。

二、主要目标

力争到2020年，全省建筑业总产值突破14000亿元，年增加值占全省GDP比重超过全国平均水平；培育2至3家具有显著竞争优势的航母级企业，50家实力较强的工程总承包企业，50家有市场竞争力的全过程工程咨询企业，100家在全国有影响力的建筑施工企业，建筑业特级资质企业数量力争突破30家；装配式建筑占新建建筑面积的比例达到20%，郑州市装配式建筑面积占新建建筑面积的比例达到30%以上，政府投资或主导的项目达到50%，建筑业成为技术先进的现代产业、节能减排的绿色产业和国民经济新的增长点。

三、重点任务

（一）实施企业改革攻坚计划。

1. 深化产权制度改革。加快国有建筑企业混合所有制改革，鼓励与民营企业跨地区、跨行业、跨所有制进行联合、兼并、重组。适时组建混合所有制的河南建筑集团有限公司，以股权和项目为纽带，打造在全国有影响力的建筑业航母级企业。引导具备条件的民营建筑企业实施股权重构，建立股权合理流动、股东进退有序的机制。推进分配制度改革，推行经营管理层年薪制、股权激励制等，鼓励资本、技术、管理等生产要素参与企业收益分

配。（责任单位：省住房城乡建设厅、省政府国资委）

2. 推动企业合作联营。成立河南省建筑产业联盟，形成勘察、设计、施工、监理、装备制造、建材供应、金融服务等联动合作机制，实现资源整合、协同发展。支持我省建筑企业与中央、外省大型建筑企业组建联合体，参与省内重大工程项目施工，联合体享受本地骨干建筑企业相关政策。鼓励省外企业与本地建筑企业联合组建股份制项目公司，参与PPP（政府和社会资本合作）项目。（责任单位：省住房城乡建设厅、发展改革委、财政厅、交通运输厅、水利厅，各省辖市、省直管县〔市〕政府）

3. 调整优化产业结构。通过资质引导等手段，培育建筑企业向轨道交通、高铁、市政、港口、水利、公路、地下管廊、装配式建筑等高附加值专业或新兴领域拓展，改变目前同质竞争的局面。做大做强建筑施工总承包企业，扶持大型企业参与PPP项目和重大建设项目投资建设，向投资、建设、运营一体化企业和工程总承包企业转型。提高专业施工能力，推动建筑劳务企业向木工、电工、砖砌、钢筋制作等专业作业企业转型，打造河南特色专业品牌。鼓励省内投资咨询、勘察、设计、监理、招标代理、造价等企业采取联合、重组、并购等方式，向全过程工程咨询企业转型。（责任单位：省住房城乡建设厅、交通运输厅、水利厅）

4. 积极开拓境内外市场。积极参与"一带一路"建设，充分发挥我省建筑企业在高铁、地铁、电力、公路、煤炭、油气管线、防水防腐等方面的优势，有组织、有目标、有重点地开拓外埠市场。引导对外承包工程企业向项目融资、设计咨询、运营维护等高附加值领域拓展。支持我省对外工程承包企业参与境外经贸合作园区工程项目建设。鼓励国际市场开拓能力强的企业带动专业分包和专业作业企业"合作出海"，积极有序开拓国际市场。建立完善"走出去"公共服务信息平台，为对外承包工程经营主体提供信息、风险防控等服务。充分发挥省驻外建筑劳务管理机构作用，为出省施工的建筑企业和劳务人员提供服务。（责任单位：省商务厅、住房城乡建设厅，各省辖市、省直管县〔市〕政府）

（二）实施装配式建筑攻坚计划。

1. 合理布局，联动推进。大力发展装配式混凝土建筑和钢结构建筑，倡导旅游景区及有条件地方发展现代木结构建筑。统筹布局重点推进地区、积极推进地区和鼓励推进地区，推动装配式建筑协调发展。各级政府投资或主导的工程项目应率先采用装配式建筑技术建设，鼓励新建商品住房项目采用装配式技术建造，支持城市新区集中连片发展装配式建筑，旧城区改造项目、农村集中安置项目原则上应采用装配式技术建设。支持郑州市郑东新区象湖片区建设装配式建筑示范区。（责任单位：省住房城乡建设厅、发展改革委、财政厅，各省辖市、省直管县〔市〕政府）

2. 基地带动，集聚发展。结合资源禀赋和市场条件，引导企业依托产业集聚区，创建国家、省级装配式建筑示范城区、产业基地、示范项目。以郑州为中心打造装配式建筑综合产业园区，按照东、西、南、北区域布局装配式混凝土建筑产业基地，依托安钢、舞钢、济钢等钢铁产业优势发展钢结构建筑产业基地。到2018年年底，建成国家及省级装配式混凝土结构、钢结构及整体厨卫等10个构配件生产基地。（责任单位：省住房城乡建设厅、发展改革委、国土资源厅，各省辖市、省直管县〔市〕政府）

3. 企业主体，政府引导。以市场需求为导向，发挥企业主体作用，加强政府协调推动，激发市场活力。加快培育装配式建筑相关企业，引导科研、开发、设计、生产、施工、物流、运营维护等单位组成产业联盟，实现融合互动发展。鼓励有条件的预制部件、墙材生产、商品混凝土、钢结构等企业延伸产业链，实施技术改造升级，促进专业化、标准化、规模化生产。鼓励社会资本进入装配式建筑领域。（责任单位：省住房城乡建设厅、工业和信息化委，各省辖市、省直管县〔市〕政府）

4. 标准先行，人才保障。加快完善覆盖部品部件生产、建筑设计、现场施工装配、工程质量验收、使用维护等全过程的装配式建筑标准规范体系，为装配式建筑推广应用创造条件。推动我省建筑业骨干企业向装配式建筑设计、生产、施工一体化企业转型。大力培育装配式建筑施工队伍，实施“333”人才工程计划，2020年年底前培养300名高层次专业人才、3000名一线专业技术管理人员、30000名生产施工技能型产业工人。（责任单位：省住房城乡建设厅、人力资源社会保障厅）

（三）实施建筑业创新攻坚计划。

1. 推动企业科技创新。支持企业与高等院校、科研单位合作，开展超高层和超大型及复杂条件下施工技术、装配式建筑、智能建筑、建筑垃圾资源化利用等研究，突破一批制约建筑业发展的关键技术。鼓励企业建立国家级、省级工程研究中心、重点实验室和企业技术中心等研发平台，编制工程建设标准和工法，开发自主专利技术。支持骨干企业建立装配式建筑技术研发中心、实验室和新型研发机构，组建产业技术创新联盟，开展部品部件、关键技术、成套技术的标准化研究，及时将研究成果转化应用。加强先进建造设备、智能设备和装配式建筑适用机械设备的研发、制造和推广应用，提高建筑机械化施工水平。（责任单位：省科技厅、发展改革委、住房城乡建设厅、工业和信息化委）

2. 促进绿色建筑量质齐升。提高新建建筑能效水平，实施既有建筑节能改造，扩大绿色建筑规模，推广新型绿色建材。全省寒冷地区新建（居住）建筑全面执行“65+”节能设计标准，逐步实施75%节能标准，鼓励建设超低能耗或近零能耗被动式建筑。鼓励有条件的城区全面执行绿色建筑标准，逐步实现全省城镇地区新建建筑一星级绿色建筑全覆盖。支持发展高星级绿色建筑，大型公共建筑、公共机构办公建筑和政府投资的其他公共建筑，应按照二星级及以上绿色建筑标准建设；绿色生态城区、重点功能区内的新建民用建筑，按照二星级及以上绿色建筑标准建设应达到相应比例；鼓励其他公共建筑和居住建筑按照二星级及以上绿色建筑标准进行建设。将绿色建筑发展规划的相关要求纳入控制性详细规划，并在建设用地规划设计条件中明确绿色建筑等级和技术指标。开展绿色低能耗、被动式超低能耗、绿色农房建筑试点示范，提升建筑品质。实施绿色建材行动，开展绿色建材星级评价，编制发布绿色建筑技术、工艺、材料、设备的推广、限制和禁止使用目录，动态发布绿色建材产品相关信息，提高绿色建材应用比例。（责任单位：省住房城乡建设厅、发展改革委、工业和信息化委）

3. 提高行业信息化水平。加快BIM（建筑信息模型）、大数据、智能化、物联网、三维（3D）打印等技术的集成应用，实现建筑业数字化、网络化、智能化。广泛使用无线网络及移动终端，实现项目现场与企业管理的互联互通，提高企业生产效率和管理水平。重点推进BIM技术应用，编制我省BIM技术应用导则和合同示范文本，建立满足BIM技术应用的政策标准体系。2020年，全省一级以上总承包企业全部实现信息化管理，绿色公共建筑、绿色生态示范小区和国有投资的大中型建筑全部采用BIM技术，设计、施工、房地产开发、咨询服务、建筑运行维护等企业基本掌握BIM技术。（责任单位：省住房城乡建设厅）

4. 创新工程建设标准。研究修订房屋建筑和市政工程建设、建筑节能、绿色建筑等地方标准，加快制定装配式建筑、被动式超低能耗建筑及分布式能源建筑应用、建筑全生命周期能源消耗等标准定额，建立健全结构科学、覆盖全面、及时先进的标准体系。严格落实《河南省成品住宅设计标准》，2018年起新建商品住宅全部按照成品房设计建设。完善市场决定工程造价的机制，建立工程定额全面和局部修订相结合的动态调整机制。强化标准定额实施监督指导，建立全面、公平、有效的标准监督检查机制。（责任单位：省住房城乡建设厅）

5. 创新工程建设项目组织方式。积极推行工程总承包和全过程工程咨询服务。各级政府投资或主导工程、装配式建筑，原则上实行工程总承包和全过程工程咨询服务，鼓励非政府投资工程实行工程总承包和全过程工程咨询服务。省发展改革、财政、住房城乡建设、审计等部门要研究建立适应工程总承包和全过程工程咨询服务模式的监管和结算制度。建设单位可在项目可行性研究、方案设计或初步设计完成后，以工程估算（或工程概算）为控制指标，以限额设计为控制手段，组织开展工程总承包招标工作。（责任单位：省住房城乡建设厅、发展改革委、财政厅、审计厅，各省辖市、省直管县〔市〕政府）

6. 创新建筑市场管理手段。贯彻落实“放管服”改革要求，以工程建设项目为依托，强化以企业和个人履约监管为核心的事中事后监管。建设完善全省建筑市场监管、建筑施工安全监管、工程质量检测监管等信息系统，通过信息化手段提高监管效能。做好工程担保和质量保险试点工作，探索用经济手段化解工程建设风险。开展委托具备条件的社会力量进行工程质量安全监督检查试点。（责任单位：省住房城乡建设厅、财政厅、工业和信息化委）

（四）实施人才队伍素质提升攻坚计划。

1. 加快培养高层次人才。制订河南省建筑业人才规划，为行业发展提供智力支持。实施高层次人才引进工程，严格落实人才保障措施。对引进的符合条件的高层次人才优先立项建设省级重点实验室、工程（技术）研究中心、工程实验室等创新平台。加快培养具备先进经营理念、熟悉市场规则的建筑企业高级经营管理人才。明确建筑师的权利和责任，提高建筑师的地位。鼓励设立大师工作室和建筑师事务所，发挥行业高端人才引领作用。依托河南城建学院、河南建筑职业技术学院推进校企合作，为我省建筑行业

培养专业人才。（责任单位：省人力资源社会保障厅、科技厅、住房城乡建设厅）

2. 培养高技能工人队伍。大力发展以作业为主的建筑业专业企业，实施公司化、专业化管理。培养适应装配式建筑生产和施工要求的技能工人，实现建筑业工人队伍的优化升级。全面实施建筑业技术工人培训和职业技能鉴定制度，制定施工现场技能工人基本配备标准，发布各技能等级和工种的人工成本信息，引导企业将工人收入与技术水平挂钩，形成重视技能、崇尚技能的良好氛围，促进建筑业农民工向技术工人转型。力争2020年全省中级工技能水平以上的建筑工人数量突破60万人。（责任单位：省人力资源社会保障厅、住房城乡建设厅）

3. 维护建筑工人合法权益。落实建筑领域劳动合同制度，全面推行建筑工人实名制管理，通过信息化手段记录工人身份信息、培训情况、职业技能、从业记录等，2020年基本实现全覆盖。健全工人工资支付保障制度，依法按月足额发放工人工资，将拖欠工资的企业列入黑名单，采取限制市场准入等措施。推动建筑施工单位参加工伤保险，改善工作和生活环境，提升职业健康水平，促进建筑工人稳定就业。（责任单位：省人力资源社会保障厅、住房城乡建设厅，各省辖市、省直管县〔市〕政府）

（五）实施优化建筑市场环境攻坚计划。

1. 大力规范建筑市场秩序。建立统一开放的建筑市场，严禁以各种名义强制要求省内跨区域承揽业务的建筑企业在当地设立分公司（子公司）。各类建筑工程招标文件不得提出与招标项目无关的要求，不得设置高于招标项目相对应的企业资质和业绩条件。各地、各有关部门的基础设施、PPP项目不得人为抬高准入门槛，不得对省内民营建筑企业设置附加条件和歧视性条款。依法必须招标的工程建设项目纳入全省公共资源交易平台，实现招标投标交易电子化。建立工程建设领域招投标稽查制度，开展招投标市场专项治理活动，严厉打击排斥潜在投标人、围标串标、出借借用资质、违法发包转包分包等行为。加强对建筑企业资质资格的动态监管，加大建筑市场清出力度。强化个人执业资格管理，加大责任追究力度，打击“人证分离”行为。规范外省进豫建筑企业登记管理，将登记虚假信息的企业列入不良行为记录并向社会公布。税务部门要牵头研究解决工程建设项目税收属地化问题。以“营改增”为契机，进一步规范建筑企业经营行为。（责任单位：省住房城乡

建设厅、发展改革委、财政厅、交通运输厅、水利厅、国税局，各省辖市、省直管县（市）政府）

2. 加快诚信体系建设。制定全省建筑市场主体信用评价办法，健全信用信息采集、发布和评价制度，依法依规公开企业和从业人员信用记录，并实现与河南公共信用信息平台数据共享交换。营造“守信得偿、失信惩戒”的信用环境，支持守信履约的重点培育企业参与省内国有投资项目建设；建立全省建筑市场主体黑名单制度，对失信企业和个人采取联合惩戒措施。（责任单位：省住房城乡建设厅、发展改革委、交通运输厅、水利厅，各省辖市、省直管县（市）政府）

3. 切实减轻企业负担。规范工程价款结算，建设单位应严格执行预付款制度并按照合同约定及时拨付工程款，不得以未完成审计为理由延期工程结算、拖欠工程款。未完成竣工结算的项目，不得办理产权登记。对长期拖欠工程款的单位，不得批准新项目开工。巩固工程建设领域保证金清理成果，严肃查处擅自设立保证金、提高保证金比例、不按期返还保证金等行为。研究年度投标保证金、农民工工资保证金区域统筹和保证金信用浮动等措施，并推动依法保留的保证金用保函方式缴纳。治理规范各类涉企评比达标表彰活动，禁止违规设置名目向企业摊派或收费。（责任单位：省住房城乡建设厅、发展改革委、财政厅、交通运输厅、水利厅，各省辖市、省直管县（市）政府）

四、支持政策

（一）优化资质资格管理。深入推进“放管服”改革，大力推广“互联网+政务服务”，建设建筑类资质资格电子审批系统，提高建筑领域行政审批效率。积极开展试点，简化工程建设企业资质等级设置，并对信用良好、具有相关专业技术能力、可足额担保的企业在其资质类别内放宽承揽业务范围限制授予具备条件的大型骨干建筑业企业初、中级专业技术资格评审权和技能培训鉴定资格。（责任单位：省住房城乡建设厅、人力资源社会保障厅）

（二）加强金融信贷支持。建立建筑产业发展基金，支持我省建筑企业参与市场竞争。金融机构要加大对建筑类企业授信和贷款额度，开展以建筑材料、工程设备、在建工程等为抵押和以应收账款、股权、商标权、专利权等为质押的贷款业务。对我省建筑企业在省内外承接政府投资（含政府投资占主体）项目，凭经工程建设主管部门备案的施工合同和施工许可证，可在我省开户银行申请贷款。支持具备条件的建筑企业上市。（责任单位：省政府金融办、省住房城乡建设厅、发展改革委、财政厅）

（三）实施创新创优奖励。对绿色装配式建筑项目，按照省绿色建筑资金奖励标准予以奖补；对获得省级绿色装配式建筑生产基地的项目，纳入节能环保重大技术装备产业化示范工程予以支持。对取得特级总承包施工资质或获得国家级工程质量奖的施工企业，注册地政府应给予不低于50万元的奖励。推行优质优价，对获得鲁班奖、中州杯奖的项目，建设单位可对施工企业分别按含税工程造价的3%不超过1000万元、1.5%不超过300万元给予奖励，对监理企业分别按监理服务费的5%、3%给予奖励，双方在合同中进行约定。获奖项目的设计、施工、监理企业参加建设工程投标时享受加分奖励，项目负责人不受学历、资历、论文数量等限制，可破格申报参评相应专业高级技术资格。将BIM技术应用列入《河南省绿色建筑评价标准》创新指标加分项目，具有BIM技术应用能力的企业在评标中予以加分，应用BIM技术的项目优先申报中州杯奖。我省建筑企业在省外、境外获得的荣誉在招投标时予以认可。（责任单位：省住房城乡建设厅、发展改革委、财政厅、人力资源社会保障厅）

（四）大力发展总部经济。支持中国（河南）自由贸易试验区和具备条件的省辖市、县（市、区）建立建筑企业总部基地，对将总部迁入我省的施工总承包企业，可按照我省招商引资奖励资金办法予以奖励，并优先满足企业用地、融资、人才保障等方面需求。对总部设在我省、年产值超百亿元的特级建筑企业和综合甲级设计企业，支持各地将企业总部办公、科研培训的建设用地规划为工业用地，按工业用地性质予以安排。建立政府与总部企业沟通机制，帮助企业解决困难，优化服务环境，增强企业根植河南的信心。（责任单位：省住房城乡建设厅，财政厅，国土资源厅，各省辖市、省直管县〔市〕政府）

五、保障措施

（一）强化组织领导。各省辖市、省直管县（市）政府要高度重视，依据本意见制定实施方案，细化分解目标任务，健全工作机制，做到责任到位、措施到位。

（二）加强绩效考核。各级政府要落实主体责任，加大对建筑业转型升级工作的考核力度。制定考核办法，评选建筑业强市或强县（市），按程序报批后对工作成效突出的地方进行表彰和奖励，对工作落后的地方进行问责。

（三）加强企业推介。定期到省外境外重点目标市场组织建筑企业推介活动。建筑业发展基础较好的省辖市、县（市、区）政府要积极到域外组织开展建筑企业推介活动，加强与当地政府的沟通协调，为我省企业开拓外埠市场营造良好环境。要大力宣传建筑类骨干企业和优秀建筑企业家，叫响建筑豫军品牌。

天津市

天津市城乡建设委员会

关于对《天津市绿色建筑奖励资金管理办法（暂行）》公开征求意见的通知

为进一步完善我市绿色建筑激励机制，促进绿色建筑健康发展，按照《天津市建筑节约能源条例》有关规定，结合我市实际，我委组织编制了《天津市绿色建筑奖励资金管理办法（暂行）》，现公开征求意见，如有意见，请于6月11日（周一）前将意见反馈至市建委。

2018年6月4日

天津市绿色建筑奖励资金管理办法（暂行）（征求意见稿）

第一条【编制依据】 为进一步完善我市绿色建筑激励机制，促进绿色建筑健康发展，按照《天津市建筑节约能源条例》有关规定，结合我市实际，制定本办法。

第二条【实施原则】 奖励资金的使用和管理按照程序规范、公开透明的原则实施，接受社会各界的监督。

第三条【职责分工】 市建设行政主管部门负责组织项目评审、下达奖励资金计划。

市财政主管部门负责奖励资金的预算编制。

市绿色建筑促进发展中心负责资金奖励具体工作。

区建设行政主管部门负责辖区内示范项目的初审和日常实施监督。

第四条【项目条件】 申请奖励资金的项目应具备下列条件：

（一）获得二星级及以上绿色建筑运行标识项目。

（二）被动式超低能耗建筑示范项目。

（三）可再生能源提供的空调用冷量和热量比例大于80%的，提供的电量比例大于2%的，提供的生活热水比例大于80%的可再生能源建筑示范项目。

（四）钢筋混凝土结构单体建筑预制装配率不低于50%，钢结构单体建筑预制装配率不低于70%的装配式建筑示范项目。

（五）符合以下条件的绿色生态城区项目：

1. 绿色生态示范城区起步区（先导区）不小于3平方公里，已按照绿色、生态、低碳理念完成总体规划、控制性详细规划及建筑、市政、能源、交通等专项规划，并获得正式批复。

2. 城区内新建建筑和既有建筑改造应全面执行绿色建筑标准，其中二星级及以上绿色建筑比例不低于50%。

3. 2年内绿色建筑开工建设规模不少于100万平方米。

第五条【奖励标准】 二星级绿色建筑运行标识项目每平方米45元，三星级绿色建筑运行标识项目每平方米80元，被动式超低能耗建筑示范项目每平方米300元，可再生能源建筑示范项目每平方米30元，装配式建筑示范项目每平方米100元。

二星级绿色建筑运行标识项目单个项目奖励资金上限不超过200万元，三星级绿色建筑运行标识项目单个项目奖励资金上限不超过300万元，被动式超低能耗建筑示范项目单个项目奖励资金上限不超过300万元，可再生能源建筑示范项目单个项目奖励资金上限不超过100万元，装配式建筑示范项目单个项目奖励资金上限不超过200万元。

绿色生态城区奖励资金上限为1000万元。

奖励资金视年度预算情况可适当调整。对于同时满足多项奖励条件的项目不重复奖励，奖励资金按高额进行补贴。

第六条【申报主体】 绿色建筑运行标识奖励资金由项目建设单位或运营单位申报。

被动式超低能耗建筑示范项目、可再生能源建筑示范项目、装配式建筑示范项目奖励资金由建设单位申报。

绿色生态城区奖励资金由生态城区管理职能部门申报。

每个项目只能有一个申报主体。

第七条【申报材料】 申报单位应提交以下申报材料：

绿色建筑运行标识项目提交申报书、有效期内的绿色建筑运行标识证书。

被动式超低能耗建筑示范项目提交申报书、施工图审查合格证书、施工许可证、被动式超低能耗专项技术方案、工程进度计划及2年内按期完工承诺书。

可再生能源建筑示范项目提交申报书、施工图审查合格证书、施工许可证、可再生能源系统设计图纸、可再生能源应用比例计算报告、工程进度计划及2年内按期完工承诺书。

装配式建筑示范项目提交申报书、施工图审查合格证书、施工许可证、结构设计图纸、预制装配率计算报告、工程进度计划及2年内按期完工承诺书。

绿色生态城区提交申报书、通过批复的总体规划、控制性详细规划、绿色生态指标体系、绿色生态专项规划报告、落实保障措施、奖励资金使用计划、3年实施计划。

所有申请奖励资金项目应同时提交面积核查证明文件。

第八条【申报程序】 申报单位向区建设行政主管部门提出申请，审核通过后，报送市建设行政主管部门。

市建设行政主管部门组织专家对申请项目进行专家评审，对评审通过的项目列入示范项目库。

第九条【项目验收】 被动式超低能耗建筑示范项目、可再生能源建筑示范项目、装配式建筑示范项目、绿色生态城区申报单位应按申报内容如期组织验收，区建设行政主管部门应当予以监督。

验收通过的出具示范工程竣工验收报告。

第十条【资金拨付】 绿色建筑运行标识项目奖励资金一次性拨付给申报单位，其余示范项目按奖励资金的50%预拨给申报单位，待项目通过专项验收后，依据示范工程竣工验收报告拨付剩余资金。

第十一条【奖励资金使用】 绿色生态城区奖励资金主要用于补贴城区绿色生态规划编制、指标体系制定和监督落实、能力建设以及绿色交通、海绵城市、清洁能源、公共信息平台等基础设施建设。

第十二条【奖励资金监管】 对于预拨奖励资金示范项目，申报单位应设立资金专用账户专款专用。接受区建设行政主管部门对工程进度及奖励资金使用情况的定期监督检查。

第十三条【监督和管理】 出现以下情况之一的，由建设行政主管部门取消其示范资格，由财政部门追缴扣回已拨付的奖励资金。对违规企业和负责人进行不良信用登记，予以公示，并依法进行处理。

（一）提供的申报及验收文件、资料、数据不真实，弄虚作假的。

（二）项目验收未达到目标要求的。

（三）实施进度超过申报承诺时限一年的。

第十四条【解释权】 本办法由天津市城乡建设委员会负责解释。

第十五条【实施时间】 本办法自　年　月　日起施行。

宁夏回族自治区

宁夏回族自治区住房和城乡建设厅
宁 夏 回 族 自 治 区 财 政 厅

关于印发《宁夏回族自治区绿色建筑示范项目资金管理暂行办法》的通知

各市、县（区）住房和城乡建设局、财政局，各有关单位：

为认真贯彻落实《自治区政府办公厅关于大力发展装配式建筑的实施意见》（宁政办发〔2017〕71号），充分发挥财政资金示范引领和激励引导作用，积极推动我区绿色建筑和装配式建筑发展，自治区住房城乡建设厅、财政厅研究制定了《宁夏回族自治区绿色建筑示范项目资金管理暂行办法》。现印发你们，请结合实际，认真抓好贯彻落实。

自治区住房和城乡建设厅　自治区财政厅

2017年5月27日

宁夏回族自治区绿色建筑示范项目资金管理暂行办法

第一章　总则

第一条　为鼓励引导绿色建筑和装配式建筑发展，加强和规范资金使用管理，根据《国务院办公厅关于转发发展改革委、住房城乡建设部绿色建筑行动方案的通知》（国办发〔2013〕1号）、《财政部 住房城乡建设部关于加快推动我国绿色建筑发展的实施意见》（财建〔2012〕167号）有关要求，结合自治区实际，制定本办法。

第二条　本办法所称绿色建筑示范项目是指经自治区住房和城乡建设厅牵头组织评审，满足绿色建筑有关要求，在建筑全寿命周期内，最大限度地节约资源，节能、节地、节水、节材，保护环境和减少污染，为人们提供健康、适用和高效的使用空间，与自然和谐共生的建筑示范项目。包括：装配式建筑示范、装配式建筑产业化示范基地、绿色建筑示范和被动式超低能耗绿色建筑示范等。

第三条　本办法所称绿色建筑示范项目资金，是指由自治区财政预算安排，专项用于支持绿色建筑示范项目的财政奖补资金。

第四条　绿色建筑示范项目资金安排坚持公开、公平、公正的原则，接受社会监督。

第五条　自治区住房和城乡建设厅会同财政厅负责全区示范项目的申报组织、审查批准、监督检查和验收评估等工作，委托自治区建筑科技与产业化发展中心具体承担示范项目申报过程中的技术审查和实施过程中的技术指导服务。

第二章　项目申报、审核

第六条　申报程序

（一）自治区住房和城乡建设厅、财政厅每年根据国家和自治区建筑节能政策、绿色建筑、装配式建筑发展任务和工作要求，以及支持重点，联合发布申报通知。

（二）示范项目申报单位按照属地原则，向项目所在地住房城乡建设和财政部门提交项目申报材料。

（三）市、县住房城乡建设和财政部门对项目申报材料初审汇总后，以正式文件上报自治区住房和城乡建设厅、财政厅。

自治区本级实施的项目可直接报送自治区住房和城乡建设厅、财政厅。

第七条　申报条件

（一）装配式建筑示范项目。在建或当年可开工建设的装配式建筑。其中，装配式混凝土结构建筑面积应不小于5000平方米，钢结构建筑面积应不小于2000平方米，木结构建筑面积不受限制。采用装配式混凝土结构、钢结构、木结构及各类装配式组合结构建造的项目应符合国家或自治区装配式建筑评价标准和技术规范，达到绿色建筑标准要求，满足国家、自治区现行工程建设有关标准。

（二）装配式建筑产业化示范基地。已经投资主管部门核准，土地、环保等要件齐备，装配式建筑构件、部品部件生产流水线方案通过自治区住房城乡建设厅技术审查，并通过自治区组织的装配式产业化示范基地认定。

（三）绿色建筑示范项目。项目获得绿色建筑设计标识或运行标识，居住建筑面积不小于3000平方米，公共建筑面积不小于10000平方米；依法取得项目核准、用地、规划等许可文件，设计符合绿色建筑设计文件要求，施工、运营过程中未出现较大及以上质量、安全事故。

（四）被动式超低能耗绿色建筑示范项目。当年可开工建设的被动式超低能耗绿色建筑，其中居住建筑面积不小于3000平方米，公共建筑面积不小于10000平方米；项目依法取得投资主管部门核准，用地、规划等许可文件，有可靠的资金来源。

第八条　申报示范项目需提供下列要件：

（一）装配式建筑示范项目

1．宁夏装配式建筑示范工程项目申报表（见附件1）。示范工程项目的申报主体为项目建设单位、总承包施工企业或装配式部品构件生产企业。同一个示范工程项目只能有一个申报主体。申报单位为项目建设单位的，应有总承包施工企业或装配式部品构件生产企业同意申请补助资金的说明;申报单位为总承包施工企业或装配式部品构件生产企业的，应有项目建设单位同意申请补助资金的说明。

2．申报单位营业执照（或组织机构代码）。

3．申报项目施工许可证或初步设计审查批复文件。

4．申报项目施工图深化设计文件（含深化设计施工图及装配式部品构件生产图）。

5．部品、构件采购合同。

6．申报单位承诺书（见附件2）。

（二）装配式建筑产业化示范基地

1．产业化示范基地申请表（见附件3）；

2．产业化示范基地可行性研究报告；

3．企业营业执照、资质等相关证书；

4．其他应提供的材料。

（三）绿色建筑和被动式超低能耗绿色建筑示范。按照《宁夏回族自治区绿色建筑管理办法》（宁建科发〔2014〕33号）要求执行。

（四）申报材料要求A4幅面，规范装订，一式八份（自治区住房和城乡建设厅七份，自治区财政厅一份），并提供电子文档。

第九条　项目审核

（一）自治区建筑科技与产业化发展中心对申报的示范项目进行集中审查。

装配式建筑审查的主要内容：申报条件、申报资料的完整性和合法性、施工图深化设计技术审查、装配率及预制装配量核算等。

装配式建筑产业化示范基地审查的主要内容：产业化示范基地的基础条件；人才、技术和管理等方面的综合实力；实际业绩；发展装配式建筑的目标和计划安排等。

绿色建筑审查的主要内容按照《宁夏绿色建筑评价标准》（DB64/T954-2014）、《宁夏回族自治区绿色建筑管理办法》（宁建科发〔2014〕33号）要求执行。

（二）通过审查的项目由自治区建筑科技与产业化发展中心统一报自治区住房城乡建设主管部门审核，通过后由自治区住房城乡建设主管部门列入示范项目实施计划。

（三）示范项目实施完成后，经市、县住房城乡建设和财政部门进行初验并出具推荐意见后，向自治区建筑科技与产业化发展中心提出验收评估申请。自治区建筑科技与产业化发展中心按照国家和自治区绿色建筑、装配式建筑、装配式建筑产业化基地等有关规定，在收到申请后7个工作日向自治区住房城乡建设主管部门报送验收评估报告。

（四）对验收评估达到要求的示范项目，在自治区住房和城乡建设厅门户网站公示，公示时间为15个工作日。对公示结果无异议的项目，由自治区住房城乡建设厅、自治区财政厅发文公布，并颁发证书和标牌。

第三章　资金补助

第十条　绿色建筑示范项目资金用于弥补绿色建筑、装配式建筑增量成本，支持部品部件生产及绿色建筑、装配式建筑标准制定、技术研发和推广，绿色建筑评价、能效测评和项目绩效评价等。

第十一条　对通过自治区验收评估的装配式建筑示范项目按照100元/平

方米标准给予一次性奖补，单一项目奖补资金最高不超过200万元。对国家和自治区认定的装配式建筑产业化示范基地一次性奖补100万元。

对通过自治区验收评估、获得绿色建筑标识的示范项目按照建筑面积给予奖补：一星级15元/平方米，其中，一星级设计标识奖励3元/平方米、运行标识12元/平方米；二星级30元/平方米，其中，二星级设计标识奖励5元/平方米、运行标识25元/平方米；三星级50元/平方米，其中，三星级设计标识奖励10元/平方米、运行标识40元/平方米，单一项目奖补资金最高不超过100万元。

对符合《被动式低能耗建筑技术导则》要求的被动式超低能耗绿色节能建筑示范项目，且实施后建筑节能率达到90%的，经过竣工验收合格，奖励标准为200元/平方米，单一项目奖补资金最多不超过200万元。

第十二条　自治区财政厅会同自治区住房和城乡建设厅根据审核或验收结果下达示范项目补助资金。

第四章　监督管理

第十三条　市县住房和城乡建设、财政主管部门要认真组织好示范项目落实，做好项目实施的过程监管和资金管理，于每季度初10日内报送上季度资金使用和项目进度情况。自治区住房和城乡建设厅会同财政厅加强预算监管和监督检查，并委托第三方机构对预算执行情况进行绩效评价，发现问题及时督促整改。

第十四条　市县住房和城乡建设、财政部门及工作人员在项目审核、验收、资金拨付等工作中，存在违反规定使用专项资金以及其他滥用职权、玩忽职守、徇私舞弊等违法违纪行为的，按照《预算法》、《公务员法》、《行政监察法》、《财政违法行为处罚处分条例》等国家有关规定追究相应责任；涉嫌犯罪的，移送司法机关处理。

第十五条　列入实施计划的示范项目，在建设过程中出现下列情况之一者，自治区住房和城乡建设厅、财政厅将取消其示范资格，追回拨付补助资金，两年内取消申请示范项目的资格、记入企业诚信记录，并向社会公布。

（一）未按规定程序和要求组织实施的；

（二）未按施工图深化设计文件实施，且未经批准擅自作出重大工程变更的；

（三）自行降低标准、延长施工和验收期限，经整改仍未通过验收评估的；

（四）提供虚假资料，骗取补助资金的；

（五）其他不符合国家和自治区相关规定的。

第五章　附则

第十六条　本办法由自治区住房和城乡建设厅会同自治区财政厅解释。

第十七条　本办法自印发之日起施行。

术语（名词解释）

1．装配式建筑

装配式建筑是指用预制的构件在工地装配而成的建筑。

2．绿色建筑

在建筑全寿命期内，最大限度地节约资源（节能、节地、节水、节材）、保护环境和减少污染，为人们提供健康、适用和高效的使用空间，与自然和谐共生的建筑。

3．被动式超低能耗建筑

适应气候特征和自燃条件，通过保温隔热性能和气密性能更高的围护结构，采用高效新风热回收技术，最大程度的降低建筑供暖供冷需求，并充分利用可再生能源，以更少的能源消耗提供舒适室内环境并能够满足绿色建筑的基本要求的建筑。

4．装配式建筑产业化示范基地

是指具有明确的发展目标、较好的产业基础、技术先进成熟、研发创新能力强、产业关联度大、注重装配式建筑相关人才培养培训、能够发挥示范引领和带动作用的装配式建筑相关企业，主要包括装配式建筑设计、部品部件生产、施工、装备制造、科技研发等企业。

附件1：

宁夏回族自治区绿色建筑示范项目
（房屋建筑类）
申 报 表

项目名称 ____________

申报单位 ____________（盖章）

申报时间 年 月 日

宁夏住房和城乡建设厅 宁夏财政厅 监制

说 明

1．申报表一律采用小四号仿宋字体填报、A4纸打印，一式八份。每项内容打印不完，可加页。

2．示范工程项目应由具有独立法人资格的项目建设单位、总承包施工企业或装配式部品构件生产企业申报，同一个示范工程项目只能有一个申报单位。

3．项目设计（深化设计）、施工、监理、部品构件生产单位均指参与示范工程项目建设、设计、施工、监理、部品构件生产的单位；未确定的可填写“无”。

4．项目起止时间应按照“年月日”的顺序填写。

5．进度计划安排中“阶段”分为以下几种情况：（1）设计阶段：初步设计，施工图设计。（2）建设准备阶段：施工图设计审查，建设条件准备，项目招标等。（3）建设实施阶段：土建施工（基础、主体结构、装饰、室外绿化等）、设备安装等。（4）竣工验收阶段。

<table>
<tr><td colspan="6">一、项目基本情况</td></tr>
<tr><td colspan="6">1. 项目类型 □商品住宅 □公租房 □安置房 □农民新村 □办公 □科研
□文教 □商业 □旅馆 □其他__（选项打√，下同）</td></tr>
<tr><td colspan="3">2. 占地面积　　　万m^2</td><td>容积率：</td><td colspan="2">总建筑面积：　万m^2</td></tr>
<tr><td>3. 建筑类型</td><td colspan="2">□新建 □改建 □扩建</td><td>建筑结构类型：</td><td colspan="2"></td></tr>
<tr><td>4. 示范规模</td><td colspan="2">共　幢</td><td colspan="3">共　　万m^2</td></tr>
<tr><td>5. 项目管辖权限</td><td colspan="5">□自治区级监管项目 □市县监管项目</td></tr>
<tr><td>6. 项目所在地</td><td colspan="5"></td></tr>
<tr><td colspan="2">7. 采用的部品构件类型</td><td colspan="4">（1）装配式混凝土结构：□预制钢筋混凝土外墙
□预制剪力墙 □预制夹心剪力墙 □预制叠合剪力墙
□预制梁 □预制柱 □预制叠合楼板 □预制楼梯
□预制阳台 □预制女儿墙 □预制空调板 □预制遮阳板
□非钢筋混凝土预制外墙板 □预制内墙隔板 □预制管道井□其他
（2）钢结构：□钢结构梁 □钢结构柱
（3）其他：</td></tr>
<tr><td rowspan="2">8. 预制率（%）</td><td rowspan="2"></td><td>预制构件混凝土体积（m^3）</td><td></td><td>现浇结构混凝土体积（m^3）</td><td></td></tr>
<tr><td colspan="4">第7项中装配式混凝土结构各预制构件混凝土体积：</td></tr>
<tr><td colspan="2">9. 预制内隔墙板（m^2）</td><td colspan="4"></td></tr>
<tr><td colspan="3">10. 非钢筋混凝土预制外墙板（m^2）</td><td colspan="3"></td></tr>
<tr><td colspan="3">11. 钢结构（梁、柱）建筑面积（m^2）</td><td colspan="3"></td></tr>
<tr><td colspan="2">12. 采用其他部品情况</td><td colspan="4">如：整体厨卫、干法贴砖、钢筋加工配送、成品住宅等应用情况（技术类型和工程量）（可附页）</td></tr>
<tr><td colspan="2">13. 建设单位</td><td colspan="2"></td><td>传真</td><td></td></tr>
<tr><td colspan="2">通讯地址</td><td colspan="2"></td><td>邮编</td><td></td></tr>
<tr><td>负责人</td><td></td><td>电话</td><td></td><td>手机</td><td></td></tr>
<tr><td>联系人</td><td></td><td>电话</td><td></td><td>手机</td><td></td></tr>
</table>

14. 设计单位				传真	
通讯地址				邮编	
负责人		电话		手机	
项目负责人		电话		手机	
15. 深化设计单位				传真	
通讯地址				邮编	
负责人		电话		手机	
项目负责人		电话		手机	
16. 施工单位				传真	
通讯地址				邮编	
负责人		电话		手机	
项目经理		电话		手机	
17. 监理单位				传真	
通讯地址				邮编	
负责人		电话		手机	
总监理工程师		电话		手机	
18. 部品构件生产单位				传真	
通讯地址				邮编	
构件类型				设计用量	
负责人		电话		手机	
注：多家部品构件生产单位可附页					

<table>
<tr><td colspan="3">二、进度计划安排（按照填表说明正确填写）</td></tr>
<tr><td>阶段</td><td>起止时间</td><td>具体内容说明</td></tr>
<tr><td>设计阶段</td><td></td><td></td></tr>
<tr><td>建设准备阶段</td><td></td><td></td></tr>
<tr><td>建设实施阶段</td><td></td><td></td></tr>
<tr><td>竣工验收阶段</td><td></td><td></td></tr>
<tr><td colspan="3">三、申报单位申报意见

法定代表人（签字）：

（公章）

年　月　日</td></tr>
<tr><td colspan="3">四、申报单位相关方同意对方申请补助资金的声明（注：申报单位为项目建设单位的，相关方为总承包施工企业或装配式部品构件生产企业；申报单位为总承包施工企业或装配式部品构件生产企业的，相关方为项目建设单位）

我单位同意________申请宁夏绿色建筑与装配式建筑示范项目补助资金。

负责人（签字）：

（公章）

年　月　日</td></tr>
</table>

五、项目所在地市县（区）住房和城乡建设部门推荐意见 负责人（签字）： （公章） 年　月　日
六、自治区建筑科技与产业化发展中心审查意见 经办人（签字）： 部门负责人（签字）： 单位负责人（签字）： （公章） 年　月　日
七、自治区住房和城乡建设厅意见： （公章） 年　月　日

附件2：

宁夏回族自治区绿色建筑示范项目承诺书

宁夏住房和城乡建设厅、宁夏财政厅：

我单位就__项目申报宁夏绿色建筑与装配式建筑示范工程项目作如下郑重承诺：

一、我单位申报项目达到了国家及自治区现行相关标准和管理规定的要求，项目建设手续齐全合规，项目建设资金落实到位。

二、我单位所提供的申报材料真实有效。

三、我单位将严格按照示范工程项目管理要求，完成申报示范的全部内容，确保工程质量。

四、我单位如违反以上承诺或出现工程建设违法违规行为，愿负相应的法律责任，并承担由此产生的一切后果。

申报单位（公章）：

法定代表人（签字）：

年　月　日

附件3：

宁夏回族自治区装配式建筑产业基地申请表

申请单位：

填报日期：　　年　月　日

宁夏住房和城乡建设厅　宁夏财政厅　监制

一、基本情况

<table>
<tr><td>单位名称</td><td colspan="6"></td></tr>
<tr><td>地址</td><td colspan="6"></td></tr>
<tr><td>邮编</td><td></td><td>单位网址</td><td></td><td>邮箱地址</td><td colspan="2"></td></tr>
<tr><td>企业性质</td><td></td><td>企业资质</td><td></td><td>注册资金</td><td colspan="2"></td></tr>
<tr><td rowspan="2">负责人</td><td>姓名</td><td></td><td>职务</td><td></td><td>职称</td><td></td></tr>
<tr><td>手机</td><td></td><td>电话</td><td></td><td>传真</td><td></td></tr>
<tr><td>联系人</td><td>姓名</td><td></td><td>电话</td><td></td><td>传真</td><td></td></tr>
<tr><td rowspan="2">企业生产状况</td><td>年生产总值</td><td>万元</td><td colspan="2">年净利润</td><td colspan="2">万元</td></tr>
<tr><td>市场占有率</td><td>%</td><td colspan="2">总销售额</td><td colspan="2">万元</td></tr>
<tr><td rowspan="9">申请企业联合单位</td><td colspan="2">联合（联盟）单位名称</td><td colspan="4">关键技术领域</td></tr>
<tr><td colspan="2"></td><td colspan="4"></td></tr>
<tr><td colspan="2"></td><td colspan="4"></td></tr>
<tr><td colspan="2"></td><td colspan="4"></td></tr>
<tr><td colspan="2"></td><td colspan="4"></td></tr>
<tr><td colspan="2"></td><td colspan="4"></td></tr>
<tr><td colspan="2"></td><td colspan="4"></td></tr>
<tr><td colspan="2"></td><td colspan="4"></td></tr>
<tr><td colspan="2"></td><td colspan="4"></td></tr>
</table>

二、企业概况

1. 企业发展状况；2. 基本条件与优势（研发生产能力；技术集成能力）；3. 目前的产业化程度和水平。

三、实施目标和主要内容

1. 基地实施的总体目标；2. 要达到的产业化程度和水平；3. 基地实施的核心技术与主要工作内容。

四、实施进度计划与组织管理

1. 实施进度计划安排；2. 基地实施的组织管理。

五、申请、部门意见

申请单位意见：
申请单位意见： 负责人： （单位盖章） 年 月 日
市、县（区）住房城乡建设主管部门意见： （单位盖章） 年 月 日
自治区建筑科技与产业化发展中心意见： （单位盖章） 年 月 日
自治区住房和城乡建设厅意见： （单位盖章） 年 月 日

被动式低能耗建筑发展大事记

1．2017年9月开工建设高碑店列车新城项目。总建筑面积约120万m^2，地上建筑面积约82万m^2，其中一期总建筑面积44万m^2。

2．2018年2月14日，石家庄人民政府出台“石政规〔2018〕3号”《石家庄市人民政府关于加快推进被动式超低能耗建筑发展的实施意见》。支持政策包括：给予用地支持、在容积率上给予支持、优化办事流程、给予差别热费（居民）和热力贴费（非居民）减免以及财政补贴。

3．2018年3月19日，北京市住房和城乡建设委员会颁发“京建发〔2018〕183号”“北京市住房和城乡建设委员会关于印发《北京市超低能耗农宅示范项目技术导则》的通知”。

4．2018年4月25日，北京市住房和城乡建设委员会颁发“京建发〔2018〕183号”“北京市住房和城乡建设委员会关于印发《北京市超低能耗示范项目技术导则》的通知”。

5．2018年6月5日，“京津冀超低能耗建筑产业联盟”成立。“被动式低能耗建筑产业技术创新战略联盟技术交流会暨京津冀超低能耗建筑产业联盟成立大会”在北京西苑饭店召开。在京津冀三地城乡建设主管部门的倡导下，在住房和城乡建设部科技与产业化发展中心的支持下，北京建筑材料科学研究总院、天津市建筑设计院、河北省建筑科学研究院共同发起成立“京津冀超低能耗建筑产业联盟”。

6．2018年6月9日，保定市人民政府颁布“保政函〔2018〕54号”《关于推进被动式超低能耗绿色建筑发展的实施意见（试行）》。一是给予用地支持；二是明确非计容面积；三是创新举措、优化办事流程；四是争取财政资金支持；五是鼓励未开工项目改建超低能耗建筑，六是鼓励农村建设超低能耗建筑；七是鼓励开展装配式超低能耗建筑高品质绿色示范项目。

“被动式低能耗建筑产业技术创新战略联盟”

被动式低能耗建筑产品选用目录
（第五批）

第一类　门窗组

1　外门窗、型材与玻璃间隔条

1.1　外门窗产品选用目录

产品名称	生产厂商	产品型号	型材传热系数，W/（m^2·K）	玻璃传热系数，W/（m^2·K）	整窗传热系数K，W/（m^2·K）	可见光透射比τ_v	太阳红外热能总透射比g_{IR}	太阳能得热系数SHGC	气密性，m^3/（m·h）	水密性，Pa	抗风压性，Pa	适用范围
外窗	哈尔滨森鹰窗业股份有限公司	P120被动式铝包木窗	底部：0.75 边沿：0.73 顶部：0.73	0.7	0.8	0.629	0.28	0.439	0.3 8级	700 6级	5000 9级	严寒/寒冷地区
外窗	哈尔滨森鹰窗业股份有限公司	P160被动式铝包木窗	底部：0.64 边沿：0.59 顶部：0.59	0.5	0.6	0.567	0.22	0.424	0.3 8级	700 6级	5000 9级	严寒地区
外门	哈尔滨森鹰窗业股份有限公司	PED86铝包木（外）开门	上左右：0.83 下：0.85 中横、竖：0.87	–	0.89	–	–	–	8级	700 6级	5000 9级	各气候区
外门	哈尔滨森鹰窗业股份有限公司	PED86铝包木（内）开门	上左右：0.83 下：0.85 中横、竖：0.87	–	0.89	–	–	–	8级	700 6级	5000 9级	各气候区

续表

产品名称	生产厂商	产品型号	型材传热系数，W/（m²·K）	玻璃传热系数，W/（m²·K）	整窗传热系数K，W/（m²·K）	可见光透射比τ_v	太阳红外热能总透射比g_{IR}	太阳能得热系数SHGC	气密性，$m^3/(m\cdot h)$	水密性，Pa	抗风压性，Pa	适用范围
外窗	北京市腾美骐科技发展有限公司	欧格玛PAW95系列被动式木包铝窗	≤1.3	0.402	0.86	0.66	0.22	0.431	0.20 8级	600 5级	5000 9级	严寒/寒冷/夏热冬冷地区
木包铝外开门	北京市腾美骐科技发展有限公司	欧格玛PAD95系列被动式木包铝门	≤1.3	0.402	0.84	0.66	0.22	0.431	0.20 8级	600 5级	5000 9级	严寒/寒冷/夏热冬冷地区
木包铝外开门	北京市腾美骐科技发展有限公司	PAD125被动式木包铝外开门	≤1.3	0.402	0.88	0.66	0.22	0.431	8级	700Pa 6级	5000 9级	严寒/寒冷/夏热冬冷地区
耐火窗	北京市腾美骐科技发展有限公司	PAW95被动式耐火窗	≤1.3	0.402	0.91	0.61	0.228	0.421	8级	700Pa 6级	5000 9级	（耐火时间≥0.5h）严寒/寒冷/夏热冬冷地区
木包铝幕墙	北京市腾美骐科技发展有限公司	WAC80被动式木包铝幕墙	≤1.2	0.464	0.78	0.66	0.20	0.472	开启部分4级，试件整体4级	开启部分5级1000 固定部分4级1500	5000 9级	严寒/寒冷/夏热冬冷地区

续表

产品名称	生产厂商	产品型号	型材传热系数，W/（m²·K）	玻璃传热系数，W/（m²·K）	整窗传热系数K，W/（m²·K）	可见光透射比 τ_v	太阳红外热能总透射比g_{IR}	太阳能得热系数SHGC	气密性，$m^3/(m\cdot h)$	水密性，Pa	抗风压性，Pa	适用范围
外窗	河北新华幕墙有限公司	REHAU-GENEO-S980系列塑钢门窗	框扇横料（上，下）：0.797框扇料：0.771梃竖料：0.769框横料（上，下）：0.66框料：0.61	0.62	0.79	0.68	0.22	0.54	0.19 8级	700 6级	GB50009-2012要求	寒冷地区
幕墙	河北新华幕墙有限公司	180系列木结构隐框玻璃幕墙	幕墙横料（上，下边）：0.66幕墙竖料（左右）：0.61，幕墙中竖料：0.711；幕墙中横料：0.732	0.6	0.76	0.48	0.18	0.37	0.15 4级	1800 4级	GB50009-2012要求	寒冷地区
外窗	河北奥润顺达窗业有限公司	88系列6腔三道密封塑料窗	下部：0.79 侧边和上部0.80	0.7	0.9	0.62	0.45	0.47	0.20 8级	600 5级	4500 8级	严寒/寒冷地区
外窗	河北奥润顺达窗业有限公司	86系列6腔三道密封塑料窗	下部：0.79 侧边和上部0.79	0.7	0.9	0.62	0.45	0.47	0.20 8级	600 5级	4500 8级	严寒/寒冷地区
外窗	河北奥润顺达窗业有限公司	PAS125系列铝包木窗	下部：0.69 侧边和上部0.71	0.7	0.9	0.67	0.49	0.45	0.20 8级	600 5级	5000 9级	严寒/寒冷地区
外窗	河北奥润顺达窗业有限公司	PAS130系列铝包木窗	下部：0.74 侧边和上部0.74	0.7	0.9	0.67	0.49	0.45	0.20 8级	600 5级	5000 9级	严寒/寒冷地区

续表

产品名称	生产厂商	产品型号	型材传热系数，W/（m^2·K）	玻璃传热系数，W/（m^2·K）	整窗传热系数K，W/（m^2·K）	可见光透射比τ_v	太阳红外热能总透射比g_{IR}	太阳能得热系数SHGC	气密性，m^3/（m·h）	水密性，Pa	抗风压性，Pa	适用范围
外窗	河北奥润顺达窗业有限公司	Therm+50	下部：0.91 侧边和上部0.92	0.75	0.8	0.72	0.496	0.49	0.20 8级	600 5级	5000 9级	严寒/寒冷地区
外窗	河北奥润顺达窗业有限公司	78系列铝包木窗	下部：1.3 侧边和上部1.3	0.6	1.0	0.71	0.44	0.53	0.20 8级	600 5级	5000 9级	严寒/寒冷地区
外门	河北奥润顺达窗业有限公司	PASSIVE78铝木复合门（外开）	下部：1.0 侧边和上部：0.8	–	0.8	–	–		隔声Rw=30 8级	400 4级	5000 9级	严寒/寒冷地区
外门	河北奥润顺达窗业有限公司	108系列外平开铝木复合门（外开中空）	下部：1.0 侧边和上部：0.79	0.8	0.9	0.58	0.26	0.47	隔声Rw=33 8级	600 5级	5000 9级	严寒/寒冷地区
外门	河北奥润顺达窗业有限公司	130系列外平开铝木复合门（内开中空）	下部：0.765 侧边和上部：0.8	0.8	0.8	0.58	0.26	0.47	隔声Rw=34 8级	500 5级	5000 9级	严寒/寒冷地区
外窗	河北奥润顺达窗业有限公司	93系列平开下悬铝木复合窗（内开，下悬 中空）	下部：0.685 侧边和上部：0.7	0.8	0.8	0.58	0.26	0.47	隔声Rw=36 8级	600 5级	5000 9级	严寒/寒冷地区
外窗	河北奥润顺达窗业有限公司	90系列平开下悬隔热铝合金窗（内开下悬 中空）	下部：1.1 侧边和上部：1.05	0.8	0.9	0.58	0.26	0.47	隔声Rw=35 8级	400 4级	5000 9级	严寒/寒冷地区

续表

产品名称	生产厂商	产品型号	型材传热系数，W/（m²·K）	玻璃传热系数，W/（m²·K）	整窗传热系数K，W/（m²·K）	可见光透射比τ_v	太阳红外热能总透射比g_{IR}	太阳能得热系数SHGC	气密性，m³/(m·h)	水密性，Pa	抗风压性，Pa	适用范围
外窗	河北奥润顺达窗业有限公司	75系列平开下悬隔热铝合金窗	下部：1.29 侧边和上部1.3	0.8	1.0	0.58	0.26	0.47	隔声Rw=35 | 8级	400 4级	5000 9级	严寒/寒冷地区
外窗	极景门窗有限公司（山东）	P2被动式节能窗	0.9	0.54	0.77	0.6	0.22	0.43	0.3 8级	700 6级	5000 9级	严寒地区
		P2被动式节能门	0.9	0.6	0.77	0.58	0.22	0.425	0.3 8级	700 6级	5000 9级	寒冷地区
		Q系列节能幕墙	0.79	0.54	0.73	0.63	0.25	0.428	0.3 8级	700 6级	5000 9级	寒冷地区
外窗	北京米兰之窗节能建材有限公司	MILUX Passive80系列铝包木窗	底部：0.95 边沿：0.95 顶部：0.92	0.6	0.88	0.62	0.38	0.42	0.3 8级	600 5级	5000 9级	严寒地区
		MILUX Passive95系列铝包木窗	底部：0.91 边沿：0.91 顶部：0.90	0.6	0.85	0.62	0.38	0.42	0.3 8级	600 5级	5000 9级	严寒地区
		MILUX Passive115系列铝包木窗	底部：0.81 边沿：0.81 顶部：0.80	0.70	0.79	0.45	0.50	0.35	0.3 8级	600 5级	5000 9级	严寒地区
		MILUX Passive120系列铝包木窗	底部：0.75 边沿：0.75 顶部：0.78	0.63	0.80	0.65	0.35	0.54	0.3 8级	600 5级	5000 9级	严寒地区
外窗	天津格瑞德曼建筑装饰工程有限公司	GM-C85铝合金节能窗	底部：1.09 边沿：0.84 顶部：0.74	0.59	0.83	0.53	0.27	0.52	0.3 8级	700 6级	5000 9级	寒冷地区

续表

产品名称	生产厂商	产品型号	型材传热系数，W/（m^2·K）	玻璃传热系数，W/（m^2·K）	整窗传热系数K，W/（m^2·K）	可见光透射比τ_v	太阳红外热能总透射比g_{IR}	太阳能得热系数SHGC	气密性，m^3/（m·h）	水密性，Pa	抗风压性，Pa	适用范围
外窗	北京爱乐屋建筑节能制品有限公司	78系列铝包木被动窗（平开上悬）	1.1	0.516	0.89	0.713	0.377	0.522	0.3 8级	700 6级	5000 9级	各气候区
外窗	威卢克斯（中国）有限公司	A系列实木窗	0.382 （填充物）	0.6	0.92	0.805	0.711	0.48	8级	700 6级	3600 6级	特殊立面窗
	威卢克斯A/S	复合材料窗VMS	0.382 （填充物）	U=0.7	1.0	0.723	0.47	0.4	8级	700 6级	4000 7级	特殊立面窗
外窗	北京住总门窗有限公司	被动式低能耗聚酯合金窗80系列（内开内倒窗）	0.7	0.8	0.97	0.659	–	0.647	8级	700 6级	4400 5级	寒冷地区
外窗	山东三玉窗业有限公司	SY86-PAS被动式铝包木窗	底部：0.96 边沿：0.96 顶部：0.92	0.73	0.99	0.64	0.33	0.454	8级	700 6级	5000 9级	寒冷地区
		SY96-PAS被动式铝包木窗	底部：0.93 边沿：0.93 顶部：0.91	0.73	0.91	0.64	0.33	0.454	8级	700 6级	5000 9级	寒冷地区
		SY110-PAS被动式铝包木窗	底部：0.78 边沿：0.78 顶部：0.75	0.69	0.83	0.619	0.28	0.427	8级	700 6级	5000 9级	寒冷地区
		SY128-PAS被动式铝包木窗	底部：0.96 边沿：0.96 顶部：0.91	0.71	0.96	0.652	0.33	0.490	8级	700 6级	5000 9级	寒冷地区

续表

产品名称	生产厂商	产品型号	型材传热系数，W/（m^2·K）	玻璃传热系数，W/（m^2·K）	整窗传热系数K，W/（m^2·K）	可见光透射比τ_v	太阳红外热能总透射比g_{IR}	太阳能得热系数SHGC	气密性，m^3/（m·h）	水密性，Pa	抗风压性，Pa	适用范围
外窗	康博达节能科技有限公司	80系列聚氨酯合金平开窗	0.85	0.6	0.88	0.728	0.586	0.36	8级	400 4级	3700 6级	寒冷地区
外窗	北京兴安幕墙装饰有限公司	墨诺克155系列隐扇被动式铝包木窗	1.2	0.57	0.95	0.725	0.584	—	8级	350 4级	4200 7级	寒冷地区
外窗	北京金诺迪迈幕墙装饰工程有限公司	UMhome-101铝合金窗	0.81	0.63	0.9	0.572	0.446	0.45	8级	700 6级	5000 9级	严寒地区
		UMhome-80塑钢窗	0.85	0.75	0.92	0.61	0.468	0.57	8级	500 5级	5000 9级	寒冷地区
外窗	北京嘉寓门窗幕墙股份有限公司	朗尚-A101系列铝合金窗	框扇横料（上、下）：0.91 框扇竖料：0.96 梃扇竖料：0.99 框横料（上、下）：0.79竖料：0.84	0.633	0.94	0.665	0.28	0.424	8级	700 6级	5000 9级	寒冷地区
外窗	北京东邦绿建科技有限公司	AJ-Ⅲ型塑钢胶条密闭推拉窗	1.3	0.66	0.97	0.68	0.34	0.52	8级	350 4级	5000 9级	严寒/寒冷地区

续表

产品名称	生产厂商	产品型号	型材传热系数，W/（m²·K）	玻璃传热系数，W/（m²·K）	整窗传热系数K，W/（m²·K）	可见光透射比τ_v	太阳红外热能总透射比g_{IR}	太阳能得热系数SHGC	气密性，m³/（m·h）	水密性，Pa	抗风压性，Pa	适用范围
被动式低能耗钢质复合防盗门外门	北京东邦绿建科技有限公司	BJFAM-B-SH/DB1124	-	-	0.85	-	隔声性能 Rw=37（-1；-3）	防盗性能 丙级	8级	700 6级	5000 9级	各气候区
外窗	河北胜达智通新型建材有限公司	胜达TOP-BEST88MD	0.79	0.65	0.78	0.57	0.28	0.42	8级	567 5级	4200 7级	寒冷/夏热冬冷地区
外窗	北京北方京航铝业有限公司	75系列聚氨酯铝合金被动窗	0.96	0.43	0.92	0.58	0.24	0.51	8级	4级	8级	严寒/寒冷地区
外门	北京北方京航铝业有限公司	75系列聚氨酯铝合金被动门	0.96	0.43	0.93	0.58	0.24	0.51	8级	4级	6级	严寒/寒冷地区
外窗	北京北方京航铝业有限公司	80系列聚酯合金被动窗	0.8	0.55	0.95	0.66	0.5	0.61	8级	6级	7级	严寒/寒冷地区

1.2 外门窗型材产品选用目录

产品名称	生产厂商	产品型号	型材传热系数，W/（m^2·K）	玻璃传热系数，W/（m^2·K）	整窗传热系K，W/（m^2·K）	可见光透射比τ_v	太阳红外热能总透射比g_{IR}	太阳能得热系数SHGC	气密性，m^3/（m·h）	水密性，Pa	抗风压性，Pa	适用范围
型材	大连实德科技发展有限公司	SINOSD-80聚酯合金型材	0.7						0.1-0.2 8级	350-500 4级	5000 9级	寒冷地区
型材	维卡塑料（上海）有限公司（德国）	Softline MD70 NEO	1.2（含衬钢）						≤0.5 8级	700 6级	≥3500 6级（常规中梃）	寒冷地区
		Softline MD82	0.99（含衬钢）						≤0.5 8级	700 6级	≥4000 7级（常规中梃）	寒冷地区
型材	瑞好聚合物（苏州）有限公司（德国）	S980 PHZ 86	0.79						0.21 8级	700 5级	3000 5级	寒冷地区
型材	温格润节能门窗有限公司	温格润WG75系列聚氨酯隔热铝合金型材	0.9						0.1（单位缝长）0.2（单位面积） 8级	1000 6级	5000 9级	严寒/寒冷地区
型材	柯梅令（天津）高分子型材有限公司	88 plus	底部：0.79 边沿：0.80 顶部：0.80						0.49（单位缝长）0.86（单位面积） 8级	500 5级	4200 7级	寒冷地区

1.3 玻璃间隔条产品选用目录

产品名称	生产厂商	产品型号	玻璃间隔条材料的导热系数，W/（m·K）	适用范围
暖边间隔条	圣戈班舒贝舍暖边系统商贸（上海）有限公司	舒贝舍超强型暖边间隔条	λ=0.14	各气候区
		舒贝舍标准型暖边间隔条	λ=0.29	各气候区
暖边间隔条	泰诺风泰居安（苏州）隔热材料有限公司	Wave 系列	λ=0.4（导热因子0.0018W/K）	各气候区
		M系列	λ=0.4（导热因子0.0018W/K）	各气候区
暖边间隔条	浙江芬齐涂料密封胶有限公司	全塑复合型暖边（Multitech）	导热因子：0.001W/K	各气候区
		复合型不锈钢暖边条（Chromatech Ultra）	导热因子：0.0017W/K	各气候区
		齿纹面不锈钢暖边条（Chromatech Plus）	导热因子：0.0045W/K	各气候区
		不锈钢暖边条（Chromatech）	导热因子：0.0054W/K	各气候区
暖边间隔条	李赛克玻璃建材（上海）有限公司	添益隔‘Thermix’暖边间隔条	λ=0.32	各气候区
		‘Thermobar’暖边间隔条	λ=0.14	各气候区
暖边间隔条	美国奥玛特公司	SST暖边条（LPX1）	导热因子：0.0057W/K	各气候区
		SST暖边条（GTM）	导热因子：0.0043W/K	各气候区
		SST暖边条（GTM Hybrid）	导热因子：0.00285W/K	各气候区
		SST钢暖边条（GTM HS）	导热因子：0.00229W/K	各气候区
暖边间隔条	辽宁双强塑胶科技发展股份有限公司	萨沃奇柔性暖边6.5mm～22mm全系列	λ=0.38（导热因子0.0016W/K）	各气候区
暖边间隔条	河北恒华昌耀建材科技有限公司	纯不锈钢暖边条12A	等效导热系数1.57785	各气候区
		纯不锈钢暖边条16A	等效导热系数=1.49268	各气候区
		不锈钢包覆暖边条12A	等效导热系数=0.83616	各气候区

续表

产品名称	生产厂商	产品型号	玻璃间隔条材料的导热系数，W/（m·K）	适用范围
暖边间隔条	南通和鼎建材科技有限公司	复合型不锈钢暖边条12A	等效导热系数0.63 导热因子：0.00128W/K	各气候区
		复合型不锈钢暖边条19A	等效导热系数0.58 导热因子：0.00139W/K	各气候区
暖边间隔条	南京南油节能科技有限公司	非金属刚性暖边12A 16A	0.19（等效导热系数）	各气候区
		复合刚性暖边条12A 16A	0.44（等效导热系数）	各气候区
暖边间隔条	美国Quanex（柯耐士）建材产品集团	Truplas/超级玻纤暖边间隔条	λ=0.14	各气候区
Super Spacer ®/超级间隔条		Premium	λ=0.15（等效导热系数0.17）	各气候区
		Tri-seal	λ=0.15（等效导热系数0.17）	各气候区

2 外围护门窗洞口的密封材料

2 外围护门窗洞口的密封材料产品选用目录

产品名称	生产厂商	产品型号	性能指标						适用范围
			最大抗拉强度，N/50mm	最大伸长率，%	燃烧性能等级	气密性	水密性	Sd值，m	
可抹灰外围护结构门窗洞口的密封材料	德国博仕格有限公司	可抹灰型防水雨布 Winflex 室内侧	纵向>450；横向>80	纵向>20；横向>100	建筑材料等级B_2 燃烧等级Class E	气密	>200cm水柱	55	各气候区
		可抹灰型防水雨布 Winflex 室外侧	纵向>450；横向>80	纵向>20；横向>140	建筑材料等级B_2 燃烧等级Class E	气密	>200cm水柱	0.1	各气候区

续表

产品名称	生产厂商	产品型号	性能指标									适用范围
			厚度，mm	水蒸气扩散阻力	Sd值，m	抗拉强度，MPa	断裂伸长率，%	抗撕裂，N	水密性2kPa水压	抗老化	燃烧性能等级	
不可抹灰型三元乙丙防水透汽膜	德国博仕格有限公司	不可抹灰型室外侧三元乙丙防水透汽膜Fasatan	0.6	20000	12	≥6	≥250	≥10	通过	通过	建筑材料等级B_2 燃烧等级E	各气候区
			0.8	20000	16	≥7	≥300	≥10	通过	通过		
			1.0	20000	20	≥7	≥300	≥10	通过	通过		
			1.2	20000	24	≥8	≥300	≥20	通过	通过		

产品名称	生产厂商	产品型号	性能指标									适用范围
			厚度，mm	水蒸气扩散阻力值	Sd值，m	抗拉强度，MPa	断裂伸长率，%	抗撕裂，N	水密性2kPa水压	抗老化		
不可抹灰型三元乙丙防水隔汽膜	德国博仕格有限公司	不抹灰的室内一侧三元乙丙防水隔汽膜Fasatyl	0.6	140000	84	≥6	≥250	≥10	通过	通过	建筑材料等级B_2 燃烧等级E	各气候区
			0.8	140000	112	≥7	≥250	≥10	通过	通过		
			1.0	140000	140	≥7	≥250	≥10	通过	通过		
			1.2	140000	170	≥8	≥300	≥20	通过	通过		

产品名称	生产厂商	产品型号	性能指标									适用范围
			厚度，mm	水蒸气扩散阻力Sd值，m	单位面积质量，g/m^2	抗伸断裂强度，MPa		断裂伸长率，%		透湿率，$g/(m^2 \cdot s \cdot Pa)$	湿阻因子	
						纵向	横向	纵向	横向			
防水隔汽膜	德国安所	ISO-CONNECT INSIDE FD	0.503	39.2	224	807	149	14.5	121	6.4×10^{-9}	7.8×10^{4}	各气候区室内侧
防水透汽膜	德国安所	ISO-CONNECT OUTSIDE FD	0.574	0.075	195.9	635	193	12.8	71.4	4.0×10^{-6}	1.3×10^{2}	各气候区室外侧

3 透明部分用玻璃

3 透明部分用玻璃产品目录

产品名称	生产厂商	产品型号	传热系数 K，W/（m^2·K）	可见光透射比 τ_v	太阳红外热能总透射比 g_{IR}	太阳能得热系数SHGC	光热比LSG	适用范围
透明部分用玻璃	北京新立基真空玻璃技术有限公司	真空复合中空玻璃：5mm白玻+12A+5mmLow-E +V+5mm白玻	0.66	0.68	0.34	0.52	1.31	严寒/寒冷地区
		5mm白玻+12A+5mmLow-E+V+5mm白玻	0.66	0.68	0.34	0.52	1.31	严寒/寒冷/夏热冬冷地区
		6TL+12WAr+6TL+V+6T+12WAr+6T	0.43	0.58	0.24	0.44	1.32	严寒/寒冷/夏热冬冷地区
	青岛亨达玻璃科技有限公司	5mm透明+16A暖边+5mm Low-E+0.15mm真空+5mm透明	0.78	0.59	0.36	0.49	1.20	寒冷地区
	天津南玻节能玻璃有限公司	5 超白（CES01-85N）#2+15Ar+5 超白+15Ar+5 超白（CES01-85N）#5	0.78	0.65	0.25	0.46	1.41	寒冷地区
	中国玻璃控股有限公司	5Low-E+16Ar+5Low-E+16Ar+5C（单银2#/单银4#，高透基片）	0.69	0.615	0.26	0.46	1.34	严寒/寒冷地区
	天津耀皮工程玻璃有限公司	5YME-0185（2#）+12Ar+5YME-0185（4#）+16Ar+5YEA-0182（6#）	0.72	0.61	0.20	0.43	1.42	寒冷地区
	信义玻璃（天津）有限公司	5XETN0188#2+15AR+5XETN0188#4+15AR+5XETN0188#5	0.74	0.69	0.21	0.46	1.44	寒冷地区
	北京金晶智慧有限公司	5Optilite S1.16+12Ar+5C+12Ar+5Optilite S1.16	0.79	0.73	0.29	0.50	1.46	寒冷地区
		5Optilite S1.16+18Ar+5C+18Ar+5Optilite S1.16	0.60	0.73	0.29	0.50	1.45	严寒地区
		5Optisolar D80+12Ar+5C+12Ar+5Optilite S1.16	0.77	0.64	0.15	0.35	1.81	寒冷/夏热冬冷/温和地区

续表

产品名称	生产厂商	产品型号	传热系数 K，W/（m^2·K）	可见光透射比 τ_v	太阳红外热能总透射比 g_{IR}	太阳能得热系数SHGC	光热比LSG	适用范围
透明部分用玻璃	北京金晶智慧有限公司	5Optisolar D80+18Ar+5C+18Ar+5Optilite S1.16	0.59	0.64	0.15	0.35	1.82	寒冷地区，夏热冬冷地区，温和地区
		5Optiselec T70XL+12Ar+5C+12Ar+5Optilite S1.16	0.75	0.63	0.09	0.28	2.26	夏热冬暖地区
		5Optiselec T70XL+18Ar+5C+18Ar+5Optilite S1.16	0.57	0.63	0.09	0.28	2.27	夏热冬暖地区
		5Optiselec T70XL+16Ar+5C+16Ar+5Optilite S1.16	0.67	0.62	0.02	0.30	2.07	夏热冬暖地区
	台玻天津玻璃有限公司	5mmLow-E（2#）+16Ar+5mmClear+16Ar+5mmLow-E（5#）	0.74	0.60	0.25	0.46	1.30	寒冷地区
	北京冠华东方玻璃科技有限公司	5 low-E钢+16 Ar + 5 白钢+ 16 Ar + 5 LOW-E钢	0.71	0.58	0.17	0.43	1.35	夏热冬冷地区
	大连华鹰玻璃股份有限公司	TPS长寿命中空玻璃：4浮法钢化玻璃+15.5TPS.ar +3钢化LOW-E+15.5 TPS.ar+3钢化LOW-E	0.71	0.71	0.24	0.52	1.37	寒冷地区
	保定市大韩玻璃有限公司清苑分公司	6mmLOW—E钢化（super—1）+16Ar（TPS充氩气）+5mm白玻钢化+16Ar（TPS充氩气）+ 6mmLOW—E钢化（super—1）	0.78	0.64	0.24	0.47	1.36	寒冷地区（B）

续表

产品名称	生产厂商	产品型号	传热系数K，W/（m^2·K）	可见光透射比τ_v	太阳红外热能总透射比g_{IR}	太阳能得热系数SHGC	光热比LSG	适用范围
透明部分用玻璃	福莱特玻璃集团股份有限公司	5mmLow-e（SET1.16II）钢化玻璃+16mm氩气层+5mm无色钢化玻璃+16mm氩气层+5mmLow-e（SET1.16II）钢化玻璃	0.75	0.59	0.24	0.46	1.28	寒冷地区
	台玻成都玻璃有限公司	5mmLow-E（TDE78A03）钢化玻璃+15mm氩气层+5mm，无色玻璃+15mm氩气层+5mmLow-E（TCE83）钢化玻璃	0.70	0.58	0.15	0.41	1.41	夏热冬冷
	中航三鑫股份有限公司	5mm Low-E钢化（SEE-83T，#2）+16Ar（充氩气）+ 5mm 白玻刚化 + 16 Ar（充氩气）+ 5mm Low-E 钢化（SEE-83T，#5）	0.76	0.62	0.25	0.48	1.29	寒冷地区（B）
	浙江中力节能玻璃制造有限公司	5mmLow-E［PPG85（T）］钢化玻璃+16mm氩气层+5mmLow-E［PPG85（T）］钢化玻璃+16mm氩气层+5mmLow-E无色钢化玻璃	0.67	0.57	0.06	0.36	1.58	夏热冬冷/温和地区
	北京物华天宝安全玻璃有限公司	5镀膜钢化+16Ar+5镀膜钢化+16Ar+5普通钢化	夏季0.69 冬季0.76	0.729	0.481	0.56	1.30	严寒/寒冷地区
	北京海阳顺达玻璃有限公司	5mmLow-E钢化玻璃+15mm氩气层+5mmLow-E钢化玻璃+15mm氩气层+5mm无色钢化玻璃	0.79	0.57	0.23	0.44	1.30	寒冷/夏热冬冷地区

4 遮阳产品

4 被动房遮阳产品目录

产品名称	生产厂商	产品型号	通光量	叶片角度调节量	户外百叶帘遮阳系数		能量穿透总量系数（含玻璃与遮阳系统）		抗风等级（根据百叶帘面积大小）	适用范围
					叶片关闭	叶片水平	叶片关闭	叶片水平		
遮阳产品	瑞士森科遮阳	Z型铝合金百叶帘	3%~100%	0~90°	0.10	0.20	0.06	0.12~0.15	蒲福风级9至11级（24.4~32.6m/s）	各气候区多层及以下建筑
		全金属百叶帘（垂直）	3%~100%	0~90°	0.10	0.20	0.06	0.12~0.15	蒲福风级10–12级（28.4~36.9m/s）	
		全金属百叶帘（水平）	3%~100%	0~90°	0.10	0.20	0.06	0.12~0.15	蒲福风级10–12级（28.4~36.9m/s）	
		卷包式百叶帘	3%~100%	0~90°	0.10	0.20	0.06	0.12~0.15	蒲福风级10–12级（28.4~36.9m/s）	
		折叠滑动式百叶窗	0%~100%	0~90°	0.10	0.20	0.07	0.13~0.16	蒲福风级10–12级（28.4~36.9m/s）	
		推拉滑动式百叶窗	0%~100%	0~90°	0.10	0.20	0.07	0.13~0.16	蒲福风级10–12级（28.4~36.9m/s）	
		无导轨滑动式百叶窗	0%~100%	0~90°	0.10	0.20	0.07	0.13~0.16	蒲福风级10–12级（28.4~36.9m/s）	

产品名称	生产厂商	产品型号	叶片角度调节量	户外百叶帘遮阳系数		抗风性能	机械耐久性	适用范围
				叶片关闭	叶片水平			
遮阳产品	北京科尔建筑节能技术有限公司	外遮阳CR80百叶帘	0~90°	0.21	0.43	4级（额定荷载400N/m^2）	2级（伸展收回8200次、开启关闭次）	各气候区
		外遮阳ZR90百叶帘	0~90°	0.19	0.39	4级（额定荷载400N/m^2）	2级（伸展收回8200次、开启关闭次）	各气候区

第二类　屋面和外墙用防水材料、保温材料、预压膨胀密封带等材料组

5　屋面和外墙用防水隔汽膜和防水透汽膜（防水卷材）

5　屋面和外墙用防水隔汽膜屋和防水透汽膜（防水卷材）产品选用目录

产品名称	生产厂商	产品型号	性能指标							适用范围
			拉伸力，N/50mm	断裂伸长率，%	撕裂强度（钉杆法），N	不透水性	透水蒸气性，g/（m^2·24h）	低温弯折性	耐热度	
屋面和外墙用防水透汽膜	德国博仕格有限公司	Winflex Wall&Roof 防水隔汽膜	纵向：129 横向：203	纵向：80 横向：67	纵向：70 横向：68	1000mm，2h不透水	27	–45℃无裂纹	100℃，2h无卷曲，无明显收缩	各气候区

产品名称	生产厂商	产品型号	性能指标					适用范围
			拉伸力，N/50mm	断裂伸长率，%	撕裂强度（钉杆法），N	不透水性	透水蒸气性，g/（m^2·24h）	
屋面和外墙用防水透汽膜	德国博仕格有限公司	Winflex Wall&Roof 防水透汽膜	纵向：165；横向：230	纵向：63；横向：62	纵向：150；横向：156	1000mm，2h不透水	377	各气候区

续表

产品名称	生产厂商	产品型号	性能指标				适用范围
			低温柔度，℃	高温流淌性，℃	最大抗拉力，N/5cm	最大拉力下的延伸率，%	
玻纤聚酯胎基改性沥青隔火自粘防水卷材	德国威达公司	Vedatop® SU（RC）100	-20	70	纵/横≥800/800	纵/横≥2/2	各气候区
			弹性改性沥青自粘防水卷材，具有隔火性能。采用抗撕拉胎基，下表面为改性沥青自粘胶，上表面为PE保护膜及搭接边自粘保护膜				

产品名称	生产厂商	产品型号	性能指标				适用范围
			低温柔度，℃	耐水汽渗透性等效空气层厚度S_d，m	最大抗拉力，N/50mm	最大拉力下的延伸率，%	
自粘性耐酸碱特殊铝箔面玻纤胎隔汽卷材	德国威达公司	Vedatect SK-D（RC）100	-15	1500	纵/横≥400/400	纵/横≥2/2	各气候区
			冷自粘弹性体改性沥青隔汽卷材。上表面是一层耐酸碱、耐腐蚀的铝膜。拥有极佳的隔汽效果（耐水汽渗透性等效空气层厚度S_d值在1500m以上）；幅宽1米，用在带涂层的压型钢板基层上时无需涂刷冷底子油；+5℃及以上可冷自粘安装；施工方便快捷，与基层粘结良好。				

产品名称	生产厂商	产品型号	性能指标				适用范围
			低温柔度，℃	高温流淌性，℃	最大抗拉力，N/50mm	最大拉力下的延伸率，%	
弹性体改性沥青防水材料	德国威达公司	Vedasprint（RC）green 100	-20	90	纵/横≥600/500	纵/横≥30/30	各气候区
			卷材是通过使用高强度的聚酯胎基浸透SBS改性沥青涂层，然后在上表面附着板岩颗粒，下表面附以防粘保护膜等一系列工序加工而成。具有极强的可操作性，在极高的施工温度下仍能保持抗变性能力、高抗裂能力、高抗穿刺能力。				

续表

产品名称	生产厂商	产品型号	性能指标				适用范围
			低温柔度，℃	高温流淌性，℃	最大抗拉力，N/50mm	最大拉力下的延伸率，%	
铜离子复合胎基改性沥青耐根穿刺防水卷材	德国威达公司	Vedaflor WS-I（RC）bluegreen 100	-25	105	纵/横≥800/800	纵/横≥40/40	各气候区
			具有根阻性能的改性沥青防水卷材。采用SBS改性沥青涂层以及铜-聚酯复合胎基制作而成，赋予产品独具的植物根阻拦功能，上表层为蓝绿色板岩颗粒。根阻性能通过FLL的试验验证；高耐折力；持久的低温柔度。				

产品名称	生产厂商	产品型号	性能指标								适用范围
			拉伸力，N/50mm	断裂伸长率，%	撕裂强度（钉杆法），N	接缝剪切强度，N/50mm	Sd值，m	不透水性	低温柔性	耐热性	
屋面和外墙用隔汽防水卷材	北京东方雨虹防水技术股份有限公司	自粘沥青隔汽卷材GAL 1.2 20	纵向：≥400 横向：≥400	纵向：≥2 横向：≥2	纵向：≥80 横向：≥100	≥300	≥1500	0.2MPa，30min不透水	-20℃无裂纹	90℃，无流淌、滴落	各气候区
		自粘沥青防水卷材PY AL 2.5 15	纵向：≥800 横向：≥800	纵向：≥35 横向：≥35	纵向：≥200 横向：≥150	≥300	≥1500	0.2MPa，30min不透水	-20℃无裂纹	100℃，无流淌、滴落	各气候区

产品名称	生产厂商	产品型号	性能指标					适用范围
			拉伸力，N/50mm	断裂伸长率，%	不透水性	低温柔性	耐热性	
屋面和外墙用防水卷材	北京东方雨虹防水技术股份有限公司	含玻纤胎自粘沥青防水卷材 PYG PE	纵向：≥1000 横向：≥1000	纵向：≥2 横向：≥2	0.3MPa，30min不透水	-20℃无裂纹	100℃，无流淌、滴落	各气候区

续表

产品名称	生产厂商	产品型号	性能指标					适用范围
			拉伸力，N/50mm	断裂伸长率，%	不透水性	低温柔性	耐热性	
屋面和外墙用防水卷材	北京东方雨虹防水技术股份有限公司	SBS沥青防水卷材 PYG M PE 4 10	纵向：≥700 横向：≥500	纵向：≥35 横向：≥35	0.3MPa，30min 不透水	-20℃无裂纹	100℃，无流淌、滴落	各气候区
		铜离子复合胎基耐根穿刺防水卷材PY-Cu SBS PE PE 5 7.5	纵向：≥700 横向：≥500	纵向：≥35 横向：≥35	0.3MPa，30min 不透水	-20℃无裂纹	100℃，无流淌、滴落	各气候区

6　外墙外保温系统及其材料的性能指标

6　薄抹灰外墙外保温系统及材料产品选用目录

产品名称	生产厂商	产品型号	抗冲击性	吸水量，g/m^2	耐候性	抗风荷载性能	耐冻融性能	不透水性	水蒸气透过湿流密度，$g/(m^2 \cdot h)$	适用范围
外墙外保温系统	堡密特建筑材料（苏州）有限公司	模塑聚苯板/石墨聚苯板外墙外保温系统	首层10J级别，二层及以上3J级别	≤500	经过80次高温-淋水循环和5次加热-冷冻循环后，试样未见可见裂缝，未见粉化、空鼓、剥落现象；抹面层与保温层拉伸粘结强度≥0.10MPa	不小于工程项目的风荷载设计值	30次冻融循环后，试样未见可见裂缝，未见粉化、空鼓、剥落现象，保护层和保温层的拉伸粘结强度大于等于100kPa	-	≥0.85	各气候区
		堡密特岩棉板外墙外保温系统	10J	≤1000	未出现饰面层起泡或脱落、保护层空鼓或脱落等现象，未产生渗水裂缝。破坏面在保温层内	不小于工程项目的风荷载设计值	保温层无空鼓、脱落、无渗水裂缝，破坏面在保温层内	2h不透水	≥1.67	各气候区

续表

产品名称	生产厂商	产品型号	抗冲击性	吸水量，g/m^2	耐候性	抗风荷载性能	耐冻融性能	不透水性	水蒸气透过湿流密度，$g/(m^2 \cdot h)$	适用范围
外墙外保温系统	堡密特建筑材料（苏州）有限公司	堡密特岩棉带外墙外保温系统	10J	≤1000	未出现饰面层起泡或脱落、保护层空鼓或脱落等现象，未产生渗水裂缝。拉伸粘结强度≥100KPa，破坏面在保温层内	不小于工程项目的风荷载设计值	保温层无空鼓、脱落、无渗水裂缝，≥100kPa，拉伸粘结强度破坏面在保温层内	2h不透水	≥1.67	各气候区
聚氨酯外墙外保温系统	上海华峰普恩聚氨酯有限公司	改性PIR聚氨酯外墙外保温系统	建筑物首层墙面和门窗洞口等易受碰撞部位：10.0J级合格建筑物二层以上墙面等不易受碰撞部位：3.0J级合格	水中浸泡1h，只带有抹面层和带有全部保护层的系统，吸水量均不得大于$0.5kg/m^2$	80次热/雨循环和5次热冷循环后，外观不得出现饰面层起泡或剥落、保护层和保温层空鼓或剥落等破坏，不得产生渗水裂缝；抹面层和保温层的拉伸粘结强度≥0.10MPa，且破坏部位应位于保温层内	不小于风荷载设计值（6.0kPa）	30次冻融循环后，保护层无空鼓、脱落，无渗水裂缝；保护层和保温层的拉伸粘结强度≥0.1MPa，破坏部位应位于保温层，保护层和防火隔离带的拉伸粘结强度≥80kPa	抹面层2h不透水	≥0.85	各气候区

续表

产品名称	生产厂商	产品型号	抗冲击性	吸水量，g/m^2	耐候性	抗风荷载性能	耐冻融性能	不透水性	水蒸气透过湿流密度，$g/(m^2 \cdot h)$	适用范围
外墙外保温系统	巴斯夫化学建材（中国）有限公司	模塑聚苯板/石墨聚苯板外墙外保温系统	建筑物首层墙面和门窗洞口等易受碰撞部位：10J级 建筑物二层以上墙面等不易受碰撞部位：3J级	只带有抹面层和带有全部保护层的系统，水中浸泡1h，吸水量均不得大于或等于$1.0kg/m^2$	不得出现饰面层起泡或剥落、保护层和保温层空鼓或剥落等破坏，不得产生渗水裂缝；抹面层和保温层的拉伸粘结强度≥0.10MPa；抗冲击性能3J级（单层网格布）	不小于风荷载设计值	30次冻融循环后，保护层无空鼓、脱落，无渗水裂缝；保护层和保温层的拉伸粘结强度≥0.10MPa，破坏部位应位于保温层，保护层和防火隔离带的拉伸粘结强度≥80kPa	2h不透水	≥0.85	各气候区
	巴斯夫化学建材（中国）有限公司	巴斯夫岩棉外墙外保温系统	建筑物首层墙面和门窗洞口等易受碰撞部位：10J级 建筑物二层以上墙面等不易受碰撞部位：3J级	只带有抹面层和带有全部保护层的系统，水中浸泡1h，吸水量均不得大于或等于$500g/m^2$	不得出现饰面层起泡或剥落、保护层和保温层空鼓或剥落等破坏，不得产生渗水裂缝；抹面层和保温层的拉伸粘结强度：岩棉板≥7.5kPa，岩棉带≥80kPa；抗冲击性能3J级（单层网格布）	不小于风荷载设计值	30次冻融循环后，保护层无空鼓、脱落，无渗水裂缝；保护层和保温层的拉伸粘结强度：岩棉板≥7.5kPa，岩棉带≥80kPa	2h不透水	≥0.85	各气候区

续表

产品名称	生产厂商	产品型号	抗冲击性	吸水量，g/m²	耐候性	抗风荷载性能	耐冻融性能	不透水性	水蒸气透过湿流密度，g/(m²·h)	适用范围
外墙外保温系统	山东秦恒科技股份有限公司	模塑聚苯板/石墨聚苯板外墙外保温系统	普通型（P型），3.0J冲击10点，无破坏；加强型（Q型），10.0J冲击10点，无破坏	只带有抹面层和带有全部保护层的系统，水中浸泡1h，吸水量均不得大于或等于500g/m²	热/雨周期80次，热/冷周期5次，表面无裂纹、粉化、剥落现象	不小于风荷载设计值	冻融10个循环，表面无裂缝、空鼓、起泡、玻璃现象	2h不透水	≥0.85	各气候区
	江苏卧牛山保温防水技术有限公司	模塑聚苯板/石墨聚苯板外墙外保温系统	建筑物首层墙面和门窗洞口等易受碰撞部位：10J级 建筑物二层以上墙面：3J级	浸水24h，吸水量不大于500g/m²	热/雨周期80次，热/冷周期5次，表面无裂纹、粉化、剥落现象；抹面层与保温层拉伸粘结强度≥0.10MPa，且保温层破坏	不小于风荷载设计值，检测时，6.7kPa未破坏	冻融10个循环，表面无裂缝、空鼓、起泡、剥离现象	2h不透水	≥0.85	各气候区
	北京金隅砂浆有限公司	岩棉外保温系统	首层10J级别，二层及以上3J级别	只带有抹面层0.7，带有全部保护层0.2	经耐候性试验后，无饰面层起泡或剥落、保护层和保温层空鼓或脱落等破坏，无裂缝. 抹面层与保温层拉伸粘结强度0.11MPa，拉伸粘结强度破坏面在保温层内	不小于工程项目的风荷载设计值	经30次冻融循环后，保护层无空鼓、脱落，无裂缝；保护层和保温层的拉伸粘结强度0.10 MPa，拉伸粘结强度破坏面在保温层内	2h不透水	2.34	各气候区

续表

产品名称	生产厂商	产品型号	抗冲击性	吸水量，g/m^2	耐候性	抗风荷载性能	耐冻融性能	不透水性	水蒸气透过湿流密度，$g/(m^2 \cdot h)$	适用范围
石墨聚苯板外墙外保温系统	北京盛信鑫源新型建材有限公司	石墨聚苯板外墙外保温系统	建筑物首层墙面和门窗洞口等易受碰撞部位：10J级 建筑物二层以上墙面等不易受碰撞部位：3J级	只带有抹面层和带有全部保护层的系统，水中浸泡1h，吸水量均小于等于$500g/m^2$	不得出现饰面层起泡或剥落、保护层和保温层空鼓或剥落等破坏，不得产生渗水裂缝；抹面层和保温层的拉伸粘结强度≥0.10MPa （石墨聚苯板两层错缝铺装）	8.0kPa	30次冻融循环后，保护层无空鼓、脱落，无渗水裂缝；保护层和保温层的拉伸粘结强度≥0.10MPa	2h不透水	≥0.85g/（$m^2 \cdot h$）	各气候区

7 模塑聚苯板、石墨聚苯板的性能指标

7 模塑聚苯板、石墨聚苯板产品选用目录

产品名称	生产厂商	产品型号	导热系数，W/（m·K）	表观密度，kg/m^3	垂直板面的抗拉强度，MPa	尺寸稳定性，%	水蒸气透过系数，ng/（Pa·m·s）	吸水率，%	弯曲变形，mm	氧指数，%	燃烧性能等级	适用范围
模塑聚苯板	山东秦恒科技股份有限公司	模塑聚苯板	≤0.039	≥18.0	≥0.10	≤0.3	≤4.5	≤3.0	≥20	≥32	不低于B_1级	各气候区
石墨聚苯板		石墨聚苯板	≤0.032	≥18.0	≥0.10	≤0.3	≤4.5	≤3.0	≥20	≥32	不低于B_1级	各气候区

续表

产品名称	生产厂商	产品型号	导热系数，W/（m·K）	表观密度，kg/m³	垂直板面的抗拉强度，MPa	尺寸稳定性，%	水蒸气透过系数，ng/（Pa·m·s）	吸水率，%	弯曲变形，mm	氧指数，%	燃烧性能等级	适用范围
模塑聚苯板	江苏卧牛山保温防水技术有限公司	模塑聚苯板	≤0.039	≥18.0	≥0.10	≤0.3	≤4.5	≤3.0	≥20	≥32	B1（C）	各气候区
石墨聚苯板		石墨聚苯板	≤0.032	≥18.0	≥0.10	≤0.3	≤4.5	≤3.0	≥20	≥32	B1（B）	各气候区
模塑聚苯模块	哈尔滨鸿盛建筑材料制造股份有限公司	模塑聚苯模块	≤0.033	≥29.0	≥ 0.20	≤ 0.3	≤ 4.0	≤ 2.0	≥20	≥ 32	不低于 B_1 级	各气候区
			≤0.037	≥19.0	≥ 0.15	≤ 0.3	≤ 4.0	≤ 2.0	≥25	≥ 32	不低于 B_1 级	各气候区
石墨聚苯模块		石墨聚苯模块	≤0.030	≥29.0	≥ 0.20	≤ 0.3	≤ 4.0	≤ 2.0	≥20	≥ 32	不低于 B_1 级	各气候区
			≤0.032	≥19.0	≥ 0.15	≤ 0.3	≤ 4.0	≤ 2.0	≥25	≥ 32	不低于 B_1 级	各气候区
石墨聚苯板	巴斯夫化学建材（中国）公司	巴斯夫凡士能®NEO阻燃型高性能保温隔热板	≤0.033	≥18.0	≥0.10	≤0.20	≤4.5	≤3.0	≥20	≥32	不低于 B_1 级，且遇电焊火花喷溅时无烟气、不起火燃烧	各气候区

续表

产品名称	生产厂商	产品型号	导热系数，W/（m·K）	表观密度，kg/m^3	垂直板面的抗拉强度，MPa	尺寸稳定性，%	水蒸气透过系数，ng/（Pa·m·s）	吸水率，%	弯曲变形，mm	氧指数，%	燃烧性能等级	适用范围
模塑聚苯板	南通锦鸿建筑科技有限公司	模塑聚苯板	≤0.037	≥20.0	≥0.10	≤0.30	≤4.5	≤3.0	≥20	≥31	不低于B_1级	各气候区
模塑聚苯板	北京敬业达新型建筑材料有限公司	18–22kg/m^3	≤0.039	≥18.0	≥0.10	≤0.020	≤4.5	≤.3.0	≥20	≥32	不低于B_1	各气候区
石墨聚苯板		20–22kg/m^3	≤0.033	≥20.0	≥0.10	≤0.020	≤4.5	≤.3.0	≥20	≥32	不低于B_1	各气候区
模塑石墨聚苯板	天津格亚德新材料科技有限公司	GPF-20	≤0.032	≥18	≥0.1	≤0.2	≤4.5	≤3.0	≥20	≥32	B_1	各气候区
模塑聚苯板	北京五洲泡沫塑料有限公司	EPS聚苯板	≤0.035	≥20.4	≥0.15	≤0.19	≤3.2	≤2.4	≥20	≥32	B_1	各气候区
		SEPS聚苯板	≤0.033	≥18.2	≥0.14	≤0.15	≤3.1	≤2.3	≥20	≥32	B_1	各气候区
模塑石墨聚苯板	北京盛信鑫源新型建材有限公司	模塑石墨聚苯板	≤0.033	≥18	≥0.10	≤0.20	≤4.5	≤3.0	≥20	≥32	B_1	各气候区

8 聚氨酯板性能指标

8 聚氨酯板产品选用目录

产品名称	生产厂商	产品型号	导热系数，W/（m·K）	密度，kg/m^3	抗压强度，kPa	尺寸稳定性（%，70℃，24h）	垂直于板面方向的抗拉强度，MPa	吸水率，%	氧指数，%	烟密度等级（SDR）	适用范围
改性聚氨酯板	上海华峰普恩聚氨酯有限公司	改性PIR聚氨酯保温板	≤0.024	≥35	≥150	≤1.5	≥0.10	≤3	≥30	55	各气候区

9 真空绝热板的性能指标

9 真空绝热板产品选用目录

产品名称	生产厂商	产品型号	导热系数，W/（m·K）	表观密度，kg/m^3	穿刺强度，N	垂直板面的抗拉强度，MPa	尺寸稳定性，%	表面吸水量，g/m^2	穿刺后垂直于板面方向膨胀率，%	穿刺后导热系数，W/（m·K）	燃烧性能等级	适用范围
真空绝热板	中亨新型材料科技有限公司	厚度：10~30mm	≤0.006	≤220	≥18	≥80	长度、宽度：≤0.5 厚度：≤1.5	≤100	≤10	≤0.02	A_1	各气候区
STP真空绝热板	青岛科瑞新型环保材料集团有限公司	厚度≤35mm	≤0.006	--	≥50	≥80	长度、宽度：≤0.5 厚度：≤3	≤100	≤10	≤0.02	A_2	各气候区

10 岩棉

10.1 薄抹灰外墙外保温系统用岩棉产品选用目录

产品名称	生产厂商	产品型号	导热系数（25℃），W/（m·K）	酸度系数	密度，kg/m^3	尺寸稳定性，%	抗拉拔强度（垂直于表面），kPa	抗压强度（10%变形），kPa	短期吸水量（部分浸水，24h），kg/m^2	憎水率，%	燃烧性能	适用范围
薄抹灰外墙外保温系统用岩棉板	上海新型建材岩棉有限公司	樱花TR10	≤0.040	≥1.8	≥140	≤0.2	≥10	≥40	≤0.2	≥99	A级	各气候区
		樱花TR15	≤0.040	≥1.8	≥140	≤0.2	≥15	≥60	≤0.2	≥99	A级	各气候区
	北京金隅节能保温科技有限公司	金隅星FR10	≤0.038	≥2.0	140	≤0.1	≥10	≥60	≤0.1	≥99	A级	各气候区
	南京彤天岩棉有限公司	彤天TTW10	≤0.038	≥1.8	≥140	≤0.2	≥10	≥40	≤0.2	≥99	A级	各气候区
		彤天TTW15	≤0.039	≥1.8	≥140	≤0.2	≥15	≥60	≤0.1	≥99	A级	各气候区
	河北三楷深发科技股份有限公司	JD-Y01	≤0.040	≥1.8	≥140	≤0.1	≥15	≥40	≤0.1	≥99	A_1级	各气候区

10.2 岩棉防火隔离带的性能指标

产品名称	生产厂商	产品型号	导热系数（25℃），W/（m·K）	酸度系数	密度，kg/m^3	尺寸稳定性，%	抗拉拔强度（垂直于表面），kPa	抗压强度（10%变形），kPa	燃烧性能	熔点，℃（岩棉防火隔离带≥1000）	匀温灼烧性能（750℃，0.5h）		适用范围
											线收缩率，%	质量损率，%	
薄抹灰外墙外保温系统用岩棉防火隔离带	上海新型建材岩棉有限公司	樱花 TR80	≤0.045	≥1.8	≥100	≤0.2	≥100	≥40	A级	≥1000	≤8	≤6	各气候区
	北京金隅节能保温科技有限公司	金隅星 BR100	≤0.046	≥2.0	100	≤0.1	≥80	≥80	A级	1100	≤7	≤4	各气候区
	南京彤天岩棉有限公司	彤天 TTWF100	≤0.044	≥1.8	100	≤0.2	≥300	≥80	A级	≥1000	≤7	≤4	各气候区
	河北三楷深发科技股份有限公司	彤天 TTWF100	≤0.045	≥1.8	≥100	≤0.2	≥150	≥100	A1级	≥1000			各气候区

产品名称	生产厂商	产品型号	单位面积质量，kg/m^2	拉伸粘结强度，MPa	抗冲击性	湿度变形，%	吸水量，g/m^2	不透水性	热阻，$m^2 \cdot K/W$	水蒸气透过性能，$g/(m^2 \cdot h)$	燃烧性能	适用范围
岩棉复合板	河北三楷深发科技股份有限公司	SK-Y04岩棉复合板（芯材为岩棉条）	20～30	原强度≥0.15，保温材料破坏；耐水强度≥0.15；耐冻融强度≥0.15	用于建筑物首层10J冲击合格，其他层3J冲击合格	≤0.07	≤500	防护层内侧未渗透	符合设计要求	防护层水蒸气透过量≥1.67	A级	各气候区

10.3 不采暖地下室顶板保温用岩棉板的性能指标

产品名称	生产厂商	产品型号	导热系数（25℃），W/（m·k）	酸度系数	密度，kg/m³	尺寸稳定性，%	短期吸水量，（部分浸水，24h），kg/m²	憎水率，%	燃烧性能	降噪系数 NRC	适用范围
建筑用岩棉保温板	上海新型建材岩棉有限公司	樱花MB	≤0.038	≥1.8	≥50	≤0.5	≤0.2	≥99	A级	≥0.8	各气候区
建筑用岩棉保温板	南京彤天岩棉有限公司	彤天TTM	≤0.038	≥1.8	≥60	≤0.5	≤0.5	≥99	A级	≥0.7	各气候区

11 保温用矿物棉喷涂层

11 保温用矿物棉喷涂层产品选用目录

<table>
<tr><th>产品名称</th><th>生产厂商</th><th>产品规格</th><th>密度，kg/m³</th><th>渣球含量（>0.25mm），%</th><th>纤维平均直径，μm</th><th>导热系数（25℃），W/（m·k）</th><th>粘结强度，kPa</th><th>密度允许偏差，%</th><th>憎水率，%</th><th>酸度系数</th><th>质量吸湿率</th><th>降噪系数（NRC）</th><th>短期吸水量，kg/m³</th><th>燃烧性能</th><th>适用范围</th></tr>
<tr><td rowspan="3">保温用矿物棉喷涂</td><td rowspan="2">北京海纳联创无机纤维喷涂技术有限公司</td><td>无机纤维喷涂保温层（SPR3）</td><td>80~150</td><td>≤6</td><td>≤6</td><td>≤0.042</td><td>大于5倍自重</td><td>±10</td><td>-</td><td>1.2~1.8</td><td>≤5.0</td><td>≥0.8</td><td>≤0.2</td><td>A级</td><td>各气候区</td></tr>
<tr><td>憎水型无机纤维喷涂保温层（SPR5）</td><td>80~150</td><td>≤6</td><td>≤6</td><td>≤0.042</td><td>大于5倍自重</td><td>±10</td><td>≥98</td><td>1.2~1.8</td><td>≤5.0</td><td>≥0.8</td><td>≤0.2</td><td>A级</td><td>各气候区</td></tr>
<tr><td colspan="15">我国各气候区被动式低能耗建筑特定部位（不透明幕墙保温、地下室顶板、电梯井、设备夹层等有防火、保温、吸声要求的部位）。无机纤维作为一种保温材料，可广泛用于建筑内外墙保温系统中。保温层“皮肤式”覆盖于基层墙体，具有无空腔、无接缝、无冷桥。</td></tr>
</table>

12 抹面胶浆和粘结胶浆

12.1 抹面胶浆产品选用目录

产品名称	生产厂商	产品型号	拉伸粘结强度（与岩棉条），kPa				柔韧性		抗冲击性，J	吸水量，g/m^2	可操作时间，h1.5~4	适用范围
			原强度	耐水强度		耐冻融强度	抗压强度/抗折强度（水泥基）	开裂应变（非水泥基），%				
抹面胶浆	北京金隅砂浆有限公司	533-RW（被动房）	83.7	浸水48h，干燥2h	浸水48h，干燥7d	80.5	2.4	–	3J级	439	放置1.5小时，拉伸粘结强度（与岩棉条）为81kPa	各气候区
				65.3	82.2							

产品名称	生产厂商	产品型号	拉伸粘结强度（与聚苯板），MPa				柔韧性		抗冲击性，J	吸水量，g/m^2	可操作时间，h1.5–4	适用范围
			原强度	耐水强度		耐冻融强度	抗压强度/抗折强度（水泥基）	开裂应变（非水泥基），%				
抹面胶浆	北京敬业达新型建筑材料有限公司	EX36	0.15，破坏在聚苯板中	浸水48h，干燥2h	浸水48h，干燥7d	0.13	2.7	–	3J级	423	放置1.5h后与模塑板拉伸粘结强度0.13MPa	各气候区
				0.10	0.14							

续表

产品名称	生产厂商	产品型号	拉伸粘结强度（与岩棉板），kPa				拉伸粘结强度（与岩棉条），kPa				柔韧性		抗冲击性，J	吸水量，g/m^2	可操作时间，h	适用范围
			原强度	浸水48h，干燥2h	浸水48h，干燥7d	冻融后	原强度	浸水48h，干燥2h	浸水48h，干燥7d	冻融后	压折比（水泥基）	开裂应变（非水泥基），%				
聚合物抹面干粉	河北三楷深发科技股份有限公司	SK-B02	16	15	15	15	315	261	280	235	2.7	/	3J级	455	1.5h，与岩棉板拉伸粘结强度15kPa；与岩棉条拉伸粘结强度305kPa	各气候区

产品名称	生产厂商	产品型号	拉伸粘结强度（与聚苯板），MPa				柔韧性		抗冲击性，J	吸水量，g/m^2	可操作时间，h	适用范围
			原强度	耐水强度		耐冻融强度	压折比（水泥基）	开裂应变（非水泥基），%				
				浸水48h，干燥2h	浸水48h，干燥7d							
抹面胶浆	江苏卧牛山保温防水技术有限公司	WRM	≥0.16，破坏发牛在聚苯板中	≥0.12	≥0.16	≥0.18	≤2.6	–	3	≤400	1.5~4	各气候区

12.2　粘结胶浆产品选用目录

产品名称	生产厂商	产品型号	拉伸粘结强度（与水泥砂浆），kPa			拉伸粘结强度（与岩棉条），kPa			可操作时间，h	适用范围
			原强度	耐水强度		原强度	耐水强度			
				浸水48h，干燥2h	浸水48h，干燥7d		浸水48h，干燥2h	浸水48h，干燥7d		
粘结胶浆	北京金隅砂浆有限公司	523-RW（被动房）	646.2	400.3	618.9	90.7	67.9	87.4	放置1.5小时，拉伸粘结强度（水泥砂浆）为634.5kPa	各气候区

产品名称	生产厂商	产品型号	拉伸粘结强度（与水泥砂浆），MPa			拉伸粘结强度（与聚苯板），MPa			可操作时间，h	适用范围
			原强度	耐水强度		原强度	耐水强度			
				浸水48h，干燥2h	浸水48h，干燥7d		浸水48h，干燥2h	浸水48h，干燥7d		
胶粘剂	北京敬业达新型建筑材料有限公司	EX36	0.73	0.55	0.72	0.14，破坏发生在聚苯板中	0.10	0.13	放置1.5h后与水泥砂浆拉伸粘结强度0.73MPa	各气候区

产品名称	生产厂商	产品型号	拉伸粘结强度（与水泥砂浆），kPa			拉伸粘结强度（与岩棉板），kPa			拉伸粘结强度（与岩棉条），kPa			可操作时间，h	适用范围
			原强度	耐水强度（浸水48h，干燥2h）	耐水强度（浸水48h，干燥7d）	原强度	耐水强度（浸水48h，干燥2h）	耐水强度（浸水48h，干燥7d）	原强度	耐水强度（浸水48h，干燥2h）	耐水强度（浸水48h，干燥7d）		
聚合物粘结干粉	河北三楷深发科技股份有限公司	SK-B01	655	331	632	16	15	15	312	255	288	放置1.5h，与水泥砂浆拉伸粘结强度：627kPa；与岩棉板：15kPa；与岩棉条：277kPa	各气候区

续表

<table>
<tr><th rowspan="2">产品名称</th><th rowspan="2">生产厂商</th><th rowspan="2">产品型号</th><th colspan="3">拉伸粘结强度（与水泥砂浆），MPa</th><th colspan="3">拉伸粘结强度（与聚苯板），MPa</th><th rowspan="2">可操作时间，h</th><th rowspan="2">适用范围</th></tr>
<tr><th>原强度</th><th colspan="2">耐水强度</th><th>原强度</th><th colspan="2">耐水强度</th></tr>
<tr><td rowspan="2">胶粘剂</td><td rowspan="2">江苏卧牛山保温防水技术有限公司</td><td rowspan="2">WAE-204</td><td rowspan="2">≥0.8</td><td>浸水48h，干燥2h</td><td>浸水48h，干燥7d</td><td rowspan="2">≥0.14，破坏发生在聚苯板中</td><td>浸水48h，干燥2h</td><td>浸水48h，干燥7d</td><td rowspan="2">1.5~4</td><td rowspan="2">各气候区</td></tr>
<tr><td>≥0.6</td><td>≥1.0</td><td>≥0.11</td><td>≥0.15</td></tr>
</table>

13 预压膨胀密封带

13 预压膨胀密封带产品选用目录

<table>
<tr><th rowspan="2">产品名称</th><th rowspan="2">生产厂商</th><th rowspan="2">产品型号</th><th colspan="8">性能指标</th><th rowspan="2">适用范围</th></tr>
<tr><th>荷载</th><th>抗暴风雨强度，Pa</th><th>热导率，W/(m·K)</th><th>密封透气性，$m^3/(h \cdot m \cdot (daPa)^n)$</th><th>抗水蒸气扩散系数</th><th>耐候性</th><th>与其他材料相容性</th><th>燃烧性能等级</th></tr>
<tr><td rowspan="2">预压缩膨胀密封带</td><td rowspan="2">德国博仕格有限公司</td><td>预压缩膨胀密封带COMBBAND300</td><td>BG2级</td><td>300</td><td>λ_{10}=0.048</td><td>a<0.1</td><td>μ≤100</td><td>-30~+90℃，短时间达到+120℃</td><td>满足BG2</td><td>B_1级</td><td>各气候区</td></tr>
<tr><td>预压缩膨胀密封带COMBBAND600</td><td>BG1级</td><td>600</td><td>λ_{10}=0.045</td><td>a<0.1</td><td>μ<100</td><td>-30~+90℃</td><td>满足BG1</td><td>B_1级</td><td>各气候区</td></tr>
</table>

14 防潮保温垫板

14 防潮保温垫板产品选用目录

产品名称	生产厂商	产品型号	性能指标							适用范围
			密度，kg/m^3	抗弯强度，N/mm^3	导热系数，W/（m·K）	镙钻防脱力，N	厚度膨胀（24小时浸水）	吸水性（24小时浸水）	尺寸变化（24小时浸水）	
防潮保温垫板	德国博仕格有限公司	Phonotherm200	500±50	7.8	0.076	650	1.0%	5%	1%	各气候区
			700±50	10.5	0.10	800	1.0%	4%	1%	
			密度，kg/m^3	抗压强度，N/mm^2	E值，N/mm^2	抗水蒸气扩散值sd，m	长度膨胀系数（−20至+60℃范围内）	残余水分	建筑材料燃烧等级	
			500±50	24.2	500	0.27	$28.375 \cdot 10^{-6}K^{-1}$	2–4%	B_2，不会燃至流状滴下	
			700±50	26.3	750	0.37	$28.375 \cdot 10^{-6}K^{-1}$	2–4%	B_2，不会燃至流状滴下	
产品名称	生产厂商	产品型号	导热系数（25℃）[W/（m·K）]	密度，kg/m^3	弯曲强度（MPa）	抗压强度（MPa）	镙钻防脱力（N）	吸水率（%，24h浸水）	燃烧性能	适用范围
普恩生态仿木板	上海华峰普恩聚氨酯有限公司	PH600	≤0.10	650±100	≥8	≥8	≥600	≤5	B_2级	各气候区

15 锚栓

15 锚栓产品选用目录

产品名称	生产厂商	产品型号	单个锚栓的抗拉承载力标准值，kN				锚栓圆盘的强度标准值，kN	单个锚栓对系统传热的增加值，W/（m^2·K）	防热桥构造	适用范围
			普通混凝土基层墙体	实心砌体基层墙体	多孔砖砌体基层墙体	蒸压加气混凝土基层墙体				
锚栓	利坚美（北京）科技发展有限公司	10×215，10×275，10×305，10×365	0.81	0.55	0.45	0.39	0.53	0.001	锚栓有塑料隔热端帽，或有聚氨酯发泡填充阻断热桥	各气候区

16 耐碱网格布

16 耐碱网格布产品选用目录

产品名称	生产厂商	产品型号	单位面积质量，g/m^2	化学成分，%	耐碱断裂强力（经、纬向），N/50mm	耐碱断裂强力保有率（经、纬向），%	断裂伸长率（经、纬向），%	适用范围
耐碱网格布	利坚美（北京）科技发展有限公司	网孔4×4	171.8	ω（Na_2O）+（K_2O）	经向1551 纬向2109	经向75.8 纬向82.8	经向4.0 纬向3.9	各气候区
				ω（SiO_2）				
				ω（Al_2O_3）				

17 门窗连接条

17 门窗连接条产品选用目录

产品名称	生产厂商	产品型号	耐寒性	耐热性	网布与护角拉力，N/50mm	最低粘网宽度，mm	单位面积质量，g/m²	适用范围
门窗连接条	利坚美（北京）科技发展有限公司	2.2×1.6×1.4	-35℃，48h，无气泡、裂纹、麻点等外观缺陷	50℃，48h，无气泡、裂纹、麻点等外观缺陷	224	100	171.8	各气候区

第三类 设备组

18 新风与空调设备

18 新风与空调机产品选用目录

产品名称	生产厂商	产品型号	性能指标											适用范围
			标准/最大新风量，m^3/h	最大循环风量，m^3/h	显热回收效率，%	全热回收效率，%	制冷量，kW	制热量，kW	通风电力需求，Wh/m^3，	系统COP	余压，Pa	过滤等级	噪声，dB（A）	
全热回收除霾抗菌新风空调一体机	中山万得福电子热控科技有限公司	XKD-26D-150	60/120	400	80.1	77.3	2.6	3.4	<0.45	2.8	60	G4或以上	36	各气候区
		XKD-35D-200	90/200	500	80.1	77.3	3.5	4.0	<0.45	2.8	100	G4或以上	36	各气候区

续表

产品名称	生产厂商	产品型号	性能指标											适用范围
			标准/最大新风量，m^3/h	最大循环风量，m^3/h	显热回收效率，%	全热回收效率，%	制冷量，kW	制热量，kW	通风电力需求，Wh/m^3，	系统COP	余压，Pa	过滤等级	噪声，dB（A）	
全热回收除霾抗菌新风空调一体机	中山万得福电子热控科技有限公司	XKD-51D-300	120/300	600	80.1	77.3	5.1	6.2	<0.45	2.8	120	G4或以上	36	各气候区
		XKD-72D-500	150/500	700	80.1	77.3	7.2	8.6	<0.45	2.8	150	G4或以上	36	各气候区

产品名称	生产厂商	产品型号	性能指标								适用范围
			标准/最大新风量，m^3/h	显热回收效率，%	全热回收效率，%	输入功率，kW	通风电力需求，Wh/m^3	余压，Pa	过滤等级	噪声，dB（A）	
集中式全热回收新风机	中山万得福电子热控科技有限公司	ERV-5000	1000/5000	80.1	77.3	3.0	<0.45	350	G4或以上	46	各气候区

产品名称	生产厂商	产品型号	性能指标					适用范围
			最大风量，m^3/h	热回收效率，%	余压，Pa	功率，W	电流，A	
全热交换器	上海兰舍空气技术有限公司	Comfo350 ERV 全热交换主机	350	85	225	241	1.78	各气候区
全热交换器	上海兰舍空气技术有限公司	Comfo550 ERV 全热交换主机	550	85	240	365	2.56	

续表

产品名称	生产厂商	产品型号	性能指标						适用范围
			最大风量，m^3/h	热回收效率，%	功率，W	电压，V	重量，kg	设备噪声，dB（A）	
全热交换器	上海兰舍空气技术有限公司	ERV250/GL全热交换主机	273	76	108	220（50Hz）	29.2	33	各气候区
		ERV350/GL全热交换主机	341	73	126	220（50Hz）	29.2	34	
		ERV550/GL全热交换主机	551	74	276	220（50Hz）	35	43	

产品名称	生产厂商	产品型号	性能指标							适用范围
			最大风量，m^3/h	显热回收效率，%	制冷量，kW	制热量，kW	通风电力需求，Wh/m^3	系统COP	设备噪声，dB（A）	
被动式建筑能源环境系统与设备	同方人工环境有限公司	PA30E/C	600	≥75	2.92	3.01	≤0.45	3.34（制热）	≤42	各气候区
		PA40E/CⅢ	650	≥75	4.17	4.02	≤0.45	3.06（制热）	≤42	各气候区
		PA50E/CⅢ	750	≥75	5.01	5.10	≤0.45	2.97（制热）	≤48	各气候区
		PA58EH/C（内置150L热水箱）	1100	≥75	5.30	5.80	≤0.45	3.07（制热）	≤55	各气候区
		PA40E-D/CⅢ（带除湿功能）	650	≥75	4.20	4.07	≤0.45	3.08（制热）	≤42	有除湿需求的地区
		PA50E-D/CⅢ（带除湿功能）	750	≥75	5.05	5.15	≤0.45	2.98（制热）	≤48	有除湿需求的地区

续表

产品名称	生产厂商	产品型号	性能指标							适用范围
			新风/循环风量，m^3/h	显热/全热回收效率，%	制冷量，kW	制热量，kW	通风电力需求，W/（m^3/h）	系统COP	设备噪声，dB（A）	
被动式建筑能源环境系统与设备	森德中国暖通设备有限公司	CHM-AC60HB	200/600	85/62	3.5	3.80	≤0.45	制冷4.6，制热5.0	≤42	各气候区
		CHM-GC60HN	200/600	85/62	3.8	4.2	≤0.45	制冷5.6，制热5.6	≤42	各气候区
		CHM-NC60HN	200/600	85/62	3.2	3.5	≤0.45		≤42	各气候区
		CHN-AC120HB	400/1200	85/65	5.0	5.1	≤0.45	制冷4.5，制热5.0	≤50	各气候区

产品名称	生产厂商	产品型号	性能指标						适用范围
			最大风量，m^3/h	显热回收效率，%	全热回收效率，%	机外静压，Pa	功率，W	电流，A	
全热回收新风机	森德中国暖通设备有限公司	CA200ERV	215	85	60	100	95	0.43	各气候区
		CA350 ERV	350	85	60	225	241	1.1	各气候区
		CA550 ERV	550	85	60	240	365	1.66	各气候区
吊顶全热回收处理机	森德中国暖通设备有限公司	CA-D9100	1000	85	60	220	650	2.95	各气候区 带空气净化功能
		CA-D9150	1500	85	60	220	990	4.5	各气候区 带空气净化功能

续表

产品名称	生产厂商	产品型号	性能指标								适用范围
			最大风量，m^3/h	全热回收效率（制热），%	全热回收效率（制冷），%	噪声值，dB（A）	出口全压	过滤级别	PM2.5过滤率	功率，W	
管道式热回收新风机	北京朗适新风技术有限公司	WRG-L全热交换空气净化新风机	300	≥ 75	≥69	39	150	F8以上	≥90%	190	各气候区
蓄放热式热回收新风机	北京朗适新风技术有限公司	LUNO-e^2蓄放热式热回收新风机	30	≥ 90.6		19（计权隔声量42）		F8以上	≥80%	3.0	除严寒地区外

产品名称	生产厂商	产品型号	性能指标								适用范围
			标准/最大风量，m^3/h	标准新风量，m^3/h	显热回收效率，%	制冷量，kW	制热量，kW	通风电力需求，Wh/m^3	系统COP	过滤等级	
中央式热回收除霾能源环境机	河北省建筑科学研究院	JYXFGBR-720	615/720	180	78	4.2	4.5	≤0.45	3.0（制热）	F9	寒冷及部分严寒地区
中央式热回收除霾能源环境机	河北省建筑科学研究院	JYXFGBR-930	790/930	180	78	6.5	7.4	≤0.45	3.0（制热）	F9	寒冷及部分严寒地区

产品名称	生产厂商	产品型号	性能指标							适用范围
			标准/最大风量，m^3/h	显热回收效率，%	最大静压，Pa	功率，W	过滤效率，%	有效换气率，%	重量，kg	
中央式热回收新风换气机	博乐环境系统（苏州）有限公司	Komfort EC SB 350	350/415	80	150/50	173	90	98	56	各气候区

续表

产品名称	生产厂商	产品型号	性能指标					适用范围
			风量，m^3/h	显热交换效率，%	潜热交换效率，%	全热交换效率，%	压力损失，Pa	
全热交换芯块	中山市创思泰新材料科技股份有限公司	TA-334/334-393-2.3	230	80.1	70.9	77.3	54	各气候区
全热交换芯块	中山市创思泰新材料科技股份有限公司	TA-199/438/198-440-2.3	260	80.4	65.3	75.2	82	
			180	86.4	76.6	83.5	61	

产品名称	生产厂商	产品型号	性能指标							适用范围
			最大新风量，m^3/h	最大送风量，m^3/h	显热交换效率，%	湿交换效率，%	焓交换效率，%	功率，W	噪声，dB（A）	
多传感变风量全热新风机	杭州龙碧科技有限公司	LB250-1S	200	200	制冷工况：80%±3% 制热工况：91%±3%	制冷工况：71%±3% 制热工况：63%±3%	制冷工况：73%±3% 制热工况：82%±3%	≤75	≤41.6	各气候区

产品名称	生产厂商	产品型号	性能指标										适用范围
			标准/最大新风量，m^3/h	最大循环风量，m^3/h	显热回收效率，%	制冷量，kW	制热量，kW	通风电力需求，Wh/m^3，	系统COP	余压，Pa	过滤等级	噪声，dB(A)	
被动式建筑能源环境与设备	中洁环境科技（西安）有限公司	SC-QT1S32-F15DL（G）A	90~200	750	夏季≥76 冬季≥80	3.25	3.5	≤0.45	制冷3 制热3.2	150	G4+H12	≤42	各气候区
		SC-QT1S14-F27DC（G）A	150~300	300	夏季≥75 冬季≥85	1.44	1.04	≤0.45	制冷3 制热3.2	125	G4+H12	≤42	各气候区

续表

产品名称	生产厂商	产品型号	性能指标									适用范围
			最大新风量（m^3/h）	最大送风量（m^3/h）	显热交换效率（%）	制冷量（kW）	制热量（kW）	通风电力需求（Wh/m^3）	余压（Pa）	过滤等级	噪声	
高效热回收新风换气机组	山东美诺邦马节能科技有限公司	HDXF-D2T	200	200	90.9	/	/	<0.45	85	G4或以上	≤39	各气候区

产品名称	生产厂商	产品型号	性能指标							适用范围
			标准/最大风量（m^3/h）	制冷全热回收效率（%）	制热全热回收效率（%）	出口余压，Pa	通风电力需求（Wh/m^3）	过滤级别	设备噪声（dB）	
被动式住宅全热交换器	台州市普瑞泰环境设备科技股份有限公司	ERV250-DCS/1	250	≥70	≥75	≥101	≤0.45	F7+粗效	≤40	各气候区

第四类　其他

19　抽油烟机

19　抽油烟机产品选用目录

产品名称	生产厂商	产品型号	性能指标									适用范围
			风量，m^3/min	风压，Pa	噪声，dB（A）	电机功率，W	照明功率，W	风管尺寸，mm	外观主要材质	控制方式	油脂分离度	
抽油烟机	武汉创新环保工程有限公司	CXW-218-JH168A	15±1	280	≤54	218	2×1.5	160	钢化玻璃/冷轧板	感应	98.9%	各气候区

被动式低能耗建筑产业创新联盟名单

[理事长单位]

江苏南通三建集团股份有限公司

[常务副理事长单位]

住房和城乡建设部科技与产业化发展中心

[副理事长单位]

黑龙江辰能盛源房地产开发有限公司

秦皇岛五兴房地产有限公司

辽宁辰威集团有限公司

大连博朗房地产开发有限公司

湖南伟大集团

哈尔滨森鹰窗业股份有限公司

北京新立基真空玻璃技术有限公司

武汉创新环保工程有限公司

江阴市绿胜节能门窗有限公司

上海森利建筑装饰有限公司

中国玻璃控股有限公司

中国建筑设计院有限公司

瑞士森科（南通）遮阳科技有限公司

中国建材检验认证集团股份有限公司

北京国建联信认证中心有限公司

北京市腾美骐科技发展有限公司

亚松聚氨酯（上海）有限公司

北京海纳联创无机纤维喷涂技术有限公司

极景门窗有限公司

中山市创思泰新材料科技股份有限公司

北京米兰之窗公司节能建材有限公司

哈尔滨鸿盛建筑材料制造股份有限公司

中洁绿建科技（西安）有限公司

浙江芬齐涂料密封胶有限公司

住房和城乡建设部科技与产业化发展中心康居认证中心

江苏卧牛山保温防水技术有限公司

德尉达（上海）贸易有限公司

中山市万得福电子热控科技有限公司

北京东邦绿建科技有限公司

中国建筑材料检验认证集团有限公司

河北三楷深发科技股份有限公司

辽宁坤泰实业有限公司

北京科尔建筑节能技术有限公司

[理事单位]

北京金晶智慧有限公司

迪和达商贸（上海）有限公司（德国优尼路科斯有限公司中国国内代表）

迪和达商贸（上海）有限公司（德国博仕格有限公司中国国内代表）

山海大象建设集团

海东市金鼎房地产开发有限公司

青岛亨达玻璃科技有限公司

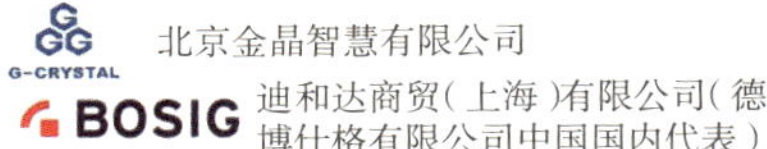

同方人工环境有限公司

上海兰舍空气技术有限公司

马鞍山钢铁股份有限公司

huafon 华峰普恩 上海华峰普恩聚氨酯有限公司

北京怡好思达软件科技发展有限公司

SWISSPACER SAINT-GOBAIN 圣戈班SWISSPACER 舒贝舍TM

中国节能环保集团公司 中国节能环保集团公司

清华大学建筑设计研究院有限公司 清华大学建筑设计研究院

瑞好聚合物（苏州）有限公司

维卡塑料（上海）有限公司

Aluplast GmbH

上海新型建材岩棉有限公司

大连实德科技发展有限公司

河北奥润顺达窗业有限公司

北京金隅节能保温科技有限公司

博乐环境系统（苏州）有限公司

天津南玻节能玻璃有限公司

柯梅令（天津）高分子型材有限公司

中亨新型材料科技有限公司

北京朗适新风技术有限公司

南通锦鸿建筑科技有限公司

sinoma 南京玻纤院 中材科技股份有限公司

天津耀皮玻璃公司

大连华鹰玻璃股份有限公司

北京怡空间被动房装饰工程有限公司

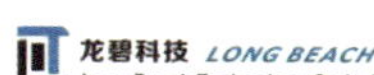

杭州龙碧科技有限公司

利坚美（北京）科技发展有限公司

青岛科瑞新型环保材料有限公司

唐山市思远工程材料检测有限公司

河北堪森被动式房屋有限公司

美国QUANEX（柯耐士）建材产品集团

北京物化天宝安全玻璃有限公司

北京海阳顺达玻璃有限公司

北京中慧能建设工程有限公司

山东三玉窗业有限公司

瓦克化学

［会员单位］

河北新华幕墙有限公司

中筑設計 ARCH-HARMONY 北京中筑天和建筑设计有限公司

TYDI腾远 青岛腾远设计事务所有限公司

BBMA 北京建筑材料科学研究总院 北京建筑材料总院

CAPOL 華陽國際 深圳市华阳国际建筑产业化有限公司

台玻天津玻璃有限公司

堡密特建筑材料（苏州）有限公司

北京秦恒商贸有限公司

信义玻璃（天津）有限公司

德国D+H

天津市格瑞德曼建筑装饰工程有限公司

泰诺风泰居安（苏州）隔热材料有限公司

北京冠华东方玻璃科技有限公司

北京嘉寓门窗幕墙股份有限公司

北京北方京航铝业有限责任公司

北京建筑市建设工程质量第一检测所有限责任公司

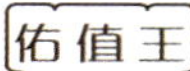

南京南油节能科技有限公司

[团体会员]

中国玻璃协会

中国绝热节能材料协会

中国建筑防水协会

山东建筑大学

世界绿色设计组织建筑专业委员会

山东城市建设职业学员

后记 | POSTSCRIPT

本年度被动式低能耗建筑发展研究报告中，编委会占用较大篇幅收录了行业内有影响的研究成果、技术产品、工程案例类文章，这些文章主要来自一线科技人员，内容大都深入到相关领域非常细腻的层面。过去的一年，国内被动式低能耗建筑技术在实践经验积累、设计策略研究、设备部品选择、施工方法、运行维护措施等各个方面更加深化发展，有些被动式低能耗建筑示范项目已经达到国际先进水平，反映了国内被动式低能耗建筑在技术能力、设备部品质量等方面逐渐走向成熟。

现实中，有时也能听到关于被动房的负面声音，如能耗不达标、需要开窗通气、室内发霉等等，探其原因，往往是项目执行过程中某个操作环节出了问题，而不是被动房技术路线有问题。被动房建设是一个系统工程，需要对项目全过程进行精细化管理，不同气候条件需要选择不同的设计策略，需要有成功经验的专业人士承担设计和技术支持，需要选用经过检测认证的设备和部品，需要使用合格足量的保温材料，需要系统地采用无热桥设计，需要检测和保证建筑的气密性，需要与负责任的施工企业合作等等。

绿色建筑和建筑节能是国家的战略定位和发展方向，创新发展要有一个过程。被动式低能耗建筑虽然还处于发展的初期阶段，但我们相信，随着人们认识理念的逐年普及和提升，随着新产品、新技术的不断研究和开发，随着更多实力企业的加入和参与，随着政府机构的强化引导和鼓励，好的被动房项目将会不断涌现，更好地满足人民日益增长的美好生活需要。